·高等学校计算机基础教育教材精选·

Access数据库技术与应用

（第3版）

陈　振　高海波　主编

宁　朝　薛　辉　杨成群　副主编

清华大学出版社
北京

内 容 简 介

本书以 Access 2010 版本为例系统地介绍了 Access 数据库的基本知识和基本操作,主要内容包括数据库与 Access 2010 的基础知识、Access 2010 数据库与表、查询、窗体、报表、宏、VBA 与模块、数据库编程技术、Web 数据库与数据库安全等知识。全书内容翔实,文字简练,图文并茂,涵盖全国计算机等级考试中二级 Access 数据库程序设计科目考试大纲的要求。全书以一个数据库应用系统开发实例贯穿于各个章节的实验,实验按照先"使用"再"分析与实现",最后"集成与调试"的思路设计。书中既提供教材例题与实验的原始素材,也提供例题与实验的结果素材。

全书结构严谨,内容丰富,可操作性和实用性强,不但提供完整的电子教案,也提供了书中习题的部分参考答案,既可以作为高等学校非计算机专业的数据库技术与应用课程教材,也可以作为全国计算机等级考试二级 Access 数据库程序设计考生的学习参考用书。本书系作者 TOC 教学改革的成果之一。

图书在版编目 (CIP) 数据

Access 数据库技术与应用 / 陈振,高海波主编.—3 版.—北京:清华大学出版社,2015(2017.1 重印)
高等学校计算机基础教育教材精选
ISBN 978-7-302-38633-9

Ⅰ.①A… Ⅱ.①陈… ②高… Ⅲ.①关系数据库系统-程序设计-高等学校-教材
Ⅳ.①TP311.138

中国版本图书馆 CIP 数据核字(2014)第 276405 号

责任编辑:白立军
封面设计:傅瑞学
责任校对:焦丽丽
责任印制:李红英

出版发行:清华大学出版社
　　　网　　　址:http://www.tup.com.cn, http://www.wqbook.com
　　　地　　　址:北京清华大学学研大厦 A 座　　　　邮　　编:100084
　　　社 总 机:010-62770175　　　　　　　　　　　邮　　购:010-62786544
　　　投稿与读者服务:010-62776969, c-service@tup.tsinghua.edu.cn
　　　质 量 反 馈:010-62772015, zhiliang@tup.tsinghua.edu.cn
　　　课 件 下 载:http://www.tup.com.cn,010-62795954
印 装 者:清华大学印刷厂
经　　销:全国新华书店
开　　本:185mm×260mm　　　印　张:19　　　字　数:442 千字
版　　次:2011 年 12 月第 1 版　2015 年 2 月第 3 版　印　次:2017 年 1 月第 3 次印刷
印　　数:15001～18000
定　　价:39.50 元

产品编号:060167-01

前言

随着计算机对日常生活、工作方面广泛而深入的渗透,对计算机技术、技能的掌握已成为大学毕业生的社会就业、专业提升的必要的能力。

目前,数据库技术已成为现代计算机信息系统和计算机应用系统的基础与核心。对于正在高校学习的各专业学生而言,学习一种数据库管理系统的应用技术,掌握相应的数据库应用系统开发技能是现代信息技术发展对学生的要求。作为 Microsoft 推出的在Windows 环境下运行 Office 套件产品之一,Access 已成为非常流行的桌面数据库管理系统。对处理数据量不大、单机访问的用户来说,Access 具备高效、可靠的数据管理方式,面向对象的操作理念以及良好的可视化操作界面,使得学习者可以通过学用结合的方式,直观地学习并掌握数据库基本技术与应用,进而获取设计与开发小型数据库应用系统的能力。

本书在《Access 数据库技术与应用(第 2 版)》的基础上进行全面修订,修订后的内容共分为 9 个模块,它们分别是:模块 1 数据库与 Access 2010 的基础知识,模块 2Access 2010 数据库与表,模块 3 查询,模块 4 窗体,模块 5 报表,模块 6 宏,模块 7 VBA与模块,模块 8 VBA 数据库编程,模块 9 Web 数据库与数据库安全。

本书以一个数据库应用系统开发实例贯穿各个章节的实验,实验内容按照先"使用"再"开发",最后"集成"的思路设计。书中既提供各章例题与实验的原始素材,也提供各个实验的结果素材,前一实验的结果是后一实验的起点素材,这种素材设计方式能够确保学生实验起点的同步。每个模块附有任务,任务为习题与实验。实验主要内容是以小型销售企业费用报销管理数据库的设计、开发过程为蓝本,实验内容前后呼应,学生完成所有实验后可以得到一个简单的数据库应用系统,这种安排与组织方式可以使读者对使用Access 设计小型桌面数据库系统有更全面的认识。

本书由陈振教授担任主编,确定教材编写思路与全书的统稿工作,且负责模块 7~9的修订,高海波负责模块 1 的修订,宁朝负责模块 2 的修订,薛辉负责模块 3 的修订,宁矿凤负责模块 4 与模块 5 的修订,曾喜良负责模块 6 的修订,郭红宇与徐红负责模块 7 的修订,最后,由卢湘鸿教授负责教材主审。张波、邹竞、陈艳丽、王娟、王凌风等在整理材料方面给予了编者很大的帮助,在此表示感谢。

尽管作者尽心尽力、精益求精,但书中难免会有遗漏和不妥之处,恳请同行和广大读者批评指正。

编　者

2014 年 10 月

卢湘鸿,北京语言大学信息科学学院计算机科学与技术系教授,原教育部高等学校文科计算机基础教学指导委员会副主任、秘书长,现任教育部高等学校文科计算机基础教学指导分委员会顾问,中国大学生计算机设计大赛组织委员会秘书长,研究方向为非计算机类专业计算机教育。

目录

模块 7　VBA 与模块 ·· 199

模块 1 数据库与 Access 2010 的基础知识

随着计算机的发展与应用,数据库技术已经成为现代信息技术的重要组成部分,它是现代计算机信息系统和计算机应用系统的基础与核心。目前,计算机数据处理已成为计算机应用的主流,而数据处理的核心是数据管理,数据库技术主要是用于数据管理的技术。本模块主要介绍数据库的相关基础知识以及 Access 2010 的基础知识。

主要学习内容

(1) 数据库的基础知识;
(2) 关系数据库的基础知识;
(3) 关系数据库的设计;
(4) Access 2010 数据库的基础知识。

单元 1 数据库的基础知识

数据库技术是从 20 世纪 60 年代末发展起来的计算机软件技术之一,它的产生与发展带动了计算机在各行各业数据处理中的广泛应用。数据库是把大量的数据按照一定的结构存储起来,在数据库管理系统的集中管理与控制下实现数据共享。

知识 1 数据库的基本概念

1. 信息与数据

简单地说,数据(Data)是对客观事物属性的描述,是一种符号序列,它的内容是事物特性的反映。在计算机中,数据是对现实世界的事物采用计算机能够识别、存储和处理的方式进行描述,或者说是计算机化的信息。数据的表现形式可以是文字、数字、符号、声音、图像等,它最终以消息、情报、知识等具体形式提供给人们作为行为决策的依据。

信息(Information)是经过加工处理的数据,是人们消化理解了的数据,是数据的具体含义,是数据经过记录、分类、组织、连接或翻译后出现的意义。

数据与信息既有联系又有区别。数据是信息的载体,而信息则是数据的具体含义。数据一般都可以表示成某种信息,但并非任何数据都能包含对人们来说有用的信息。信息是抽象的,不随数据设备所决定的数据形式而变化,而数据的表现形式具有多样性,具体采用何种形式人们可以自由选择。

计算机中的数据一般分为两类,一类与程序仅有短时间的交互关系,随着程序进入内存,也随着程序的结束而消亡,这类数据通常也被称为临时性数据。程序中定义的各类变量存储的数据就是临时数据。另一类数据则存储在计算机的外存储器上,计算机系统能够长期使用它们,这类数据通常也被称为永久性数据。数据库中的数据就是这种永久性数据。

计算机中的数据有型(Type)与值(Value)之分,数据的型给出了数据的表示类型,如整型、实型、字符型等,而数据的值给出了符合给定类型的值,如整型值 150、实型值 −128.38、字符型值"CHINA"等。

2. 数据处理

数据处理是指将数据转换成信息的过程。数据处理的基本目的是从大量的已知数据出发,根据事物之间的固有的联系和规律,通过分析归纳、演绎推导等手段,提出对人们有价值、有意义的信息,作为决策的依据。数据的简单处理包括组织、编码、分类、排序等,数据的复杂处理包括使用统计学方法、数学模型等对数据进行深层次的加工。在计算机系统中,使用外存储器来存储数据,通过软件系统来管理数据,通过应用系统对数据进行加工处理,这些工作都属于数据处理。在计算机应用普及的时代,计算机已成为了数据处理的重要工具。

3. 数据库

数据库(DataBase,DB),顾名思义是长期存储在计算机内、有组织的、可共享的大量数据集合。只不过这种仓库是在计算机或网络计算机的存储设备上的,而且数据按一定的模型存放。人们收集并整理出某一应用所需的大量数据之后,应将其保存起来以便进一步加工处理,提取有用信息。在科学技术飞速发展的今天,人们的视野越来越广,数据量急剧增长。过去人们把数据存放在文件柜里,现在人们借助计算机技术、网络技术和数据库技术,把数据保存在计算机中,随时使用这些宝贵的数据资源为自己的工作与生活服务。

利用数据库方法组织数据较之于利用文件系统方法组织数据,前者具有更强的数据管理能力。利用数据库组织数据有以下一些明显的优势。

(1) 有利于数据集中控制。

在文件管理中,数据文件是分散的,每个用户或每种处理都有各自的文件,这些文件之间一般是没有联系,因此,不能按照统一的方法来控制、维护与管理。而数据库将一个应用的所有数据组织在一起,这有利于数据的集中控制、维护和管理。

(2) 数据具有独立性。

数据独立性是指数据库中的数据独立于应用。数据的独立性包括数据的物理独立性和逻辑独立性。物理独立性是指用户的应用程序与存储在磁盘上的数据库中的数据是相互独立的,数据在磁盘上如何存储由 DBMS 管理,用户程序不需要了解,应用程序要处理的只是数据的逻辑结构,这样当数据的物理存储改变,应用程序不用改变;逻辑独立性是指用户的应用程序与数据库的逻辑结构是相互独立的,当数据的逻辑结构改变时,用户程序可以不变。数据独立性为数据库的使用、调整、优化和进一步扩充提供了方便,同时也能提高数据库应用系统的稳定性。

(3) 数据可供共享。

数据库中的数据是为众多用户共享信息而建立的,已经摆脱了具体程序的限制和制约。不同的用户可以按各自的需要使用数据库中的数据;多个用户可以同时使用数据库中的数据资源,即不同的用户可以同时存取数据库中的同一个数据。数据共享性不仅满足了各用户对信息内容的要求,同时也满足了各用户之间信息通信的要求。数据库中数据的共享大大提高了数据的使用效率。

(4) 减少了冗余。

数据库中的数据不是面向应用的,而是面向系统的。数据的统一定义、组织和存储,集中管理避免了不必要的数据冗余,也提高了数据的一致性。

(5) 采用结构化数据。

整个数据库按一定的结构形式组织,例如,"余恒,男,20,湖南,销售部,2013,3000"是一条结构化数据。它的语义解释为:余恒是公司职员,男,20 岁,湖南人,2013 年进入公司工作,月薪 3000 元。结构化数据在记录内部和记录类型之间相互关联,用户可通过不同的路径存取数据。

(6) 易于统一的数据保护。

在多用户共享数据资源的情况下,对用户使用数据进行严格的检查,能够对数据库访问提供密码保护与存取权限控制,拒绝非法用户访问数据库,以确保数据的安全性、一致性与并发控制。

数据库是长期存储在计算机内,有组织的、可共享的数据集合。数据库中的数据按一定的数据模型组织、描述和存储,具有较小的冗余度,较高的数据独立性和易扩展性,并为不同的用户共享。数据库中的数据是通过数据库管理系统来管理的。

4. 数据库管理系统

数据库管理系统(DataBase Management System,DBMS)是一个让用户定义、创建和维护数据库以及控制对数据库访问的软件系统。DBMS 主要由查询处理器和存储管理器组成。查询处理器主要有 DDL(Data Define Language,数据定义语言)编译器、DML(Data Manipulation Language,数据操纵语言)编译器、嵌入式 DML 预编译器及查询运行核心程序 4 部分。存储管理器主要有授权和完整性管理器、事务管理器、文件管理器及缓冲区管理器 4 部分。

数据库管理系统是建立在操作系统基础之上,位于操作系统和用户之间的一个数据管理软件,任何数据操作都是在它的管理下进行的。数据库管理系统主要功能有:

(1) 数据库定义功能。该功能提供数据定义语言 DDL 对各级数据模式进行精确定义,包括创建模式(Schema)、表(Table)、视图(View)等。

（2）数据操纵功能。数据库管理系统提供数据操纵语言 DML 对数据库中的数据进行追加、插入、修改、删除、检索等操作。

（3）数据库运行控制功能。该功能提供数据控制语言 DCL（Data Control Language，数据控制语言）进行数据库的恢复、数据库的并发控制、数据完整性控制与数据安全控制。数据库的恢复是指数据库被破坏或数据不正确时，系统有能力把数据库恢复到正确的状态。数据库的并发控制是指在多个用户同时对同一个数据进行操作时，系统应能加以控制，防止破坏数据库中的数据。数据完整性控制是保证数据库中数据及语义的正确性和有效性，防止任何对数据造成错误的操作。数据安全性控制是指防止未经授权的用户存取数据库中的数据，以避免数据的泄露、更改或破坏。

（4）数据库的维护功能。该功能包括数据库的初始数据的载入、转换，数据库的转储、重组织和性质监视、分析等。这些功能大都由各个实用程序来完成。例如装配程序（装配数据库）、重组程序（重新组织数据库）、日志程序（用于更新操作和数据库的恢复）、统计分析程序等。

（5）数据字典。数据字典（Data Dictionary，DD）中存放着数据库三级结构的描述。对于数据库的操作都要通过查阅 DD 进行。在当前大型系统中，把 DD 单独抽出来自成一个系统，成为一个软件工具，使得 DD 成为一个比 DBMS 更高级的用户和数据库之间的接口。

目前，计算机厂商与一些知名公司已开发出了多种具有优势的数据库管理系统，比较著名的系统有用于管理小型数据库的 Visual FoxPro、Access；管理中型数据库的 Sybase、SQL Server；管理大型数据库的 Oracle 等。

5. 数据库系统

数据库系统（Database System，DBS）是指在计算机系统中引入数据库后的系统。狭义地讲，数据库系统是由数据库、数据库管理系统和用户组成的系统；广义地讲，它是由计算机硬件、操作系统、数据库管理系统，以及在它支持下建立起来的数据库、应用程序、用户和数据库管理员组成的一个整体。数据库系统可以用图 1.1 来描述，其中数据库管理系统是数据库系统的核心。

数据库管理系统一般需要专人来对数据库进行管理，这个人叫做数据库管理员（Database Administrator，DBA）。他的职责如下。

（1）决定数据库中的信息内容和结构；

（2）决定数据库的存储结构和存取策略；

（3）定义数据的安全性要求和完整性约束条件；

（4）监控数据库的使用和运行；

（5）周期性转储数据库；

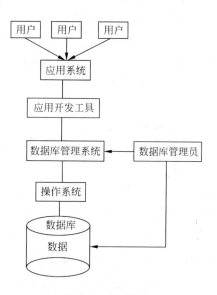

图 1.1 数据库

（6）完成系统故障恢复与介质故障恢复；

（7）监视审计文件；

（8）实现数据库的改进和重组；

（9）对数据库性能监控和调优；

（10）完成数据重组与数据库重构。

知识2　数据库系统的内部结构

为了提高数据的逻辑独立性和物理独立性，将集中式数据库结构按组织和管理框架分为内模式、模式与外模式三级结构，如图1.2所示。

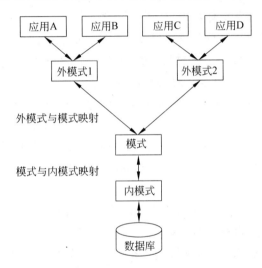

图1.2　数据库的三级结构

（1）内模式。内模式也称存储模式，是数据物理结构和存储方式的描述，是数据在数据库内部的表示方式，如记录的存储方式、索引的组织方式、数据是否压缩存储、数据是否加密、数据存储记录结构的规定等都是内模式要完成的工作。一个数据库只有一个内模式。

（2）模式。模式也称概念模式或逻辑模式，处于数据系统模式结构的中间层，是所有用户的公共数据视图，综合了所有用户的需求，是数据库的总框架，是数据库中全体数据的逻辑结构和特征的描述，一个数据库只有一个模式。在数据库中，通过模式实现了数据的物理存储细节和硬件环境无关，也有效解决了数据与具体的应用程序、开发工具及高级程序设计语言的无关性。

模式的定义包括数据的逻辑结构（数据项的名字、类型、取值范围等）定义，数据之间的联系定义、数据有关的安全性、完整性要求定义，DBMS中提供了数据定义语言DDL来描述逻辑模式。

（3）外部模式。外模式也称为子模式或用户模式或视图，是数据库用户（包括应用程序员和最终用户）使用的局部数据的逻辑结构和特征的描述，是数据库用户的数据视图，是模式的子集或变形，是与某一具体应用有关的数据的逻辑表示。在DBMS中，由于不同用户需求不同，看待数据的方式也可以不同，对数据保密的要求也可以不同，使用的程序设计语言也可以不同，因此，不同用户的外模式的描述可以不同。外模式是保证数据库安全性的一个有力措施。每个用户通过不同的外模式仅能看见和访问所对应的外模式中的数据。在DBMS中，用SQL定义的视图就是外模式。三级模式的特点比较如表1-1所示。

表 1-1　三级模式的特点比较

外 模 式	模 式	内 模 式
是各个具体用户所看到的数据视图,是用户与 DB 的接口	是所有用户的公共数据视图	数据在数据库内部的表示方式
可以有多个外模式	只有一个模式	只有一个内模式
每个用户只关心与它有关的模式、屏蔽大量无关的信息,有利于数据的表示	以某一种数据模型为基础,统一综合考虑所有用户的需求,并将这些需求有机结合成一个逻辑整体	
面向应用程序或最终用户	由 DBA 定义	主要由 DBMS 来定义

　　数据库所有的模式都必须在使用数据库之前进行定义。数据库管理系统提供模式描述语言 DDL,用以严格地描述一个数据库中所有实体的定义,经编译之后存储在数据库中。外模式与每个具体的应用程序和它使用的高级编程语言相关联。当应用程序或用户要引用数据时,只能引用外模式表达的数据。内模式与数据的物理存储和硬件有关。模式是独立于具体应用和物理环境的,是数据库中全体数据的逻辑表示。

　　不管数据库管理系统的功能如何变化、操作系统的平台如何不同、数据模型如何,数据库系统的三级模式结构的特征基本上保持不变。

　　数据库的三级模式结构是对数据的三个抽象级别。在这三个抽象级别之间,为了实现数据的转换,数据库管理系统提供了两层映射功能,即外模式和概念模式的映射,概念模式和内部模式的映射。

　　(1) 外模式和概念模式的映射。定义了外模式和概念模式之间的对应关系,通常在外模式中给出描述。这层映射的作用是实现逻辑数据的独立性。当数据的整体逻辑结构改变时,如果某个外模式保持不变,相应的外模式和概念模式的映射关系需要改变,因而该外模式对应的应用程序不用改变。

　　(2) 概念模式和内部模式的映射。存在于概念层,由 DBMS 建立两者之间的逐一对应关系。这层映射的作用是实现物理数据的独立性。当数据库的物理存储模式改变(如改变存储设备和存取方法)时,概念模式可以保持不变,相应的内模式和概念模式的映射关系需要改变,而应用程序不用改变。

　　当用户向数据库发送请求时,用户的请求由外模式层传送到模式层,再由模式层传送到内模式层,最后由内模式层传送到操作系统,由操作系统完成用户的请求。

　　数据库系统内的三个层次的数据转换实际上模式之间数据的映射。虽然映射要花费很多时间,但保证了数据库系统的三级模式之间的数据独立性。

　　数据库三级结构的优点在于 4 个方面:一是将模式和内模式分开,保证了数据的物理独立性,同时也将外模式和模式分开,保证了数据的逻辑独立性;二是用户按照外模式编写应用程序或敲入命令,而无须了解数据库内部的存储结构,方便用户使用系统;三是在不同的外模式下可有多个用户共享系统中的数据,减少了数据冗余;四是在外模式下,根据要求进行操作,不能对限定的数据操作,保证了其他数据的安全。这些优点正好迎合了现代数据库的设计要求。

知识 3　数据库数据模型

1. 数据模型的概念

所谓模型是对现实世界的抽象。数据模型(Data Model)是现实世界数据特征的抽象，或者说是现实世界的数据模拟。在数据库技术中，表示实体类型及实体类型间联系的模型称为数据模型。数据库数据模型包括概念数据模型(Conceptual Data Model)、逻辑数据模型(Logical Data Model)与物理数据模型(Physical Data Model)三个方面。

概念模型是面向数据库用户的现实世界的数据模型，主要用来描述客观世界的概念化结构，它使数据库设计人员在数据库设计的初始阶段，摆脱计算机系统及 DBMS 的具体技术问题，集中精力分析数据以及数据之间的联系。逻辑模型是用户从数据库所看到的数据模型，是具体的 DBMS 所支持的数据查勘型，如网状模型、层次模型与关系模型等。此模型既面向用户，也面向系统。物理数据模型是描述数据在存储介质上的组织结构的数据模型，它不但与具体的 DBMS 有关，而且与操作系统与计算机硬件有关。每一种逻辑模型在实现时都有其对应的物理数据模型。DBMS 为了保证其独立性与可移植性，大部分物理数据模型的实现工作由系统自动完成。

数据模型的三要素是数据结构、数据操作及完整性约束。其中，数据模型中的数据结构主要描述数据的类型、内容、性质，以及数据库的联系等；数据操作主要描述在相应数据结构上的操作类型与操作方式。完整性约束是为保证数据库中数据的正确性和相容性，对模型提出的某些约束条件或规则。

2. 数据逻辑模型

在数据库发展过程中，数据逻辑模型有层次模型、网状模型和关系模型三种基本数据模型。

(1) 层次模型

在现实世界中，许多实体之间的联系就是一个自然的层次关系。例如，政府行政机构、家族关系等都是层次关系。如图 1.3 所示是高校系部的层次图。从图中可以看出，一个学校有很多的系，这些系的数据都放在根结点上；一个系有多个教研室；一个系要开设很多门课程，因此，把教研室与课程作为根结点的子结点；一个教研室有很多教师，也主持了很多的研究项目，因此，在层次模型中，把教师与项目作为教研室的子结点。

层次模型使用类似于一棵倒置的树的结构来描述数据之间的关系，树的结点表示实体集(多条记录)，结点之间的连线表示相连两实体集之间的关系，这种关系只能是"1：N(多)"。通常把表示 1 的实体集放在上方，称为父结点，表示 N 的实体集放在下方，称为子结点。层次模型的结构特点是：

① 有且仅有一个根结点。

② 根结点以外的其他结点有且仅有一个父结点。

由此可见，层次模型只能表示"1：N"关系，而不能直接表示"N：M"(多对多)关系。

在层次模型中，一个结点称为一个记录型，用来描述实体集。每个记录型可以有一个或多条记录,上层一个记录对应下层一条或多条记录,而下层每个记录只能对应上层一条记录。例如,系记录型有计算机系、电子系、外语系等记录,而计算机系的下层记录有软件、网络、应用等教研室和数据结构、操作系统、数据库等课程,软件研究室下层又有员工和项目记录值。

层次模型的优点是数据结构类似于树,不同层次之间的关联直接而且简单;缺点是由于数据纵向联系,横向关系难以建立,数据可能会重复出现,造成管理维护的不便。

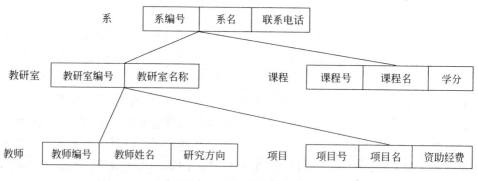

图 1.3　层次模型示例

（2）网状模型

网状模型是一种比层次模型更具普遍性的结构,虽然该模型也使用倒置树型结构,但该模型能克服层次模型的一些缺点。网状模型与层次模型不同的是网状模型的结点间可以任意发生联系,能够表示各种复杂的联系。如图 1.4 所示是一个商品管理的网状型数据库。网状模型的优点是可以更直接地描述现实世界,避免数据的重复性;缺点是关联性比较复杂,尤其是当数据库变得越来越大时,关联性维护的复杂度将会更高。

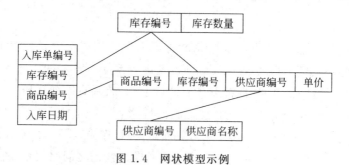

图 1.4　网状模型示例

（3）关系模型

关系模型是用二维表结构来表示实体以及实体间关联的数据模型。关系是指由行与列构成的二维表。在关系模型中,实体和实体间的联系都是用关系来描述的。关系型数据库是由若干关系组成的数据集合,如图 1.5 所示,该数据库包含 DEPARTMENT、PROFESSORS、COURSES 与 STUDENTS 4 个关系。关系模型是目前应用最广、理论最成熟的一种数据模型。

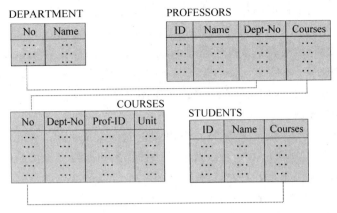

图 1.5　关系型数据库示例

知识 4　数据库技术的发展

数据模型是数据库技术的核心和基础。因此,对数据库系统发展阶段的划分主要以数据模型的发展演变作为主要依据和标志。按照数据模型的发展演变过程,数据库技术从开始到现在的近 50 年间,主要经历了三个发展阶段。第一代是网状和层次数据库系统,第二代是关系数据库系统,第三代是以面向对象数据模型为主要特征的数据库系统。目前,数据库与网络通信、人工智能、面向对象程序设计、并行计算等技术相互渗透及有机结合,成为当代数据库技术发展的重要特征。

1. 层次和网状数据库系统

20 世纪 70 年代研制的层次和网状数据库系统是第一代数据库系统,它的典型代表是 1969 年 IBM 公司研制出的层次模型的数据库管理系统 IMS(Information Management System)。20 世纪 60 年代末 70 年代初,美国数据库系统语言协会 CODASYL(Conference on Data System Language)下属的数据库任务组 DBTG(Data Base Task Group)提出了若干报告,被称为 DBTG 报告。DBTG 报告确定并建立了网状数据库系统的许多概念、方法和技术。在 DBTG 思想和方法的指导下数据库系统的实现技术不断成熟,开发了许多商品化的数据库系统,它们都是基于层次模型和网状模型的。可以说,层次数据库是数据库系统的先驱,而网状数据库则是数据库概念、方法与技术的奠基者。

2. 关系数据库系统

关系数据库系统是第二代数据库系统。1970 年 IBM 公司的 San Jose 研究实验室的研究员 E. F. Codd 发表了题为《大型共享数据库数据的关系模型》的论文,提出了关系数据模型,开创了关系数据库方法和关系数据库理论,为关系数据库技术奠定了理论基础。E. F. Codd 于 1981 年被授予 ACM 图灵奖以表彰他在关系数据库研究方面的杰出贡献。

20 世纪 70 年代是关系数据库理论研究和原型开发的时代,其中以 IBM 公司的 San Jose 研究实验室开发的 System R 和 Berkeley 大学研制的 Ingres 为典型代表。大量理论成果和实践经验使关系数据库从实验室走向了社会。因此，人们把 20 世纪 70 年代称为数据库时代。20 世纪 80 年代，几乎所有新开发的数据库系统均是关系型的，其中涌现出了许多性能优良的商品化关系数据库管理系统，如 DB2、Ingres、Oracle、Informix、Sybase等。这些商用数据库系统的应用使数据库技术日益广泛地应用到企业管理、情报检索与辅助决策等方面，成为实现和优化信息系统的基本技术。

3. 面向对象数据库

从 20 世纪 80 年代以来，数据库技术在商业上的巨大成功迅速刺激了其他领域对数据库技术需求的增长。同时，由于面向对象程序设计思想与设计方法的推广与普及，数据库技术的研究和发展也进入了一个新时代，其中一个重要的特点就是将面向对象的思想、方法与技术引入到数据库中来，这样就出现了面向对象数据库。面向对象数据模型是第三代数据库系统的主要特征之一。

目前，在面向对象技术和数据库相结合的过程中，基本上是沿着两种途径发展的。一种是建立纯粹的面向对象数据库管理系统（Object-Oriented DataBase Management System，OODBMS），这种途径以一种面向对象语言为基础，增加数据库的功能，主要是支持持久对象和实现数据共享。面向对象数据库系统产生于 20 世纪 80 年代后期，它利用类来描述复杂对象，利用类中封装的方法来模拟对象的复杂行为，利用继承性来实现对象的结构和方法的重用。面向对象数据库系统针对一些特定应用领域（例如 CAD 等），能较好地满足其应用需求。但是，这种纯粹的面向对象数据库系统并不支持 SQL，在通用性方面失去了优势，因而其应用领域受到了较大的限制。

第二种实现途径是对传统的关系数据库进行扩展，增加面向对象的特性，把面向对象技术与关系数据库相结合，建立对象关系数据库管理系统（Object-Relational DataBase Management System，ORDBMS）。这种系统既支持已经被广泛使用的 SQL，具有良好的通用性，又具有面向对象的特性，支持复杂对象和复杂对象的复杂行为，是对象技术和传统关系数据库技术的有效融合。

从目前的发展来看，有以下几点理由使得面向对象的方法成为主流，一是由于面向对象的数据库与当前的关系数据库是兼容的，因此，用户可以把当前的关系数据库和应用移植到面向对象数据库，而不用重写；二是采用对象与关系表达的结合，比单独的关系或面向对象的表示更好，这使得数据库设计更紧凑。基于这些理由，人们将关系数据库逐步转到对象关系数据库，而不是完全摒弃了关系数据库。

单元 2　关系数据库的基础知识

关系数据库是采用关系模型作为数据组织方式的数据库。1970 年，IBM 公司的研究员 E. F. Codd 发表了题为《大型共享数据库的关系模型》的论文，首次提出了数据库的关系模型，为关系数据库的发展奠定了基础。关系数据库的特点在于它将每个具有相同属性的数据独立地存储在一个表中。对任一个表而言，用户可以新增、删除和修改表中的数据，而不会影响表中的其他数据。关系数据库产品一问世，就以其简单清晰的概念、易懂易学的数据库语言,深受广大用户喜爱。著名的 DB2、Oracle、Sybase、Informix 等都是关系数据库管理系统(Relational DataBase Management System,RDBMS)。

知识 1　关系的基本概念

1. 实体

在数据库系统中,一个实体可以是一个人、一个地方、一个事件或一个将要为其收集数据的物体。例如,在学校中,实体可能是学生、教师与课程等。所有的实体可以组成一个实体集。

2. 属性

每个实体都有某些称为属性的特征,如学生实体可能包含以下属性:学生学号、姓名、性别、入学时间、专业方向等。每个属性必须恰当地命名,以便让用户知道它的内容,如学生实体,属性学号可以存储为 St_ID,属性姓名可以存储为 St_Name。

3. 表

关系数据库使用表来组织数据元素。表是二维结构,由行与列组成。每一个表对应于一个应用实体集,而每行则代表实体的一个事例,称为记录或元组。表 1-2 就是一个学生情况表,包含一些相关的学生实体,表中的每一行代表一个学生。

表 1-2　学生情况表

St_ID	St_Name	Class_No
970001	John	9501
⋮	⋮	⋮
⋮	⋮	⋮

4. 关系模式

关系模式是对关系结构的描述。一个关系模式对应一个关系的结构,在数据库设计的实现设计阶段,关系就采用关系模式来描述。关系模式简化表示的方法为:关系名(属性名 1,属性名 2,……,属性名 n)。如表 1-2 所示的关系模式也可以简化描述成 xsqk(St_ID,St_Name,Class_No)。

5. 域

在关系数据库中,域指属性域,是指属性(字段)的取值范围。例如,STUDENT 表中的"性别"字段的取值是"男"或"女",所以该字段的域是"男"和"女"两个值。假如某一个表中的字段存放学生的某门课程的成绩,按传统成绩计分方式,成绩的范围是[0,100],那成绩字段的域就为[0,100]。但需注意,有些字段的域是很难描述的。如"出生年月"与"身高"等字段的域就很难描述。

6. 键码

键码(Key)是关系模型中的一个重要概念,在关系中用来标识行的一列或多列。在图 1.6 中,STUDENT 表的"学号"、"姓名"、"年龄"与"性别"都是键码,它们之间的组合也是键码。

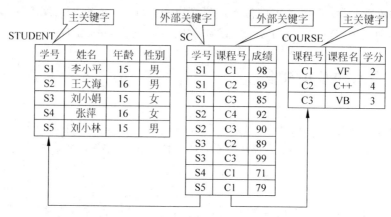

图 1.6　关系数据库

7. 候选关键字

候选关键字(Candidate Key)是唯一标识表中的一行的一个属性或属性集。例如图 1.6 中的"学号"、"课程号"就是候选关键字,如果表中没有姓名相同的记录,那姓名也可以作为候选关键字。候选关键字也称候选键。

8. 主关键字

主关键字(Primary Key)又称主键,是被挑选出来作为表行的唯一标识的候选关键字。一个表只有一个主关键字,主键可以是单字段,也可以是多字段的组合。在图 1.6 中,STUDENT 表与 COURSE 表分别由"学号"与"课程号"作为主关键字。

9. 公共关键字

在关系数据库中,关系之间的联系是通过相容或相同的属性或属性组来表示的。如果两个关系中具有相容或相同的属性或属性组,那么这个属性或属性组被称为这两个关系的公共关键字(Common Key)。在图 1.6 中,STUDENT 表与 SC 表有公共关键字"学号",SC 表与 COURSE 表有公共关键字"课程号"。

10. 外关键字

如果公共关键字在一个关系中是主关键字,那么这个公共关键字被称为另一个关系的外关键字(Foreign Key),例如图 1.6 的 SC 表中,"学号"与"课程号"就是外关键字,在数据库中,表通常使用主关键字与外关键字的联系来建立两个关系之间的关系。外关键字又称作外键。

知识 2　关系的基本性质

关系必须规范化(关系的规范化内容将在本模块的后续内容中介绍)。规范化是指关系模型中的每一个关系都必须符合关系的基本要求。关系有如下基本要求。

(1) 关系中的每个属性必须是不可分的数据单元,即表中不能有表。

(2) 二维表中元组个数是有限的,即元组个数的有限性。

(3) 二维表中元组不能重复,即元组的唯一性。

(4) 二维表中元组的次序可以任意交换,即元组的次序无关性。

（5）二维表中属性名不能相同，即属性名的唯一性。

（6）二维表中属性可任意交换次序，即属性的次序无关性。

知识 3 关系代数

关系代数是一种抽象的查询语言，是关系数据操纵语言的一种传统表达方式，是关系操作的基础。关系代数是以关系为运算对象的一组高级运算的集合，它的运算结果也是关系。关系代数用到的运算符包括集合运算符、专门关系运算符、算术比较运算符与逻辑运算符 4 类，如表 1-3 所示。

表 1-3 关系代数运算符

运算类别	运算符	含　义	运算类别	运算符	含　义
集合运算	∪	并	算术比较运算	＞	大于
	―	差		≥	大于等于
	∩	交		＜	小于
	×	广义笛卡儿积		≤	小于等于
专门关系运算	σ	选择		＝	等于
	π	投影		≠	不等于
	⋈	连接	逻辑运算	¬	非
	÷	除		∧	与
				∨	或

关系代数的运算可以分为传统的集合运算与专门的关系运算两类。

1. 传统的集合运算

传统的集合运算包括并、差、交与笛卡儿积 4 种，其运算是从关系的"水平"方向即行的角度来进行。

（1）并（Union）

设关系 R 和关系 S 具有相同的关系模式，R 和 S 的并是由属于 R 或属于 S 的元组构成的集合，记为 R∪S。

形式定义为：R∪S＝{t|t∈R∨t∈S}，其中 t 是元组变量，R 和 S 的元数相同。

例 1-1 设 R、S 为学生实体模式下的两个关系，如表 1-4 所示，求 R∪S。

表 1-4 关系

(a) R

学号	姓名	性别	年龄
S0201	李兰	女	17
S0202	张娜	女	18
S0203	张伟	男	17

(b) S

学号	姓名	性别	年龄
S0201	李兰	女	17
S0203	张伟	男	17
S0230	邵华	男	19

由关系并的定义可得 R∪S 为：

学号	姓名	性别	年龄	学号	姓名	性别	年龄
S0201	李兰	女	17	S0203	张伟	男	17
S0202	张娜	女	18	S0230	邵华	男	19

（2）差（Difference）

设关系 R 和关系 S 具有相同的关系模式，关系 R 和关系 S 的差是由属于关系 R 但不属于关系 S 的元组构成的集合，记为 R-S。

形式定义为：$R-S=\{t|t\in R \wedge t\notin S\}$，其中 t 是元组变量，R 和 S 的元数相同。

例 1-2 设关系 R、S 为表 1-4 所示的学生实体模式下的两个关系，求 R-S。

由关系差运算的定义可得 R-S 为：

学　号	姓　名	性　别	年　龄
S0202	张娜	女	18

（3）交（Intersection）

设关系 R 和关系 S 具有相同的关系模式，关系 R 和关系 S 的交是由属于关系 R 又属于关系 S 的元组构成的集合，记为 R∩S。

形式定义为：$R\cap S=\{t|t\in R \wedge t\in S\}$，其中 t 是元组变量，R 和 S 的元数相同。

注意：关系的交可以用差来表示，即 $R\cap S=R-(R-S)$。

例 1-3 设关系 R、S 为表 1-4 所示的学生实体模式下的两个关系，求 R∩S。

由关系交运算的定义可得 R∩S 为：

学　号	姓　名	性　别	年　龄
S0201	李兰	女	17
S0203	张伟	男	17

（4）广义笛卡儿积（Extended Cartesian Product）

设关系 R 和关系 S 分别为 m 目和 n 目属性数，关系 R 和关系 S 的广义笛卡儿积是一个（$m+n$）列的元组的集合。元组的前 m 列是关系 R 的一个元组，后 n 列是关系 S 的一个元组。记为 R×S。

形式定义为：$R\times S=\{\overgroup{trts}|tr\in R \wedge ts\in S\}$。

注意：由于笛卡儿积运算的结果产生了很多没有实际意义的记录，因此，在实际的表中，重复列只保留一列。

例 1-4 设关系 R 与关系 S 分别为学生实体和学生与课程联系两个关系，如表 1-5 所示，求 R×S。

表 1-5　关系

| | (a) R | | |
学号	姓名	性别	年龄
S0201	李兰	女	17
S0203	张伟	男	17

| | (b) S | |
姓名	课程名	成绩
李兰	软件基础	90
张娜	高等数学	87

由笛卡儿积的定义可得 R×S 为：

学号	姓名	性别	年龄	姓名	课程名	成绩
S0201	李兰	女	17	李兰	软件基础	90
S0201	李兰	女	17	张娜	高等数学	87
S0203	张伟	男	17	李兰	软件基础	90
S0203	张伟	男	17	张娜	高等数学	87

2. 专门的关系运算

专门的关系运算包括投影(对关系进行垂直分割)、选择(水平分割)与连接(关系的结合)等。

(1) 选择(Selection)

选择又称为限制(Restriction)，它是在关系 R 中选取符合条件的元组，是从行的角度对关系进行的运算。

通常记为 $\sigma_F(R)=\{t|t\in R \wedge F(t)='True'\}$，其中 F 表示选择条件，它是一个逻辑表达式，取逻辑值 True 或 False。

逻辑表达式 F 由两种成分构成，一是运算对象，参与运算的对象有常量(用引号括起来)和元组分量(属性名或列的序号)；二是运算符，运算符包括比较运算符(也称为 θ 符)和逻辑运算符。

逻辑表达式 F 就是由逻辑运算符连接各算术表达式组成的。而算术表达式的基本形式为 $X_1\theta X_2$，其中 θ 为算术比较运算符，X_1、X_2 为运算对象。

例如，$\sigma_{2>'3'}(R)$ 表示从关系 R 中挑选第二个分量值大于 3 的元组所构成的关系。书写时，常量用引号括起来，属性序号或属性名不要用引号括起来。

(2) 投影(Projection)

投影是从关系 R 中选择出若干属性列组成新的关系，也就是对一个关系 R 进行垂直分割，消去某些列，也可以重新调整列的顺序。投影运算是从列的角度对关系进行的运算，记为：

$\pi_A(R)=\{t[A]|t\in R\}$，其中 A 是 R 中的属性列或列表。

投影后不仅取消了原关系中的某些列，而且还可能取消某些元组。因为取消了某些属性列后，就可能出现重复行，因此，根据关系的基本特征，对重复行仅保留一行。

下面给出具体示例对投影运算和选择运算进行说明。

例 1-5 设有一个学生-课程数据库，包括关系学生 Student、关系课程 Course 和关系选课 SC,如表 1-6 所示。对这三个关系进行运算。

表 1-6 三个关系

(a) Student

学号	姓名	性别	年龄	所在系
95001	李勇	男	20	CS
95002	刘晨	女	19	IS
95003	王敏	女	18	MA
95004	张立	男	19	IS

(b) Course

学号	课程号	成绩
95001	1	92
95001	2	85
95001	3	88
95002	2	90
95002	3	80

(c) SC

学号	课程号	成绩
95001	1	92
95001	2	85
95001	3	88
95002	2	90
95002	3	80

① 在表 1-6 中查询学生的姓名和所在系,即求关系 Student 在"姓名"和"所在系"两个属性上的投影。该运算可描述为 $\pi_{姓名,所在系}$(Student)或 $\pi_{2,5}$(Student),运算结果为:

姓　名	所　在　系	姓　名	所　在　系
李勇	CS	王敏	MA
刘晨	IS	张立	IS

② 在表 1-6 中查询关系学生 Student 中都有哪些系,即查询关系 Student 在"所在系"属性上的投影。该运算可描述为 $\pi_{所在系}$(Student),运算结果为:

所在系
CS
IS
MA

3. 连接（Join）

连接也称为 θ 连接。它是从两个关系的笛卡儿积中选取属性值满足给定条件的元组。连接分为等值连接与自然连接两种。

等值连接($R|\times|S_{(A=B)}$)：从 R 和 S 的笛卡儿积中选择 A、B 属性值相等的元组。例如两个表进行等值连接的结果如图 1.7 所示。

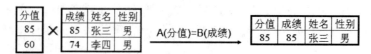

图 1.7 等值连接

自然连接（Natural Join）是一种特殊的等值连接。它要求两个关系中进行比较的分量必须是相同的属性组,并且在结果中把重复的属性列去掉。它是从行和列的角度进行运算的。

自然连接的具体计算过程如下：

① 计算 R×S。

② 选取满足自然连接条件的元组。

③ 去掉重复的属性列。

例如两个表进行自然连接的结果如图 1.8 所示。

图 1.8　自然连接

知识 4　表之间的关系及完整性

1. 表之间的关系

在关系数据库中，每一个表都是一个实体对象集，表本身具有完整的结构。但数据库中的表不是孤立的，数据库的表与表之间以关键字相互联系，数据库依靠表之间的关系把数据以有意义的方式联系在一起。数据库中表之间的关系有如下三种类型。

（1）一对一（One-to-one）

如果表 A 中的每一条记录，在表 B 中至多有一条记录（也可以没有）与之对应，反之亦然，那么称表 A 和表 B 具有一对一关系，记做 1 : 1。如图 1.9 所示，Score 表与 Student 表是一对一的关系。

Student

学号	姓　名	年龄	性别
S1	李小平	18	男
S2	王大海	19	男
S3	刘小娟	18	女
S4	张　萍	20	女
S5	刘小林	21	男

Score

学号	姓　名	数学	英语
S1	李小平	82	91
S2	王大海	92	78
S3	刘小娟	93	90
S4	张　萍	56	81
S5	刘小林	78	77

图 1.9　Score 表与 Student 表之间的关系

（2）一对多（One-to-many）

如果表 A 中的每一条记录，在表 B 中有 N（$N=0$ 或者 $N=1$ 或者 $N>1$）条记录与之联系；反之，表 B 中的每一条记录，在表 A 中至多有一条记录与之联系，则称表 A 与表 B 具有一对多关系，记做 1 : N。如图 1.10 所示，Student 表与 Course 表之间的关系是一对多的关系。

（3）多对多（Many-to-many）

如果表 A 中的每一条记录，在表 B 中有 N（$N=0$ 或者 $N=1$ 或者 $N>1$）条记录与之联系；反之，表 B 中的每一条记录，在表 A 中有 M（$M=0$ 或者 $M=1$ 或者 $M>1$）条记录与之相联系，则称表 A 与表 B 具有多对多关系，记做 N : M。多对多的关系需要引入中间表,也叫做联系表,来实现中间表与表 A、表 B 的一对多的关系,因为关系型系统不能直接实现多对多的关系。如图 1.6 所示的 SC 表就是一个联系表,实现 Student 表与 Course 表中实体之间的多对多的关系。

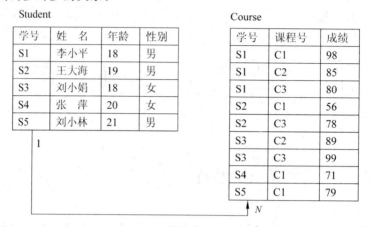

图 1.10　Student 表与 Course 表之间的关系

2. 关系完整性

关系完整性是为保证数据库中数据的正确性和相容性,而对关系模型提出的某种约束条件或规则。完整性通常包括实体完整性、参照完整性和用户定义完整性(又称域完整性),其中实体完整性和参照完整性,是关系模型必须满足的完整性约束条件。

(1) 实体完整性

实体完整性是指关系的主关键字不能取空值(Null)或者重复的值,也就是说,若属性 A 是基本关系 R 的主键,则属性 A 不能取空值。现实世界中的实体是可以相互区分且能识别的,不同的实体应具有某种唯一性的标识。在关系模式中,实体记录是以主关键字作为唯一性标识的,而主关键字中的属性(称为主属性)不能取空值,否则,表明关系模式中存在着不可标识的实体(因空值是不确定的),这与现实世界的实际情况相矛盾,这样的实体就不是一个完整实体了。按实体完整性规则要求,主属性不得取空值,若主关键字是多个属性的组合,则所有主属性均不得取空值。在图 1.6 中,“学号”作为表 STUDENT 的主关键字,那么,该列不得有空值,否则无法对应某个具体的学生。如果出现这样不完整的表格,对应关系不符合实体完整性规则的约束条件。

(2) 参照完整性

关系数据库中通常都包含多个存在相互联系的关系,关系与关系之间的联系是通过公共属性来实现的。如果参照关系 K 中外部关键字的取值,要么与被参照关系 R 中某元组主关键字的值相同,要么取空值,那么,在这两个关系间建立关联的主关键字和外部关键字引用,符合参照完整性规则要求。如果参照关系 K 的外部关键字也是其主关键字,根据实体完整性要求,主关键字不得取空值,因此,参照关系 K 外部关键字的取值实际上只能取相应被参照关系 R 中已经存在的主关键字值。

在图 1.6 中,如果将 STUDENT(学生情况表)作为参照关系,COURSE(课程成绩表)表作为被参照关系,以“学号”作为两个关系进行关联的属性,则“学号”是“学生情况”

表的主关键字,是"课程成绩"表的外部关键字。"课程成绩"表关系通过外部关键字"学号"参照学生情况关系。参照完整性定义建立关系之间联系的主关键字与外部关键字引用的约束条件。

参照的完整性(Referential Integrity)规定若 F 是基本关系 R 的外关键字,它与基本关系 S 的主码 Ks 相对应(基本关系 R 和 S 不一定是不同的关系)则对于 R 中每个元组在 F 上的值必须为:

① 或者取空值(F 的每个属性值均为空值),即外码可以为空。

② 或者等于 S 中某个元组的主码值。

③ 用户定义完整性。

实体完整性和参照完整性适用于任何关系数据库系统,它主要是针对关系的主关键字和外部关键字取值必须有效而做出的约束。用户定义完整性则是根据应用环境的要求和实际的需要,对某一具体应用所涉及的数据提出约束性条件。这一约束机制一般不应由应用程序提供,而应由关系模型提供定义并检验,用户定义完整性主要包括字段有效性约束和记录有效性。例如,对"性别"字段,用户可定义它的完整性为"男"OR"女",对"课程成绩"定义为"$>=0$ and $<=100$"或"Between 0 and 100",如果在输入这些字段的数据时,输入了不符合完整性的数据,系统不会接受。

单元 3　关系数据库的设计

数据库设计是指对于一个给定的应用,构造最优的数据库模式,建立数据库,使之能够有效地存储数据,满足用户的各种应用需求。在数据库应用系统开发中的一个核心问题就是设计一个能满足用户要求,性能良好的数据库。数据库设计的目标是正确反映应用的实际情况。在数据库应用系统中,数据由 DBMS 进行独立地管理,大大减少了数据对程序的依赖性,因而数据库的设计也逐渐成为一项独立的开发活动。在软件行业中,有一种岗位称为数据库设计师,其工作的主要内容就是进行数据库的设计与维护。

知识 1　数据库设计过程

一般来说,数据库的设计都要经历需求分析、概念设计、实现设计和物理设计 4 个阶段,图 1.11 显示了数据库的设计过程及每一过程产生的文档。

1. 需求分析

需求分析在整个软件需求分析基础上整理数据管理的需求,是数据库设计过程中最基础、最困难、最耗时的一个阶段。需求分析的目的是分析系统的需求,从数据库的所有用户中收集对数据的需求和对数据处理的要求,并把这些需求写成用户和设计人员都能接受的需求说明书。

在此,以开发一个小型销售企业"费用报销管理系统"为例讲解数据库的设计过程。

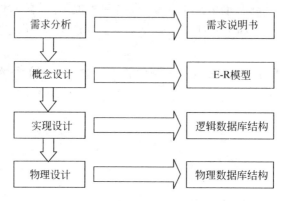

图 1.11　数据库设计过程和产生的文档

通过对该企业的调查,销售公司的人员状况与计算机配备情况如表 1-7 所示。软件应用要求是由统计员录入报销费用数据、明细数据,部长、副部长、销售科长可以查看员工报销费用数据、查看部门费用报销总额等。

表 1-7　销售公司的人员状况与计算机配备情况表

部　　门	说　　明
办公室	部长一人、副部长一人、秘书一人、统计一人;计算机 4 台
销售一科	科长一人、销售人员 5 名;计算机一台
销售二科	科长一人、销售人员 5 名;计算机一台
销售三科	科长一人、销售人员 5 名;计算机一台

通过对软件需求进行分析,可确定软件的功能如下。

(1) 信息录入:员工信息、部门信息、报销类别信息与报销明细数据。

(2) 信息浏览:员工信息、部门信息、报销类别信息与报销明细数据。

(3) 信息查询:部门费用报销总额、员工报销费用总额,可以方便地查出某员工的费用报销情况。

(4) 统计报表:自动统计各员工费用报表,部门费用报表与公司费用报销报表;

(5) 实现信息共享:部长、副部长、科长可以在自己的计算机上查看报销信息。

数据库工程师通过对费用报销管理系统的要求开展调查,确定该系统的实体有员工、部门、报销类别与报销明细。通过系统需求分析确定在该系统中对这些实体要求的属性分别如下。

(1) 部门实体属性:部门编号与部门名称。

(2) 报销类别实体属性:类别编号与类别名称。

(3) 员工实体属性:员工编号、姓名、性别、出生日期、职务、参加工作时间、学历、职称、所属部门与联系电话。

(4) 报销明细实体属性:报销编号、报销日期、类别编号、员工编号、门部编号、报销金额、报销摘要与操作时间编号。

这些数据是设计费用报销管理系统数据库的重要依据。

说明：由于本例侧重于让读者掌握设计数据库技能，因此并没有采用最佳的管理思想与方法（例如费用预算控制、报销申报与部门领导审批等）。

2. 概念设计

概念设计是整个数据库设计的关键，它的目的是将需求说明书中关于数据的需求，综合为一个统一的 DBMS 概念模型。概念设计首先要根据单个应用的需求，画出能反映每一应用需求的局部 E-R 模型。然后将这些 E-R 模型图整合起来，消除冗余和可能存在的矛盾，得出系统总体的 E-R 模型。

实体-关系图（Entity-Relationship，E-R）是由 P. P. Chen 于 1976 年首次提出的，提供不受任何 DBMS 约束的面向用户的表达方法，在数据库设计中被广泛用作数据建模的工具。E-R 数据模型问世后，经历了许多次修改和扩充，已经非常成熟。

E-R 模型的构成成分是实体集、属性集和关系集，其表示方法如下。

（1）实体用矩形框表示，矩形框内写实体名。

（2）实体的属性用椭圆形表示，框内写属性名，并用无向边与其实体相连。

（3）实体间的联系用菱形框表示，且根据适当的含义为联系命名，名字写在菱形框中，用无向连线将参加联系的实体矩形框分别与菱形框相连，并在连线上标明联系的类型，即 $1:1$、$1:m$ 或 $n:m$。

通过分析，小型销售企业"费用报销管理系统"中员工与部门的 E-R 图可用图 1.12 描述。

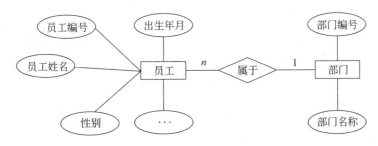

图 1.12　员工与部门实体及它们之间的关系

员工实体与部门实体之间的联系命名为"属于"，部门与员工之间的关系显而易见是一对多的关系，因为一个员工只可能属于一个部门，一部门可有多位员工。

以此类推，可以得出所有实体的 E-R 图，如图 1.13 所示。

3. 实现设计

实现设计的目的是将 E-R 模型转换为某一特定的 DBMS 能够接受的逻辑模式，也就是说，把 E-R 图中的实体与实体之间的联系用关系模式来描述。对关系数据库来说，主要是要完成数据表结构的设计，以及表之间的关系设计。

小型销售企业"费用报销管理系统"中每个实体对应的关系分别如表 1-8 所示。其中，带下划线的属性为主键。

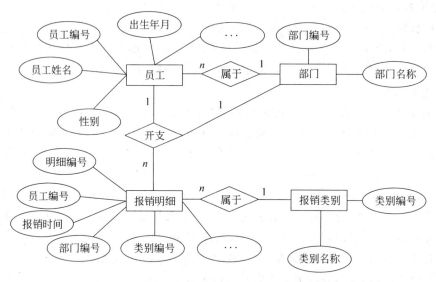

图 1.13 "费用报销管理系统"数据库的 E-R 图

表 1-8 "费用报销管理系统"数据库的逻辑模式

实　体	描　　述
部门	部门(部门编号、部门名称)
报销类别	报销类别(类别编号、类别名称)
员工	员工(员工编号、姓名、性别、出生日期、职务、参加工作时间,学历、职称、所属部门与联系电话)
报销明细	报销明细(报销编号、报销日期、类别编号、员工编号、部门编号、报销金额、报销摘要与操作时间编号)

4. 物理设计

物理设计的目的在于确定数据库的存储结构,其主要任务包括确定数据库文件和索引、文件的记录格式和物理结构,选择存取方法,决定访问路径和外存储器的分配策略等。不过这些工作大部分可由 DBMS 来完成,仅有一小部分工作由设计人员完成。例如,物理设计应确定列类型和数据库文件的长度。实际上,由于借助 DBMS,这部分工作的难度比实现设计要小得多。这些内容将在第 2 章中详细介绍。对于一个数据库设计者来说,需要了解最多的应该是逻辑设计阶段。因为数据库不管设计好坏,都可以存储数据,但在存储的效率上可能有很大的差别。可以说,逻辑设计阶段是关系数据库存取效率的重要阶段。

知识 2　关系数据库规范化

在数据库的逻辑设计阶段,常常使用关系规范化理论来指导关系数据库设计。规范化基本思想是每个关系都应该满足一定的规范,从而使关系模式设计合理,达到减少冗余、提高查询效率的目的。为了建立冗余较小、结构合理的数据库,将关系数据库中关系应满足的规范划分为若干等级,每一等级称为一个"范式"(Normal Forms,NF)。所谓范式,就是规则,指数据库设计要遵循的规则。

范式的概念最早是由 E. F. Codd 提出的,他从 1971 年开始相继提出了三级规范化形式,即满足最低要求的第一范式(1NF),在 1NF 的基础上又提出满足某些特性的第二范式(2NF)、在 2NF 基础上再满足一些要求的第三范式(3NF)。1974 年,E. F. Codd 和 Boyce 共同提出了一个新的范式概念,即 Boyce-Codd 范式(简称 BC 范式)。1976 年 Fagin 提出了第四范式(4NF),后来又有人定义了第五范式(5NF)。至此,在关系数据库规范中建立了 1NF、2NF、3NF、BCNF、4NF 和 5NF 范式系列,这 6 种范式一级比一级要求更严格。

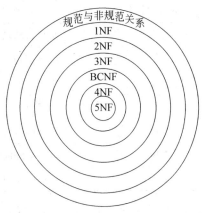

图 1.14 范式之间的关系

它们之间的关系如图 1.14 所示。一般数据库的设计至少要符合第三范式。下面详细介绍在关系数据库中常用的第一范式、第二范式与第三范式。

1. 第一范式(1NF)

在关系数据库范式设计中,第一范式是对关系模型的基本要求,不满足第一范式的数据库就不是关系数据库。

所谓第一范式是指数据库表的每一列都是不可再分割的基本数据项,同一列不能有多个值,即实体中的某个属性不能有多个值或者不能有重复的属性。如果出现重复的属性,就可能需要定义一个新的实体,新的实体由重复的属性构成,新实体与原实体之间为一对多关系。在第一范式中,表的每一行只包含一个实例的信息,例如表 1-9 是不符合第一范式要求的关系。

表 1-9 员工联系表

员工姓名	员工地址	员工联系电话	
		座机	手机
史真真	北京市西城区	010-8800880	13901022549
王颖	北京市朝阳区	010-8800220	13901022345
宋昆	北京市朝阳区	010-8678550	13701022446
李辰	北京市大兴区	010-6754320	13501034567
张莫	北京市丰台区	010-7766889	13367568386
王朋	北京市海淀区	010-5678900	13901033445
赵讯	北京市通州区	010-3344556	13701023456

为了让它符合第一范式要求,把员工联系电话列进一步拆分,得到如表 1-10 所示的符合第一范式要求的关系。

表 1-10　员工联系表

员 工 姓 名	员 工 地 址	座 机	手 机
史真真	北京市西城区	010－8800880	13901022549
王颖	北京市朝阳区	010-8800220	13901022345
宋昆	北京市朝阳区	010-8678550	13701022446
李辰	北京市大兴区	010-6754320	13501034567
张莫	北京市丰台区	010-7766889	13367568386
王朋	北京市海淀区	010-5678900	13901033445
赵讯	北京市通州区	010-3344556	13701023456

又如,表 1-11 也不符合第一范式要求,因为客户信息数据项是可分割的。为了达到第一范式要求,可设计成两个关系,即销售员信息表与客户信息表,分别如表 1-12 与表 1-13 所示。

表 1-11　销售员信息表

员 工 号	姓 名	客 户 信 息	办 公 电 话
⋮	⋮	⋮	⋮

表 1-12　销售员信息表

员 工 号	姓 名	办 公 电 话
⋮	⋮	⋮

表 1-13　客户信息表

客 户 号	客 户 名 称	客 户 地 址	员 工 号
⋮	⋮	⋮	⋮

2. 第二范式(2NF)

第二范式是在第一范式的基础上建立起来的,即满足第二范式必须先满足第一范式。第二范式要求数据库表中的每个实体或行必须可以被唯一地区分。为了实现区分,通常需要为表加上一个列,以存储各个实例的唯一标识。如表 1-10 所示,该关系不满足第二范式,在表 1-10 中加上列"员工编号",因为每个员工编号是唯一的,因此,每个员工可以被唯一区分。表 1-14 符合第二范式要求,这个唯一属性列被称为主关键字或主键。现在定义主键已成为数据库设计的习惯。

表 1-14　员工联系表

员 工 编 号	员 工 姓 名	员 工 地 址	固 定 电 话	移 动 电 话
A0001	史真真	北京市西城区	010-8800880	13901022549
A0002	王颖	北京市朝阳区	010-8800220	13901022345

员 工 编 号	员 工 姓 名	员 工 地 址	固 定 电 话	移 动 电 话
A0003	宋昆	北京市朝阳区	010-8678550	13701022446
A0004	李辰	北京市大兴区	010-6754320	13501034567
A0005	张莫	北京市丰台区	010-7766889	13367568386
A0006	王朋	北京市海淀区	010-5678900	13901033445
A0007	赵讯	北京市通州区	010-3344556	13701023456

第二范式也要求实体的属性完全依赖于主关键字。所谓"完全依赖"是指不能存在仅依赖主关键字一部分的属性,如果存在,那么这个属性和主关键字的这一部分应该分离出来形成一个新的实体,新实体与原实体之间是一对多的关系。简而言之,第二范式就是非主属性非部分依赖于主关键字,如表 1-15 也不满足第二范式,为了让它满足第二范式,必须把不依赖于主键"学号"的"系编号"与"所在系"列从原表中抽取出来形成一个新的关系,如表 1-16 与表 1-17 所示。

表 1-15 学生情况表

学 号	姓 名	性 别	系 编 号	所 在 系
2008001	刘林	女	07	外语系
2008005	王海波	男	07	外语系
2008035	彭珊	女	01	计算机系
2008126	易杨	女	03	机械系

表 1-16 学生情况表

学 号	姓 名	性 别	系 编 号
2008001	刘林	女	07
2008005	王海波	男	07
2008035	彭珊	女	01
2008126	易杨	女	03

表 1-17 系编号表

系 编 号	系 名	系 编 号	系 名
01	计算机系	07	外语系
03	机械系		

3. 第三范式(3NF)

满足第三范式必须先满足第二范式,也就是说,第三范式要求一个数据库表中不包含已在其他表中包含的非主关键字信息。例如,存在一个"业务员信息"表,有业务员编号、业务员姓名、家庭住址、电话等信息。那么另一个表中的客户信息中列出业务员编号后就不能再将业务员姓名、家庭住址、电话等与业务员有关的信息加入客户信息中。如果不存在业务员信息，则根据第三范式也应该构建它，否则就会有大量的数据冗余。简而言之，第三范式就是属性不依赖于其他非主属性。

范式设计的目的是规范化，规范化的目的是为了保证数据结构更合理，能消除存储异常，使数据冗余尽量小，便于数据的插入、删除和更新。范式设计的原则是遵从概念单一化"一事一地"原则，即一个关系模式描述一个实体或实体间的一种联系，规范的实质就是概念的单一化。范式设计方法是将关系模式投影分解成两个或两个以上的关系模式。分解要求分解后的关系模式集合应当与原关系模式"等价"，即经过自然连接可以恢复原关系而不丢失信息，并保持属性间合理的联系。

总之，设计范式是符合某一种级别的关系模式的集合。数据库的设计范式是数据库设计所需要满足的规范，满足这些规范的数据库是简洁的、结构明晰的，同时，也能保证数据不会发生插入、删除和更新等操作的异常。

单元 4　Access 2010 数据库的基础知识

Access 2010 是微软公司推出的基于 Windows 的关系数据库管理系统，是 Office 2010 系列应用软件的组件之一。Access 有两大作用，一是用来存储数据，作为其他开发工具（例如 .NET、C 语言、VB 等）的数据库，二是用来分析数据和开发软件。Access 有强大的数据处理、统计分析能力，利用 Access 的查询功能，可以方便地进行各类汇总、平均等统计来大大提高工作效率，利用 Access 很容易开发生产管理、销售管理、库存管理等各类企业管理软件。

Access 2010 提供了表、查询、窗体、报表、宏与模块 6 种用来建立数据库的对象，提供了多种向导、生成器、模板工具，实现数据存储、数据查询、界面设计、报表生成等功能。利用它们可对已有的数据库进行操作，也可以进行数据库的开发与设计。

知识 1　Access 2010 的特点

Access 2010 的特点如下。

（1）Access 2010 实现在一个数据库文件中通过表、查询、窗体、报表、宏与模块 6 大对象对数据进行管理，实现高度的信息管理与数据共享。

（2）Access 2010 提供了表生成器、查询生成器、宏生成器、报表设计器等多种可视化的操作工具，以及数据库向导、表向导、查询向导、窗体向导、报表向导等多种向导，方便用户构建功能完善的数据库管理系统。

（3）Access 为开发者提供 Visual Basic for Application(VBA)编程的功能，使用高级用户可以开发功能更完善的数据管理系统。

（4）Access 2010 可经通过 ODBC 与 Oracle、Sybase、FoxPro 等其他数据库相连，实

现数据的交换和共享。并且还可以与 Microsoft Office 的 Word、Excel 等其他软件进行数据交换与共享。

知识 2　Access 2010 界面

Access 2010 的功能区、导航窗格与 Microsoft Office Backstage 视图提供了供用户创建和使用数据库的环境，如图 1.15 所示。

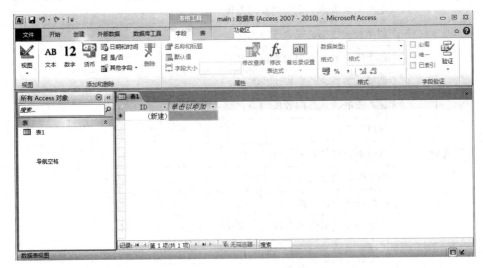

图 1.15　Access 2010 操作界面

1. 功能区

功能区是一个包含多组命令且横跨程序窗口顶部的带状选项卡区域，主要由多个选项卡组成。这些选项卡上有多个按钮组，主要包括将相关常用命令分组在一起的主选项卡与仅在使用时才出现的上下文选项卡，以及快速访问工具栏。在功能区选项卡上，一些按钮提供选项样式库，而其他按钮用于启动命令。功能区命令选项卡包含的可执行的常用操作如表 1-18 所示。

表 1-18　功能区命令选项卡包含的可执行的常用操作

命令选项卡	可执行的常用操作
开始	选择不同的视图
	从剪贴板复制与粘贴
	设置当前字体的特性
	设置当前字体的对齐方式
	对备注字段应用格式文本格式
	使用记录（刷新、新建、保存、删除、汇总、拼写检查等）
	对记录排序、筛选，查找记录

命令选项卡	可执行的常用操作
创建	插入新的空白表
	使用表模板创建新表
	在 SharePoint 网站上创建列表,在键接至新表创建的列表的当前数据库创建表
	在设计视图中创建新的空白表
	基于活动表或查询创建新的窗体
	创建新的数据透视表或图表
	基于活动表或查询创建新的报表
	创建新的查询、宏、模块或类模块
外部数据	导入或链接到外部数据
	导出数据
	通过电子邮件收集与更新数据
	创建保存的导入和保存导出
	运行链接表管理器
数据库工具	将部分或全部数据库移至新的或现有的 SharePoint 网站
	启动 Visual Basic 编辑器或运行宏
	显示/隐藏对象的相关性
	运行数据库文档或分析性能
	将数据移至 Microsoft SQL Server 或 Access(仅限于表)数据库
	管理 Access 加载项
	创建或编辑 Visual Basic for Application(VBA)模块

2. 导航窗格

导航窗格是 Access 程序窗口左侧的窗格,它取代了 Access 2007 中的数据库窗口。用户通过导航窗格来使用数据库对象。导航窗格帮助用户组织归类数据库对象,它是打开或更改数据库对象设计的主要方式。导航窗格按类别和组进行组织,用户可以从多种组织选项中选择。当然,用户也可以在导航窗格中创建自己的自定义组织方案,具体操作方法是通过单击导航空格顶部的"所有数据库对象"右侧的按钮▼,通过打开的菜单选项来选择。在默认情况下,新数据库使用"对象类型"类别,该类别包含对应于各种数据库对象的组。用户单击《最小化导航窗格。

3. Backstage 视图

Backstage 视图是功能区的"文件"选项卡上显示的命令集合,它包含应用于整个数据库的命令和信息(如"压缩和修复"),以及早期版本中"文件"菜单的命令(如"打印")。如图 1.16 所示。Backstage 视图是 Access 2010 中的新功能。在打开 Access 但未打开数据库时可以看到 Backstage 视图。在 Backstage 视图中,可以创建新数据库、打开现有数据库、通过 SharePoint Server 将数据库发布到 Web,以及执行很多文件和数据库维护任务。

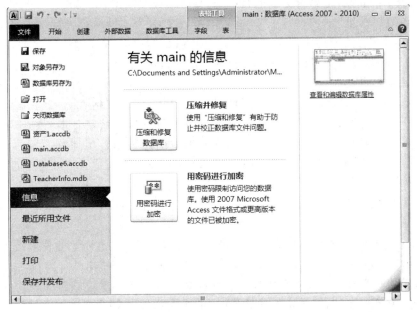

图 1.16　Access 2010 的 Backstage 视图

知识 3　Access 2010 基本对象

Microsoft Access 2010 数据库包括表、查询、窗体、报表、宏与模块 6 大对象。

表是数据库的核心与基础,存放着数据库中的全部数据。查询是数据库的核心操作,实现查找与检索数据,是数据库设计目的的体现。Access 提供了选择查询、参数查询、交叉表查询、操作查询和 SQL 查询等多种查询数据的方式。窗体是 Access 数据库对象中最灵活的一个对象,用于创建用户操作界面,是数据库与用户之间的主要接口,用户可以通过窗体浏览或更新表中的数据。报表是用来以特定的方式分析和打印数据的对象。在报表中,可以创建计算字段,可以将记录进行分组与汇总。宏是一系列操作的集合,主要用于执行各种操作,控制程序流程。在 Access 中,宏可以是包含操作序列的一个宏,也可以是由若干个子宏的集合组成的宏。模块是由声明、语句和过程组成的集合,模块对象是用 VBA 代码书写的,每一个过程是一个函数(Function)过程或是一个子程序(Sub)过程。模块的主要作用是实现编程来处理与应用复杂的数据信息。

知识 4　常量、变量、函数与表达式

1. 常量

常量是一种恒定的或不可变的数值或数据项,它是不随时间变化的某些量和信息。在 Access 中,常量可分为文本型常量、数值型常量、日期时间型常量与逻辑型常量。

（1）文本型常量

文本型常量是由字母、数字、汉字组成的字符序列，又称文本串。其表示方法是用定界符将字符串括起来，定界符为双引号（""），且必须成对使用。

（2）数值型常量

在 Access 中，数值型常量由正负号、小数点以及数字 0～9 构成。例如，－3456（整数）、0.1415（小数）、3E-5（科学记数法）都是数值型常量。

（3）日期时间型常量

在 Access 中，日期时间型数据有很多格式，如常规日期（格式为"2010-06-09　下午 05：23：20"）、长日期（格式为"2010 年 06 月 03 日　星期四"）、短日期（格式为"2010-06-03"）等。在表示日期时间型常量时，需要在日期时间型数据首尾加"♯"，如"♯2010-06-03♯"就是一个日期时间型常量，"♯Mar 21,2010 13：25♯"也是一个日期时间型常量。

（4）逻辑型常量

逻辑型也称为"是/否"型。逻辑型常量有"真"与"假"两个，真用 True 表示，"假"用 False 表示。

注意：在 Access 内部包含了若干个启动时建立的常量，这种常量被称为系统常量，如 True、False、Yes、No、On、Off 和 Null 等，在编码时可以直接使用。另外，VBA 提供了一些预定义的内部符号常量，它们主要作为命令语句中的参数。内部常量以前缀 ac 开头。这些常量可以通过在"对象浏览器"窗口中选择 Access 项看到。

2. 变量

变量是指其值可以改变的量。变量有字段变量与内存变量之分，字段变量存在于数据库中，内存变量存放于计算机内存中。变量在使用前需先定义，字段变量的定义是在建立数据库中的表对象时完成的，在引用字段变量时用"[字段变量名]"表示，如 max([年龄])，这个函数中的"[年龄]"就代表字段变量"年龄"。关于内存变量的定义将在后续章节中介绍。

3. 函数

Access 的函数从形式上来说是一些预定义的公式，它们使用一些称为参数的特定的数值按特定的顺序或结构进行数据处理获得结果。从实质上来讲，Access 函数是 VBA 内置的具有某种功能的特殊程序。这些程序就像一些黑匣子，接收外部输入的数据并向外部输出一个处理结果。在 VBA 中，提供了近百个内置的标准函数，可以方便完成许多操作。标准函数一般用于表达式中，有的能和语句一样使用。其使用形式如下：

函数名(<参数 1><,参数 2>[,参数 3][,参数 4][,参数 5]…)

其中，函数名必不可少，函数的参数放在函数名后的圆括号中，参数可以是常量、变量或表达式，一个函数的参数可以有一个或多个，也有少数函数是无参函数。如 Right("abcdef",2)，该函数的功能是从第一个文本串参数值的右端截取长度为 2 的文本串。

Access 2003 系统提供了 100 多个函数，利用函数来提高用户使用与处理数据的效率。Access 的函数分为 5 大类，它们分别是文本函数、算术函数、日期时间函数与转换函数。在此，介绍一些常用的函数，其他函数请查阅相关资料。

（1）文本函数

① Left 函数

格式：Left(<stringexpr>[,*n*])

作用：从 stringexpr 的值的左边取 n 个字符生成一个子串。

说明：stringexpr 是文本表达式, n 是正整数, 表示字符的个数。若省略, 表示取全部字符。与此函数相类似有 Right 函数。

举例：Left("He is a student",5)的值为"He is"。

Left("计算机等级考试",3)的值为"计算机"。

② Len 函数

格式：len（<stringexpr>）

作用：返回 stringexpr 的值的字符个数。

说明：stringexpr 是文本表达式。

举例：Len("He is a student")的值为 15。

Len("计算机等级考试")的值为 7。

③ LTrim 函数

格式：LTrim（<stringexpr>）

作用：把 stringexpr 的值的左边的空格删除。

说明：stringexpr 是文本表达式。与此函数相似的还有 RTrim 函数与 Trim 函数。

举例：LTrim（"He is a student"）的值为"He is a student"。

④ Mid 函数

格式：Mid（<stringexpr><,start>[,length]）

作用：生成一个从字符表达式 stringexpr 值的 start 位置开始, 长度为 length 的文本串。如果 length 省略, 表示从 Start 位置开始取到 stringexpr 的最后一个字符位置。

说明：stringexpr 是文本表达式。

举例：Mid（"He is a student",9,7）的值为"student"。

⑤ Space 函数

格式：Space(<Number>)

作用：生成长度为 Number 个的空格串。

举例：Space（8）的值为"   "。

⑥ StrReverse 函数

格式：StrReverse（<stringexpr>）

作用：返回一个与文本串 stringexpr 顺序相反的文本串。

举例：StrReverse（"abcd"）的值为"dcba"。

(2) 算术函数

① Round 函数

格式：Round(<nexpr1>[,nexpr2])

作用：返回按指定位数进行四舍五入的数值。

说明：对数值表达式 nexpr1 按 nexpr2 指定位数四舍五入。如果省略 nexpr2, 则 Round 函数返回整数。

举例：Round(3.1415926,4)的值为 3.1416。

② Rnd 函数

作用：Rnd 函数返回一个小于 1 但大于或等于零的单精度数值。

格式：Rnd(＜number＞)

说明：number 小于零，每次都将 number 用作种子生成相同的数字；number 等于零生成最近生成的数字；number 大于零生成序列中的下一个随机数字。

举例：用 Int(Rnd ＊100)＋1 可产生 1～100 的随机整数。

③ Int 函数

格式：Int(＜number＞)

作用：返回一个不大于 number 的最大整数。

举例：Int(9.59)＝9、Int(－9.59)＝－10。

④ Fix 函数

格式：Fix(number)

作用：返回一个去掉小数后的整数。

举例：Fix(±9.59)＝±9。

(3) 日期时间函数

① Date()：返回系统当前日期。

② Now()：返回系统当前的日期和时间。

注意：这两个函数为无参函数，在使用时，"()"不能省略。

③ Year(＜dexper＞)：返回日期中的年份。

④ Month(＜dexper＞)：返回日期中的月份。

⑤ Day(＜dexper＞)：返回日期中的天数。

⑥ Weekday(＜dexper＞)：返回日期中的星期数。

⑦ Hour(＜dexper＞)：返回时间中的小时数。

⑧ DateAdd 函数

格式：DateAdd(＜interval＞＜,number＞＜,date＞)

作用：将指定 number 时间间隔有符号整数与指定 date 的指定 interval 相加后，返回一个日期数据。

说明：interval 表示是所要加上去的时间间隔；interval 是 yyyy 时表示为年，是 q 时表示为季，是 m 时表示为月，是 d 时表示为日等。且 interval 参数需用双引号来界定。

举例：DateAdd("m",1,31-Jan-95)函数的值是将 1995 年 1 月 31 日加上一个月后的日期。DateAdd("d",70,31-Jan-95)函数的值是将 1995 年 1 月 31 日加上 70 天后的日期。

(4) 转换函数

① CDate 函数

格式：CDate(＜stringexpr＞)

作用：将 stringexpr 表示的日期时间转换成日期时间数据。

说明：stringexpr 参数是任意有效的日期时间字符表达式。

举例：MyDate＝"October 19,1962"　　　　　定义日期

　　　　MyShortDate＝CDate(MyDate)　　　转换为日期数据类型

　　　　MyTime＝"4:35:47 PM"　　　　　　　定义时间

　　　　MyShortTime＝CDate(MyTime)　　　转换为日期数据类型

② DateSerial 函数

格式：DateSerial（<year>,<month>,<day>）

作用：将对应的年、月、日的数字数据转换成日期时间数据。

（5）选择函数

① IIF 函数

格式：IIf(<condition_expr>,<expr1>,<expr2>)

作用：条件为真,返回 expr1 的值;条件为假时,返回 expr2 的值。

举例：IIf(a>b,a,b) 返回 a,b 中较大的值。

② Switch 函数

格式：switch(<condition_expr1>,<expr1[condition_expr2,expr2⋯]>)

作用：条件式与表达式成对出现,如有条件式为真,则返回对应表达式的值。

举例：y＝switch(x>0,1,x=0,0,x<0,1)的作用是根据 x 的值来为 y 赋值。

（6）测试函数

在 VBA 中,提供了很多对数据类型进行验证的数据,主要如下。

① IsNumeric 函数

格式：IsNumeric(<表达式>)

作用：测试表达式的运算结果是否为数值型数据,若是函数返回值为 True,否则为 False。

② IsDate 函数

格式：IsDate(<表达式>)

作用：测试表达式是否可以转换成日期,若是则返回值为 True,否则为 False。

③ IsNull 函数

格式：IsNull(<表达式>)

作用：测试表达式是否为无效数据,若是则函数返回值为 True,否则为 False。

④ IsEmpty 函数

格式：IsEmpty(<变量>)

作用：测试变量是否被初始化,若未被初始化,返回值为 True,否则为 False。

⑤ IsArray 函数

格式：IsArray(<变量>)

作用：测试变量是否为一个数组,若是则函数返回值为 True,否则为 False。

⑥ IsError 函数

格式：IsError(<表达式>)

作用：测试表达式是否为错误值,若是则函数返回值为 True,否则为 False。

⑦ IsObject 函数

格式：IsObject(<变量>)

作用：测试变量是否为一个对象变量,若是则函数返回值为 True,否则为 False。

4. 表达式

表达式由常量、变量、函数、运算符和圆括号等构成。参与运算的数据被称作操作数,运算符和操作数据构成表达式。VBA 提供了丰富的运算符,其中包括字符串运算符、算术运算符、比较运算符、逻辑运算符等。

（1）字符串运算符（连接运算符）和字符串表达式

字符串运算符有两个：&、＋，其作用都是将两个字符串连接起来，合并成一个新的字符串。

注意：&会自动将非字符串类型的数据转换成字符串后再进行连接，而＋则不能自动转换。例如：

```
"Hello"&" World"        '结果为" Hello World"
"Check"&123            '结果为"Check123"
"Check"+123            '错误
```

（2）算术运算符和算术表达式

算术运算是对数值型数据进行运算，运算符以及算术运算符的优先级别如表 1-19 所示。

表 1-19　算术运算符与算术表达式

优先级	算术运算符	运　　算	算术表达式例子	结　　果
1	^	乘方	3^2	9
2	＋	取正	4	＋4
2	－	取负	4	－4
3	*	乘法	3 * 6	18
3	/	浮点除法	10/3	3.33333333333
4	\	整数除法	10\3	3
5	Mod	取模	10Mod3	1
6	＋	加法	3＋4	7
6	－	减法	3－4	－1

（3）关系运算符和关系表达式

关系运算符用于对两个表达式的值进行比较，比较的结果为逻辑型 True（真）或 False（假）。关系运算符与关系运算如表 1-20 所示。

表 1-20　关系运算符

运　算　符	运　　算	关系表达式例子	结　　果
=	等于	2＝3	False
<>或><	不等于	2<>3	True
>	大于	2>3	False
<	小于	2<3	True
>=	大于等于	2>＝3	False
<=	小于等于	2<＝3	True

（4）布尔运算和布尔表达式

布尔运算符两边的表达式要求为布尔值，布尔表达式的结果值仍为布尔值。布尔运算符与优先级如表1-21所示。

表1-21　布尔运算符及布尔运算

优先级	运算符	运算	说　　明	例子	结果
1	Not	非	当表达式为假时，结果为真。	Not(3>8)	True
2	And	与	当两个表达式均为真时，结果才为真，否则为假。	(3>8)And(5<6)	False
3	Or	或	当两个表达式均为假时，结果才为假，否则为真。	(3>8)Or(5<6)	True

（5）日期型表达式

日期型表达式由算术运算符＋、－、算术表达式、日期型常量、内存变量和函数组成。日期型数据是一种特殊的数值型数据，它们之间只能进行＋、－运算，有下面三种情况。

两个日期时间型数据相减，结果是一个数值型数据两个日期相差的天数。

例如：♯12/19/1999♯ － ♯11/16/1999♯　　　　　'结果为数值型数据：33

一个表示天数的数值型数据可加到日期型数据中或从日期型数据中减掉，其结果仍然为一日期型数据。

（6）运算符的优先级

在一个表达式中，可能既有字符运算，也有数值运算、关系运算与布尔运算，这种复杂表达式是如何运算的呢？在 Access 中，不同类别运算符的优先顺序是：数值运算符和字符串运算符→关系运算符→布尔运算符，同类运算符的优先原则与前面介绍的一致。例如：设 a＝3,b＝5,c＝－1,d＝7,则以下表达式按标注①～⑩的顺序进行运算。

a＋b＞c＋d　And　a＞＝5　Or　Not c＞0　Or　d＜0
①8　　②6　　④False　　⑤True　　⑥False
③True　⑦False
⑧True
⑨True

结果为 True。

讲到这里，还需向读者交待一个问题，在 Access 中，函数与表达式是有值的，那在 Access 中如何看一个函数与表达式的值呢？方法是启动 Access，新建模块对象，在如图 1.17 所示的"立即窗口"中，输入函数或表达式即可。

图 1.17　立即窗口

在 VBA 的编程过程中，正确使用常量、变量、函数与表达式是编程的基础。因此，必须正确理解这些概念，且学会正确使用它们。

知识小结

- 数据是对信息的符号描述,信息是数据的含义。
- 数据处理是指将数据转换成信息的过程。
- 数据库中的数据按一定的数据模型组织、描述和存储,具有较小的冗余、较高的数据独立性和易扩展性,可为不同的用户共享。
- 数据库结构按组织和管理框架分为内模式、模式与外模式三级结构。
- 数据库的组织模型分为层次模型、网状模型和关系模型。
- 关系数据模型是用二维表格结构来表示实体以及实体间关系的数据模型。
- 一个关系就是一个二维表。二维表中的列被称为属性,表中的行被称为元组(记录)。
- 关系运算包括集合运算符、专门的关系运算符、算术比较运算符与逻辑运算符4类。
- 完整性通常包括实体完整性、参照完整性和用户定义完整性,其中实体完整性和参照完整性是关系模型必须满足的完整性约束条件。
- 数据库的设计通常要经历需求分析、概念设计、实现设计和物理设计4个阶段。
- 概念设计是整个数据库设计的关键。它的目的是将需求说明书中关于数据的需求,综合为一个统一的 DBMS 概念模型。
- 实现设计的目的是将 E-R 模型转换为某一特定的 DBMS 能够接受的逻辑模式。
- 在逻辑设计阶段,通常使用关系规范化理论来指导关系数据库设计。一般关系数据库的设计至少要符合第三范式。
- Access 提供了表、查询、窗体、报表、宏与模块 6 种用来建立数据库系统的对象。
- 常量可分为文本型常量、数值型常量、日期时间型常量与逻辑型常量。
- 变量分为字段变量与内存变量。
- Access 的函数是一些预定义的公式,它们使用一些称为参数的特定的数值按特定的顺序或结构进行数据处理获得结果。
- 表达式是由常量、变量、函数、运算符和圆括号等构成的。

任务 1 习题

一、简答题

(1) 何为 Data、DB、DBMS 与 DBS,它们之间有何区别与联系?

(2) 在数据库技术发展过程中,数据的组织模型有哪些,每种模型有何特点?

(3) 关系的基本特点有哪些? 关系有哪些基本操作?

(4) 关系的完整性有何具体要求?

(5) Access 数据库有哪些对象? 有何作用?

二、单项选择题

(1) 数据(Data)、数据库(DB)、数据库管理系统(DBMS)与数据库系统(DBS)之间是一种包含关系，_____能正确描述这种包含关系。

    A. DBMS\DBS\DB\Data   B. DBS\DBMS\DB\Data

    C. Data\DBMS\DBS\DB   D. DBMS\Data\DB\DBS

(2) 下列_____项，对数据库特征的描述是错误的。

    A. 数据具有独立性   B. 可共享

    C. 消除了冗余   D. 数据集中控制

(3) 由于数据库是为多用户共享的，因此，需要特殊的用户对数据库进行规划、设计、协调、维护和管理。这个特殊用户被称为_____。

    A. 用户   B. 程序员   C. 工程师   D. 数据库管理员

(4) 二维表的一行对应_____，二维表的一列对应_____。

    A. 字段   B. 记录   C. 关系   D. 主键

(5) 关系数据模型_____。

    A. 只能表示实体间 $1:1$ 联系   B. 只能表示实体间 $n:m$ 联系

    C. 只能表示实体间 $1:n$ 联系   D. A，C

(6) 对于二维表的关键字来讲，不一定存在的是_____。

    A. 主关键字   B. 外部关键字   C. 超关键字   D. 候选关键字

(7) 在数据库中，数据模型是_____的集合。

    A. 文件   B. 记录   C. 数据   D. 记录及其联系

(8) 关系数据库管理系统所管理的关系是_____。

    A. 一个二维表   B. 若干个二维表

    C. 一个数据库   D. 若干个 DBC 文件

(9) 对表进行垂直方向的分割用的运算是_____。

    A. 连接   B. 选择   C. 交   D. 投影

(10) 数据库系统的核心是_____。

    A. 数据模型   B. 数据库管理系统   C. 软件工具   D. 数据库

(11) 下列叙述中正确的是_____。

    A. 数据库是一个独立的系统，不需要操作系统的支持

    B. 数据库设计是指设计数据库管理系统

    C. 数据库技术的根本目标是要解决数据共享的问题

    D. 在数据库系统中，数据的物理结构必须与逻辑结构一致

(12) 数据库系统的构成为数据库集合、计算机硬件系统、数据库管理员和用户与_____。

    A. 操作系统   B. 文件系统

    C. 数据集合   D. 数据库管理系统及相关软件

(13) 数据处理的最小单位是_____。

    A. 数据   B. 数据元素   C. 数据项   D. 数据结构

(14) 用树型结构来表示实体之间联系的模型称为_____。

    A. 关系模型   B. 层次模型   C. 网状模型   D. 数据模型

(15) 按条件 f 对关系 R 进行选择,其关系代数表达式为_____。

    A. $R|\times|R$ B. $R|\times|R \atop f$ C. $\sigma f(R)$ D. $\prod f(R)$

(16) 下述关于数据库系统的叙述中正确的是_____。

    A. 数据库系统减少了数据冗余

    B. 数据库系统避免了一切冗余

    C. 数据库系统中数据的一致性是指数据类型的一致

    D. 数据库系统能比文件系统管理更多的数据

(17) 下列表达式错误的是_____。

    A. 3＋7   B. date()＋＃2010-01-01＃

    C. ＃2010-09-01＃-＃2010-01-01＃   D. 3＞5 and"a"＞"b"

(18) 函数 DateSerial ((year(date()),1,1)的值的数据类型是_____。

    A. 数值型   B. 文本型   C. 日期时间型   D. 无法确定

(19) 在数据库的表中,主键的值不能重复是_____完整性的要求。

    A. 实体   B. 参照   C. 用户定义   D. Access

(20) 下面_____项不是一个常量。

    A. Null   B. True   C. ""   D. Is Null

(21) 如果表 A 中的一条记录与表 B 中的多条记录相匹配,且表 B 中的一条记录与表 A 中的多条记录相匹配,则表 A 与表 B 存在的关系是_____。

    A. 一对一   B. 一对多   C. 多对一   D. 多对多

(22) 将两个关系拼接成一个新的关系,生成的新关系中包含满足条件的元组,这种操作称为_____。

    A. 选择   B. 投影   C. 联接   D. 并

(23) 下列模式中,能够给出数据库物理存储结构与物理存取方法的是_____。

    A. 内模式   B. 外模式   C. 概念模式   D. 逻辑模式

(24) 假设数据库中,表 A 与表 B 建立了"一对多"关系,表 B 为"多"的一方,则下述说法中正确的是_____。

    A. 表 A 中的一条记录能与表 B 中的多个记录匹配

    B. 表 B 中的一条记录能与表 A 中的多个记录匹配

    C. 表 A 中的一个字段能与表 B 中的多个字段匹配

    D. 表 B 中的一个字段能与表 A 中的多个字段匹配

(25) Access 的数据库类型是_____。

    A. 层次数据库   B. 网状数据库

    C. 关系数据库   D. 面向对象数据库

(26) 数据库是_____。

    A. 以一定的组织结构保存在计算机存储设备中的数据的集合

B. 一些数据的集合

C. 辅助存储器上的一个文件

D. 磁盘上的一个数据文件

(27) 关系数据库的查询操作都是由三种基本运算组合而成的,这三种基本运算不包括_____。

  A. 联接   B. 关系   C. 选择   D. 投影

(28) 在数据库中能够唯一地标识一个元组的属性或属性的组合称为_____。

  A. 记录   B. 字段   C. 域   D. 主关键字

(29) 关系数据库管理系统中所谓的关系是指_____。

  A. 各条记录中的数据彼此有一定的关系

  B. 一个数据库文件与另一个数据库文件之间有一定的关系

  C. 是符合一定条件的二维表格

  D. 数据库中各个字段之间彼此有一定的关系

(30) 在下述关于数据库系统的叙述中,正确的是_____。

  A. 数据库中只存在数据项之间的联系

  B. 数据库中的数据项之间和记录之间都存在联系

  C. 数据库的数据项之间无联系,记录之间存在联系

  D. 数据库的数据项之间和记录之间都不存在联系

(31) 数据模型反映的是_____。

  A. 事物本身的数据和相关事物之间的联系

  B. 事物本身所包含的数据

  C. 记录中所包含的全部数据

  D. 记录本身的数据和相关关系

(32) 在现实世界中,每个人都有自己的出生地,实体"人"与实体"出生地"之间的联系是_____。

  A. 一对一联系   B. 一对多联系

  C. 多对多联系   D. 无联系

(33) 如果主表中没有相关记录,就不能将记录添加到相关联的子表中,则应该在关系中设置_____。

  A. 参照完整性   B. 有效性规则

  C. 输入掩码   D. 级联更新相关字段

(34) 在关系运算中,选择运算的含义是_____。

  A. 在基本表中,选择满足条件的元组组成一个新的关系

  B. 在基本表中,选择需要的属性组成一个新的关系

  C. 在基本表中,选择满足条件的元组和属性组成一个新的关系

(35) 在关系数据库中,能够唯一地标识一个记录的属性或属性的组合,称为_____。

  A. 关键字 B. 属性   C. 关系   D. 域

(36) 在下列逻辑表达式中,能正确表示条件"x 和 y 都是奇数"的是_____。

    A. x Mod 2＝1 Or y Mod 2＝1   B. x Mod 2＝0 Or y Mod 2＝0

    C. x Mod 2＝1 And y Mod 2＝1   D. x Mod 2＝0 And y Mod 2＝0

(37) 用于获得字符串 Str 从第 2 个字符开始的三个字符的函数是_____。

    A. Mid(Str,2,3)   B. Middle(Str,2,3)

    C. Right(Str,2,3)   D. Left(Str,2,3)

(38) 给定日期 DD,可以计算该日期当月最大天数的正确表达式是_____。

    A. Day(DD)

    B. Day(DateSerial(Year(DD),Month(DD),day(DD)))

    C. Day(DateSerial(Year(DD),Month(DD),0))

    D. Day(DateSerial(Year(DD),Month(DD)＋1,0))

(39) VBA 中去除前后空格的函数是_____。

    A. Ltrim   B. Rtrim   C. Trim   D. Ucase

(40) 能够实现从指定记录集里检索特定字段值的函数是_____。

    A. Dcount   B. Dlookup   C. Dmax   D. DSum

(41) 表达式 Fix(−3.25)和 Fix(3.75)的结果分别是_____。

    A. −3,3   B. −4,3   C. −3,4   D. −4,4

(42) 下列 4 个选项中,不是 VBA 的条件函数的是_____。

    A. Choose   B. If   C. Iif   D. Switch

(43) Int(100 * Rnd)函数的值是_____。

    A. [0,99]的随机整数   B. [0,100]的随机整数

    C. [1,99]的随机整数   D. [1,100]的随机整数

三、填空题

(1) 数据库系统中实现各种数据管理功能的核心软件称为_____。

(2) 数据库保护分为安全性控制 、_____、并发性控制和数据的恢复。

(3) 在数据库管理系统提供的数据定义语言、数据操纵语言和数据控制语言中,_____负责数据的模式定义与数据的物理存取构建。

(4) 关系模型的数据操纵即是建立在关系上的数据操纵,一般有_____、增加、删除和修改 4 种操作。

(5) 在关系数据库中,用来表示实体之间联系的是_____。

(6) 在关系模型中,"关系中不允许出现相同元组"的约束是通过_____实现的。

(7) 在关系数据库的基本操作中,从表中取出满足条件的元组的操作称为_____。

(8) 人员基本信息一般包括身份证号,姓名,性别,年龄等,其中可以作为主关键字的是_____。

(9) 数据独立性分为逻辑独立性与物理独立性。当数据的存储结构改变时,其逻辑结构可以不变,因此,基于逻辑结构的应用程序不必修改,称为_____。

(10) 数据库设计包括概念设计、_____、_____和物理设计。

四、求下列函数与表达式的值

(1) len("My God!")

(2) DateSerial（year(♯2010-09-09♯)-2,4,5)

(3) "今天的日期是："&date()

(4) LTrim（"　He is a student　"）

(5) Mid("国家精品课程",3,4)

任务 2　实验

一、实验目的

构造一个小型销售企业费用报销管理数据库，认识数据库管理系统的使用过程。

二、实验要求

通过对小型销售费用报销管理系统的需求调查，生成表的结构。通过运行费用报销管理系统，了解系统的功能，为后续的学习与实验打好基础。

三、实验学时

2 课时

四、实验内容与提示

1. 需求分析

数据库需求分析是整个数据库应用系统设计的基础。在需求分析阶段，设计者要同用户密切合作，共同收集数据，分析数据管理的内容以及用户对数据处理的要求。针对小型销售企业费用报销信息管理系统，对小型销售企业人员与部门进行了详细的调研与分析，得出该系统的业务信息流程如图 1.18 所示。

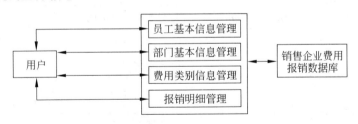

图 1.18　系统业务信息流程图

通过调查与需求分析，可得到小型销售企业的实体与实体属性，可参考教材 1.3.1 节相关内容。

2. 逻辑设计

数据库逻辑设计的任务是将上述得到的实体转换为数据库管理系统能够处理的具体形式。根据实际的情况分别确定以上各关系中的各个属性的名称、数据类型、值域范围等，并对各表进行数据结构设计、关键字设计与约束设计等。

通过上述分析，得出该数据库需要 tblCodebm（部门信息）表、tblCodelb（报销类别信息）表、tblCodeyg（员工信息）表与 tblBxmx（报销明细信息）表，这些表的结构分别如

表 1-22 至表 1-25 所示。

表 1-22　部门信息表

表名：tblCodebm	说明：此表用于存放部门信息					
字段名	字段类型	字段大小	允许空值	索引	说明	备注
bmID	文本	4	必填	主键	部门编号	格式：B001
bmmc	文本	10	必填		部门名称	

表 1-23　报销类别信息表

表名：tblCodelb	说明：此表用于存放报销类别信息					
字段名	字段类型	字段大小	允许空值	索引	说明	备注
lbID	文本	4	必填	主键	类别编号	格式：L001
lbmc	文本	10	必填		类别名称	

表 1-24　员工信息表

表名：tblCodeyg	说明：此表用于存放员工基本信息					
字段名	字段类型	字段大小	允许空值	索引	说明	备注
ygID	文本	4	必填	主键	员工编号	格式：Y001
ygxm	文本	12	必填		姓名	
Ygxb	文本	1	必填		性别	
Ygcsrq	日期/时间	短日期	必填		出生日期	
ygzw	文本	6			职务	
yggzsj	日期/时间	短日期	必填		参加工作时间	
ygxl	文本	4			学历	
ygzc	查阅向导	5			职称	
ygbm	查阅向导	4	必填		所属部门	数据来自于 tblCodebm 表，且输入的是部门编号
ygdh	文本	11			联系电话	

表 1-25　报销明细信息表

表名：tblBxmx	说明：此表用于存放员工报销明细信息					
字段名	字段类型	字段大小	允许空值	索引	说明	备注
mxID	文本	11	必填	主键	报销编号	格式：首字母 M＋年份 4 位＋月份 2 位＋4 位递增流水号，如 M2013060001
bxrq	日期/时间		必填		报销日期	

表名：tblBxmx		说明：此表用于存放员工报销明细信息				
lbID	文本	4	必填	外键	类别编号	数据来自于 tblCodelb 表的 lbID，输入的是类别编号
ygID	文本	4	必填	外键	员工编号	数据来自于 tblCodeyg 表的 ygID，输入的是员工编号
bmID	文本	4	必填	外键	部门编号	数据来自于 tblCodebm 表的 bmID，输入的是部门编号
bxje	货币		必填		报销金额	2 位小数
bxzy	文本	100			报销摘要	
czsj	时间		必填		操作时间	默认系统时间

3. 运行系统

在 Access 中打开 module1 文件夹中的 main 数据库，通过数据库的运行认识小型销售企业信息管理系统的功能与组成（要把最后一章的 main 数据库拷贝到该文件中）。

模块 2 Access 2010 数据库与表

在 Access 中,数据库是一个容器,在该容器中存放着很多对象,如表、查询、窗体、报表、宏与模块等,其中,非常重要的对象就是表,表是数据库的基础,保存着数据库中全部的数据,其他对象只是 Access 提供的对数据库维护与管理的工具。因此,设计一个数据库的关键就是建立数据库中的基本表。数据库可以包含许多表,每个表用于存储有关不同主题的信息。本章将介绍数据库和表的建立与维护等相关知识。

主要学习内容

(1) 数据库操作;

(2) 表操作;

(3) 获取外部数据。

单元 1　数据库操作

在 Access 中,数据库以文件的形式保存,在 Access 2010 中,数据库文件的扩展名为 accdb。数据库的操作主要包括数据库的创建、打开与关闭等。

知识 1　Access 2010 的启动与退出

如果用户使用的计算机安装了 Access 2010,就可以启动该程序。启动方法一般有如下 4 种。

(1) 单击"开始"菜单,选择"程序"→Microsoft Office→Microsoft Access 2010。

(2) 双击桌面快捷图标。

(3) 打开已建立的 Access 2010 数据库。

(4) 运行 Office 安装目录下的 Msaccess.exe 可执行程序。

图 2.1 所示的 Access 的操作界面是通过(1)、(2)与(4)方法启动后打开的窗口。该窗口为 Access 2010 的 Backstage 视图。

当要退出 Access 时,可以采用以下三种方法之一来实现。

(1) 单击 Access 窗口右上角的"关闭"按钮。

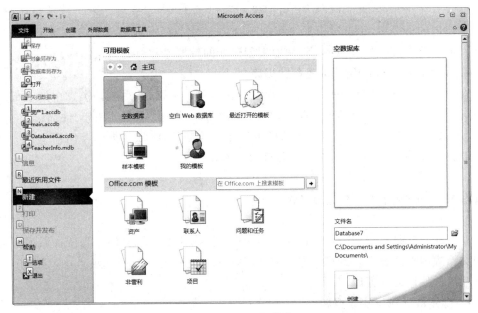

图 2.1　Access 操作窗口

（2）在功能区"文件"选项卡下，单击"退出"命令。

（3）直接使用快捷键 Alt＋F4 退出。

知识 2　创建数据库操作

Access 的数据都存储在表中。当一个数据库应用系统需要多个表时，不是每次创建新表时都要创建一个数据库，而是把一个应用系统中的所有表都放在一个数据库中。因此，在着手设计数据库应用系统的时候，要先创建一个数据库，然后再根据实际要求在数据库中创建表或其他对象。创建数据库的方法如下。

1. 创建新的 Web 数据库

在 Backstage 视图"可用模板"下，单击"空白 Web 数据库"，在右侧的"空白 Web 数据库"下，在"文件名"框中输入数据库文件的名称，或使用提供的名称。单击"创建"将创建新的数据库，并且在数据表视图中打开一个新的表。

2. 创建新的桌面数据库。

在 Backstage 视图"可用模板"下，单击"空白数据库"，在右侧的"空白数据库"下，在"文件名"框中输入数据库文件的名称，或使用提供的名称。单击"创建"，新数据库随即创建，并且在数据表视图中将打开一个新表。

3. 根据示例模板新建数据库

Access 2010 产品附带有很多模板，也可以从 Office.com 下载更多模板。Access 模板是预先设计的数据库，它们含有专业设计的表、窗体和报表。模板为用户创建新数据库提供极大的便利。

创建方法是在 Backstage 视图"可用模板"下,单击"样本模板",然后浏览可用模板,找到要使用的模板后,单击该模板。在右侧的"文件名"框中,键入文件名或使用系统提供的文件名。单击"创建",Access 将从模板创建新的数据库并打开该数据库。

4. 从"Office.com 模板"创建新数据库

在 Backstage 视图"Office.com 模板"窗格下,单击类别,然后当该类别中的模板出现时,单击一个模板。在"文件名"框中,输入文件名或使用系统提供的文件名。单击"下载"。Access 将自动下载模板,根据该模板创建新数据库,将该数据库存储在文档文件夹(例如"我的文档"文件夹)中,然后打开该数据库。

知识 3 数据库打开与关闭

在打开(或创建再打开)数据库时,Access 会将该数据库的文件名和位置添加到最近使用文档的内部列表中。此列表显示在 Backstage 视图的"最近"选项卡中,以便用户轻松打开最近使用的数据库。

1. 打开最近使用的数据库

在 Backstage 视图中,单击"最近",然后单击要打开的数据库。Access 将打开数据库。

2. 从 Backstage 视图中打开数据库

单击"文件"选项卡,然后单击"打开"按钮。当"打开"对话框出现时,浏览并选择文件,然后单击"打开"按钮,该数据库随即打开,如图 2.2 所示。

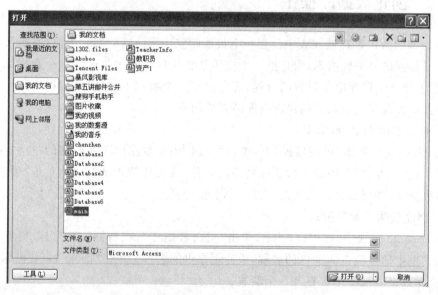

图 2.2 打开已有的数据库

说明:数据库的打开方式有"打开"、"以只读方式打开"、"以独占方式打开"与"以独占只读方式打开"4 种。用户选择打开方式的方法是单击图 2.2 中"打开"按钮旁的,系统弹出打开方式的选择菜单,如图 2.3 所示,在此菜单中选择打开的方式即可。该菜单中各项的含义如下。

图 2.3 "打开"菜单

(1) 打开:默认以共享方式打开选定的数据库,并可进行数据读写。

(2) 以只读方式打开:所有用户都只能读,即只可以查看但不能编辑任何数据库对象。

(3) 以独占方式打开:只允许打开它的用户读写,而其他用户不能打开该数据库。

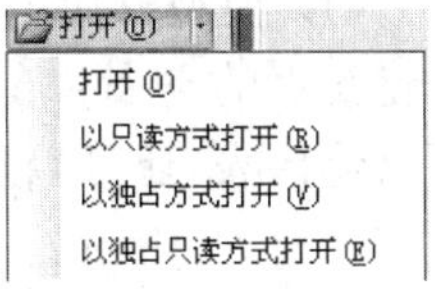

(4) 以独占只读方式打开:只允许打开它的用户读,而其他用户不能打开该数据库。

在默认情况下,Access 2010 数据库是以共享的方式打开的,这样可以保证多人能够同时使用同一个数据库。不过,在共享方式打开数据库的情况下,有些功能(如压缩和修复数据库)是不能用的。此外,系统管理员要对数据库进行维护时,不希望他人打开数据库,一般以独占的方式打开数据库。

数据库关闭的方法有两种方法,一是退出 Access 2010 后数据库自动关闭,另一种方法是通过功能区"文件"选项卡中"关闭数据库"命令关闭打开的数据库。

单元 2　表　操　作

在数据库管理系统中,无论是多么强大、多么先进的数据库,都是基于存储在表中的数据来运行的,因此,数据库表的设计和建立是数据库中最基本的、最重要的工作内容之一。表是整个数据库工作的基础,也是查询、窗体与报表对象的数据主要来源之一。表设计的好坏,直接关系到数据库的整体性能,在很大程度上影响着实现数据库功能的各对象的复杂程度。本节将详细介绍表的建立,包括 Access 数据类型、建立表结构、向表中输入数据、字段属性设置以及建立表与表之间的关联等内容。首先,介绍 Access 2010 中与表有关的新功能。

知识 1　表相关的新功能

在 Access 2010 中创建表的过程与在 Access 2007 中创建表的过程非常类似。不过,Access 2010 中有如下一些与表有关的新功能。

(1) 数据宏。在 Access 2010 中可以将宏附加到表中的事件,这样就可以在修改、插入或删除记录时执行操作。这些宏可用于验证数据或执行计算等。有关宏的内容将在模块 6 中做详细介绍。

(2) 计算数据类型。利用计算数据类型可以创建基于同一表中其他字段的计算的字段。例如,用户可以创建包含"数量"字段和"单价"字段之积的"总计"字段。如果用户更新"数量"或"单价"字段,"总计"字段就会自动更新。

(3) Web 服务链接。Access 2010 除了链接到外部数据源(例如 Excel 工作簿和SharePoint 列表)外,现在还可以链接到提供 Web 服务接口的网站上的数据。例如,用户可以链接到电商网站上的数据,然后创建自己的应用程序来查看产品或发出订单。

(4)模型取代了表和字段模板。Access 2007引入了表模板和字段模板,表模板用于创建新表的空表。在Access 2010中,在向数据库中添加预建的部件时使用模型。模型可以包括表,还可以包括其他种类的数据库对象,例如查询和表单。

知识2　表的定义

在前一章介绍数据库设计过程时,通过数据库设计得到的是一个数据库中表的结构,但对一个具体的数据库管理系统来说,表结构定义必须非常明确,具体包括字段名、字段的数据类型、字段说明、字段的大小、有效性规则、提示信息、默认值字段属性等。字段属性属于应用于表中的特定字段,用于定义字段的某一个特征或字段行为的某个方面。在Access 2010中,用户可以在数据表视图编辑字段、添加和删除数据,以及搜索数据,也可以在设计视图中使用"字段属性"窗格来设置字段的属性。

在Access 2010中,为数据库创建表主要有三种方法,一是使用数据表视图创建表,二是使用设计视图创建表,三是使用SharePoint创建表,其中,使用SharePoint创建表是通过SharePoint网站的方式,实现本地数据库与网站数据之间的导入与链接,在此不做过多介绍。除了这三种方法外,"获取外部数据"选项卡中的"导入与链接"方法也可在数据库中创建表或向表中添加记录。

1. 使用数据表视图创建表

本教材以小型销售企业费用管理数据库创建表为例,请参见第1章实验中的表1-22～表1-25。如果没有创建main数据库,请创建该数据库。如果已创建该数据库,请先打开该数据库,如图2.4所示。

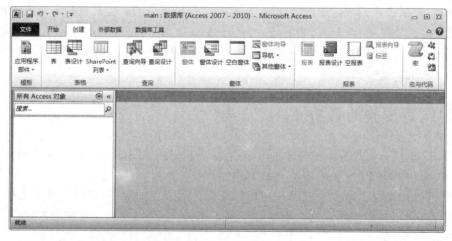

图2.4　打开main数据库窗口

使用数据表视图创建部门信息表tblCodebm的过程如下。

(1)单击"创建"选项卡"表格"组中的"表"按钮,此时,在导航窗格的右侧将创建名为"表1"的新表,且在功能区加载"表格工具"的"字段"与"表"选项卡,如图2.5所示。

(2)选中ID字段列,单击"表格工具/字段"选项卡下"属性"组中的"名称与标题"按

图 2.5　使用数据表视图创建表的窗口

钮,打开"输入字段属性"对话框,输入字段名称为 bmID,输入说明为"部门编号"。

(3) 单击"格式"组中"数据类型设置"下拉列表,选择"文本",在"属性"组中设置"字段大小"为 4。

(4) 单击数据表视图中"部门编号"字段后的"单击以添加"按钮,在弹出的快捷菜单中选择字段的数据类型为"文本",将反显的默认字段名称"字段 1"修改为"部门名称",按回车键确认修改,然后修改字段大小为 10。

(5) 单击快速访问工具栏中的"保存"按钮,在弹出的"保存"对话框中输入表名为 tblCodebm,单击"确定"按钮后,就完成了部门表结构的创建工作。此时,在导航空格中就出现了 tblCodebm 表取代了"表 1"。

2. 使用设计视图创建表

使用设计视图创建表的工作主要是定义表字段的属性。字段属性的定义主要包括字段名称、字段的大小、格式、标题、有效性规则、有效性文本与输入掩码等。

使用数据表设计视图创建员工信息表 tblCodeyg 的过程如下。

(1) 单击"创建"选项卡"表格"组中的"表设计"按钮,此时,在导航窗格的右侧将创建名为"表 1"的新表,且打开如图 2.6 所示的表设计视图。表设计器主要包括两部分,上半部分是进行字段名称、字段类型与字段说明的定义,下半部分是对字段属性进行定义,该部分由"常规"与"查阅"两个选项卡组成。"常规"选项卡主要完成字段常规属性,如字段大小、格式、输入掩码等的定义。在默认情况下,"查阅"选项卡只有"显示控件"一个属性,且通常显示控制的默认值是"文本框"。所谓文本框,就是只能提供一个可输入方框的控件,用户在设计表时可把显示控件设为列表框与组合框。列表框与组合框中的数据源可以是表/查询、值列表与字段列表,这些对象用于控制记录输入时的字段输入控件中数据来源的定义。例如,如果用户要为 ygxb 字段设置输入选择列表框,可以在"查阅"选项卡中将"显示控件"设置为"列表框","行来源类型"选择"列表值","行来源"设置为"男";"女"。

(2) 在设计视图中的"字段名称"栏中输入字段的名字。在"数据类型"栏中输入字段的类型。"数据类型"栏中提供了一个下拉列表框,通过下拉列表用户可以选择所需的字段类型。"说明"栏可以不输入,但是推荐用户在这里输入对字段的描述。这样,不但可以

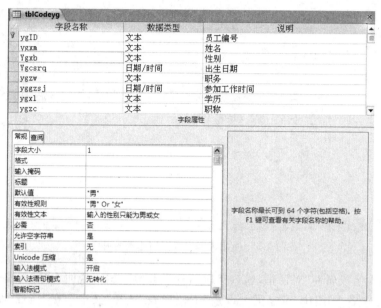

图 2.6　表设计视图

帮助用户维护数据库,而且当用户在创建了相关的表单时,这些描述信息会自动提示在表单的状态栏中。

除了上述三个属性外,字段还有一些常规属性。这里介绍"字段属性"窗格中"常规"选项卡中的各项的含义。

① 字段大小:对于"文本"类型,表示字段的长度;对于"数字"类型则表示数字的精度或范围。设置"字段大小"属性用于控制输入字段的最大字符数。

② 格式:数据显示的格式。

③ 输入掩码:使用原义字符来控制字段或控件的数据输入。

④ 标题:在相关的表单上字段的标签上显示的标题。如果该项不输入,则以字段名作为标题。

⑤ 默认值:字段为空时的默认值。

⑥ 有效性规则:字段值的限制范围。

⑦ 有效性文本:如果输入字段值时违反有效性规则,则提示有效性文本信息。

⑧ 必需:字段值是否可以为空。

⑨ 允许空字符串:是否允许长度为零的字符串存储在该字段中。

⑩ 索引:是否以该字段创建索引。对于用户经常用来查询的字段,应考虑对其建立索引。

⑪ Unicode 压缩:解码压缩。

(3) 为表创建主键。右击 ygID 字段,弹出快捷菜单,执行"主键"命令。

(4) 单击快速访问工具栏中的"保存"按钮,在弹出的"保存"对话框中输入表名为 tblCodeyg,单击"确定"按钮后,就完成了员工信息表结构的创建工作。此时,在导航空格中就出现了 tblCodeyg。

在创建表结构时,主要工作是输入字段以及定义字段的属性。在此,对表字段以及字段的属性定义进行如下说明。

（1）字段的命名

在为字段命名时，必须采用有意义的字段名。字段名中不允许出现.（句点）、!（惊叹号）、[ ]（方括号）、'（单引号），字段名最长可达 64 个字符。字段的名称常用易于理解、能表达字段含义的英文单词、缩写英文单词或汉语拼音简写表示，如果是英文单词，单词首字母必须大写，一般不超过三个英文单词。例如：人员信息表中的电话号码可命名为 Telephone 或 Tel。产品明细表中的产品名称可用 ProductName 表示，建议用完整的英文单词命名。系统中所有属于内码字段（仅用于标识唯一性和程序内部用到的标志性字段），名称取为 ID，该字段通常为主关键字。

（2）数据类型的定义

Access 允许有 12 种不同的数据类型，如表 2-1 所示。

表 2-1　字段数据类型

数据类型	用　途	大　小
文本	（默认值）文本或文本和数字的组合，或不需要计算的数字，如电话号码	最多为 255 个字符或长度小于属性的设置值
备注	长文本或文本和数字的组合，如备注或说明等字段	最多为 63999 字符
数字	用于算术运算的数值数据，涉及货币的计算除外。设置"字段大小"属性定义一个特定的数据类型	1、2、4 或 8 个字节。16 个字节仅用于"同步复制 ID"
日期/时间	100～9999 年的日期、时间或日期与时间的组合	8 个字节
货币	货币值或用于数学计算的数值数据，包含 1～4 位小数，默认小数位为 2 位	8 个字节
自动编号	当向表中添加一条新记录时，自动生成一个唯一的顺序号，与记录永久关联。该字段值不能被更新	4 个字节
是/否	可以使用 Yes 和 No 值	1 位
OLE 对象	可以链接或嵌入使用 OLE 协议创建的对象，如 Microsoft Excel 电子表格、Microsoft Word 文档、图形、声音或其他二进制数据	最多为 1GB（受可用磁盘空间限制）
超链接	用于保存超链接字段，超链接可以 UNC 或 URL	超链接数据类型的每个部分最多只能包含 2048 个字符
查阅向导	在向导创建的字段中，允许使用组合框来选择另一个表或列表中的值	通常为 4 个字节
附件	任何支持的文件类型	可以将图像、电子表格文件、文档、图表和其他类型的支持文件附加到数据库的记录，这与将文件附加到电子邮件非常类似。还可以查看和编辑附加的文件，具体取决于数据库设计者对附件字段的设置方式
计算	表达式或结果类型是小数	8 字节

注意：如果在表中输入数据后需更改字段的数据类型，保存表时由于要进行大量的数据转换处理，等待时间会比较长。如果字段中的数据类型与更改后的数据类型设置发生冲突，则有可能丢失其中的某些数据。

（3）说明

说明栏是对字段的描述，用来帮助用户维护数据库，因此，在数据库设计时，建议养成书写字段说明的习惯。

注意：当针对表创建相关的表单时，这些描述信息会自动提示在表单的状态栏中。

（4）字段大小

字段大小属性可以设置文本、数字或者自动编号类型的字段中可保存数据的最大容量。字段数据类型为文本，字段大小属性可设置为 0～255 的数字，默认值为 50。

注意：字段为文本型数据时，数据的长度是以字符数为单位，一个汉字与一个西文字符长度都是 1。字段数据类型为自动编号，字段大小属性可设置为长整型和同步复制 ID。字段数据类型为数字，字段大小属性的设置如表 2-2 所示。

表 2-2　字段大小属性的设置

设　置	数值范围	小　数　位	字　节　数
字节	0～255	0	1
整型	−32 768～32 767	0	2
长整型	−2 147 483 648～2 147 483 647	0	4
单精度	$−3.4×10^{38}～3.4×10^{38}$	7	4
双精度	$−1.8×10^{308}～1.8×10^{308}$	15	8
同步复制 ID	全局唯一标识符	0	16

（5）格式

在 Access 中，用户有时会希望系统以特定格式显示字段中的数据，以便数据更易于读取或可能使数据显示更为突出，用户可以通过应用合适的自定义格式来实现这一点。如果使用自定义格式，则所做的更改将仅应用于数据的显示方式，而不会影响数据在 Microsoft Office Access 数据库中的存储方式或用户输入或编辑数据的方式。

具有不同数据类型的字段有着不同的格式属性。下面将简要介绍常用的字段属性。

① 日期/时间型字段。

Access 允许用户自定义日期/时间型字段的格式。自定义格式可由两部分组成，它们之间用分号分隔，第一部分用来说明日期、时间的格式，第二部分用来说明当日期/时间为空（Null）时的显示格式。日期/时间数据类型的自定义格式如表 2-3 所示。

表 2-3　日期/时间数据类型的自定义格式

格式字符	作　用
;	设定小时、分、秒之间的分隔符
/	设定年、月、日之间的分隔符
c	按照一般日期格式显示
aaa	显示中文星期几

格 式 字 符	作　　用
d	当日期是一位数时将日期显示成一位或两位数(1～31)
dd	当日期是一位数时将日期显示成两位数(01～31)
ddd	显示星期的英文缩写(Sun～Sat)
dddd	显示星期的完整英文名称(Sunday～Saturday)
ddddd	按照短日期格式显示(2002-10-14)
dddddd	按照长日期格式显示(2002 年 10 月 14 日)
w	用数字来显示星期几(1～7)
ww	显示是一年中的第几个星期(1～53)
m	当月份是一位数时将月份显示成一位或两位数(1～12)
mm	当月份是一位数时将月份显示成两位数(01～12)
mmm	显示月份的英文缩写(Jan～Dec)
mmmm	显示月份的英文完整名称(January～December)
g	显示季节(1～4)
Y	显示是一年中的第几天(1～366)
YY	用年的最后两位数显示年份(00～99)
YYYY	用 4 位数显示完整年份(0100～9999)
h	将小时以一位或两位数显示(0～23)
hh	将小时以两位数显示(00～23)
n	将分钟以一位或两位数显示(0～59)
nn	将分钟以两位数显示(00～59)
s	将秒钟以一位或两位数显示(0～59)
ss	将秒钟以两位数显示(00～59)
tttt	按照长时间格式显示(下午 5:30:25)
AM/PM	用适当的 AM/PM 显示 12 小时制时钟
am/pm	用适当的 am/pm 显示 12 小时制时钟
A/P	用适当的 A/P 显示 12 小时制时钟
a/p	用适当的 a/p 显示 12 小时制时钟
AMPM	按照 Windows 中所设定的格式显示
—＋$()	这些字符可以直接用于显示

　　例如,要把日期显示为"XX 月 XX 日 XXXX 年",可以在格式栏输入"mm 月 dd 日 YYYY 年"。也可以在格式栏中输入"m/dd/yyyy;h:nn:ss"来重新创建"常规日期"格式。

　　② 数字和货币数据类型。数字和货币数据类型的自定义格式如表 2-4 所示。

表 2-4　数字和货币数据类型的自定义格式

格 式 字 符	作 用
.	小数分隔符
,	千位分隔符
0	数字占位符,显示一个数字或 0
#	数字占位符,显示一个数字或不显示
$	显示原义字符 $
%	百分比,数字将乘以 100,并附加一个百分比符号
E－或 e－	科学记数法,如 0.00E－00
E＋或 e＋	科学记数法,如 0.00E＋00

举例:假如某一字段的取值在 0.00～0.99 之间,在显示时要显示成百分数,可以将这个字段的显示设置为"＃＃.＃％"。

③ 文本或注释数据类型。文本或备注数据类型的自定义格式如表 2-5 所示。

表 2-5　文本或备注数据类型的自定义格式

格 式 字 符	作 用
@	在该位置可以显示任意可用的字符
&	在该位置可以显示任意可用的字符,不一定为文本字符
<	使所有字母变为小写显示
>	使所有字母变为大写显示

假如在表中"电话号码"是文本型数据 073188144999,要显示为(0731)-88144999,可以为"电话号码"字段设置格式"(@@@@)-@@@@@@@@"。若给一个值指定一个大写字母格式,如果字段是空的,则出现两个问号。在这种情况下,应当将其格式属性设置为">;??"。

④ 是/否数据类型。

是/否数据类型字段存放的是逻辑值,如是/否、真/假、开/关等。是、真、开是等效的,同理,否、假、关也是等效的。

如果在设置属性为是/否的文本框控件中输入了"真"或"开",数值将自动转换为"是"。

Access 提供了为是/否数据类型的字段创建一个定制的格式属性。在 Access 内部把这种数据类型以两个值来存储:－1 代表"是",0 代表"否"。

⑤ 通用自定义格式符号。

当以上格式不能满足需要时,Access 允许创建自己的定制格式,并提供了一套通用符号,指定字段的显示值。通用自定义格式符号如表 2-6 所示。

表 2-6　通用自定义格式符号

格 式 字 符	作 用
空格	将空格显示为原义字符
"要显示的文字"	显示双引号之间的任何文本

格 式 字 符	作　用
\	显示跟随其后的那个字符
!	左对齐
*	用跟随其后的那个字符作为填充字符
［颜色］	在方括号内设定显示的颜色，可用的颜色有 Black、Blue、Green、Cyan、Red、Magenta、White

（6）标题

Access 标题出现在字段栏上面的标题栏中，它为每个字段设置一个标签。标题属性最多为 255 个字符。如果没有为字段设置标题属性，则 Access 会使用该字段名代替标题。

（7）默认值

所谓默认值是指系统自动为所定义默认值字段输入的值。例如给"性别"字段设置默认值"男"，为表的"招聘日期"字段设置当前系统日期为用"＝date()"。注意：默认值是可以修改的。

（8）有效性规则和有效性文本

Access 允许用户通过设置有效性规则属性来指定对输入到记录、字段或控件中的数据的要求。当输入的数据不符合该规则时可定制出错信息提示，或使光标继续停留在该字段，直到输入正确的数据为止。定制有效性规则时使用的操作符如表 2-7 所示。

表 2-7　定制有效性规则时使用的操作符

格 式 字 符	作　用	格 式 字 符	作　用
＋	加	＜＝	小于等于
－	减	＞＝	大于等于
×	乘	＜＞	不等
/	除	Between	两值之间
Mod	模数除法（余数）	And	逻辑与
\	整数除法（全部数）	Eqv	逻辑相等
ˆ	指数	Imp	逻辑隐含
＝	等于	Not	逻辑非
＞	大于	Or	逻辑或
＜	小于	Xor	逻辑异或

有效性规则的建立有如下两种途径。

① 直接输入有效性规则。

利用直接输入的方式设置有效性规则，例如，在"借阅书籍人"表中选择"性别"字段，单击其"有效性规则"属性框，在其中输入"男"OR"女"。

② 利用表达式生成器工具建立有效性规则。

先选择要设置的字段，例如"性别"，单击该字段的"有效性规则"属性框。单击"有效性规则"属性框右边的"…"按钮,弹出"表达式生成器"对话框,如图2.7所示。表达式生成器主要由三部分组成:表达式框、运算符按钮和表达式元素。单击某个运算符按钮,即在表达式框中的插入点位置插入相应的运算符,还可以选择表达式元素插入到表达式框中,组成所需如计算、筛选记录的表达式。

将"出生日期"字段的有效性规则定义为"Between♯1/1/1910♯and♯12/31/2009♯"。

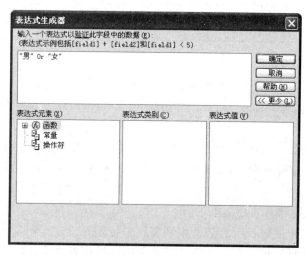

图2.7 "表达式生成器"对话框

(9) 输入掩码

输入掩码是一组字面字符和掩码字符,控制能够或不能够在字段中输入哪些内容。由于输入掩码强制以特定方式输入数据,因此,输入掩码在很多时候可以提供数据验证。这意味着输入掩码可以帮助防止用户输入无效数据(例如在日期字段中输入电话号码)。此外,输入掩码可以帮助确保用户按照一致的方式输入数据。这种一致性可以使查找数据和维护数据库更加简便。在Access中,除备注、OLE对象、自动编号三种数据类型之外,都可以使用输入掩码来格式化输入数据。

输入掩码由三部分组成,各部分用分号分隔。第一部分用来定义数据的格式,格式字符如表2-8所示。第二部分设定数据的存放方式,如果等于0,则按显示的格式进行存放;如果等于1,则只存放数据。第三部分定义一个用来标明输入位置的符号,默认情况下使用下划线。

表2-8 格式字符及意义

格 式 字 符	作用
0	必须在该位置输入数字(0~9,不允许输+或-)
9	只允许输入数字及空格(可选,不允许输+或-)
♯	只允许输入数字、+或-及空格,但在保存数据时,空白被删除
L	必须在该位置输入字母
A	必须在该位置输入字母或数字

格 式 字 符	作　用
&	必须在该位置输入字符或空格
?	只允许输入字母
a	只允许输入字母或数字
C	只允许输入字符或空格
!	字符从右向左填充
<	转化为小写字母
>	转化为大写字母
.	小数分隔符
,	千位分隔符
: ; /	日期时间分隔符
\	显示其后面所跟随的那个字符
"文本"	显示双引号定界的文本

输入掩码设置只需单击"输入掩码"框,在框中输入掩码字符串。另外,在创建表的过程中,还有一个关键的工作是为表设置一个"主关键字"(Primary key)。方法是先选中要设置为主关键字的那一行或多行,在工具栏上单击"主键"按钮 🔑 或右击弹出快捷菜单,执行"主键"命令,这时在选择的行会出现一个钥匙状的图标,这表示该字段已经被设置为"主键",如图 2.8 所示。

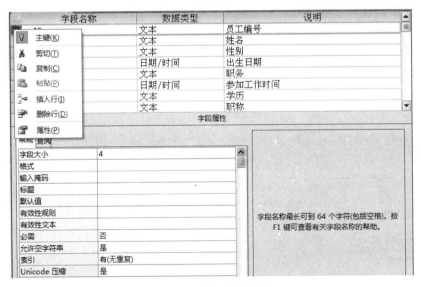

图 2.8　定义主键操作

知识3 表的维护

在创建数据库及表时，可能由于种种原因，造成表结构的设计不符合实际需要。同时，随着数据库的不断使用与需求变化，也需要增加一些内容或删除一些内容，这就需要对表进行维护。表结构的维护方法与表结构建立方法一样，在导航窗格中右击表，在弹出的快捷菜单中执行"设计视图"命令，就可以对表结构进行编辑与修改。

1. 打开与关闭表

表建立好以后，如果需要，用户可以进行输入及编辑表中的数据、浏览表中记录等操作，在进行这些操作之前，首先要打开相应的表。

打开表的操作方法是双击导航窗格中的表即可。

打开表以后，用户可以在该表中输入新的记录，修改已有的记录或删除不需要的记录。

关闭表的方法是单击编辑窗口的按钮 ☒。

2. 表的编辑操作

编辑表的操作表结构的编辑与记录的编辑，表结构的编辑在表设计视图中进行，记录的编辑包括添加记录、修改记录和删除记录以及记录的复制与粘贴。操作方法是通过右击记录弹出的快捷菜单进行。如图2.9所示是为tblCodebm表输入的记录。

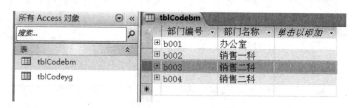

图2.9 记录输入

知识4 表的限制

在Access 2010中，表具有如表2-9所示的一些实际限制，请在使用过程中加以注意。

表2-9 Access 2010 表的限制

属　　性	最　　　大
表名的字符个数	64
字段名的字符个数	64
表中字段的个数	255
打开表的个数	2048，此限制包括 Access 从内部打开的表
表的大小	2GB 减去系统对象需要的空间

属　　　性	最　　　大
文本字段的字符个数	255
备注字段的字符个数	通过用户界面输入数据为 65 535,以编程方式输入数据时为 2GB 的字符存储
OLE 对象字段的大小	1GB
表中的索引个数	32
索引中的字段个数	10
有效性消息的字符个数	255
有效性规则的字符个数	2048
表或字段说明的字符个数	255
字段属性设置的字符个数	255

单元 3　获取外部数据

在 Access 中,用户可以将符合 Access 输入/输出协议的任一类型的表导入或链接到数据库中。表的数据不仅可以直接输入,也可以从其他文件(如文本文件、Excel 文件)中导入或链接数据到 Access 的表中来。导入与链接的表可以是 Access 数据库中的表,Excel、Lotus、Dbase、FoxPro 等数据库应用程序创建的表,以及文本文档与 Html 文档。

知识 1　导入/导出数据

在使用数据库时,很多时候用户并不在 Access 2010 中建立数据表,为表输入数据,而是将外部数据导入到 Access 2010 的数据库中,这样可以充分利用已有的数据库资源。在 Access 中,用户可以把外部数据表导入数据库中,生成一个新表,也可以将外部数据表导入到 Access 数据库的现有的表中。在此,以为 main 数据库导入 Microsoft Excel 工作表"费用类别表"成为 tb1codelb 表为例讲解数据导入过程。

(1) 打开 main 数据库后,单击"外部数据"选项卡"导入交链接"组中的 Excel 按钮。系统弹出如图 2.10 所示的"获取外部数据-Excel 电子表格"对话框,在"文件名"文本框中输入源数据表的名称,或单击"浏览"按钮打开"打开"对话框选择导入的 Excel 表。在"指定数据在当前数据库中的存储方式或存储位置"栏中选择"将数据源导入当前数据库的新表中"单选按钮,然后单击"确定"按钮。

(2) 系统弹出"导入数据表向导"对话框,在该对话框中,按图 2.11 所示选择,单击"下一步"按钮。

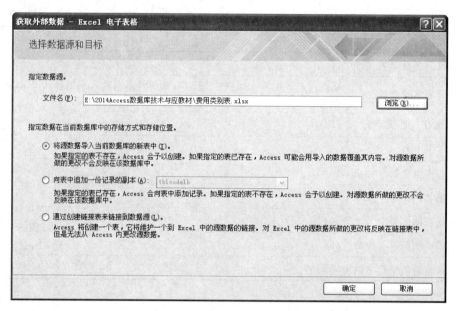

图 2.10 "获取外部数据-Excel 电子表格"对话框

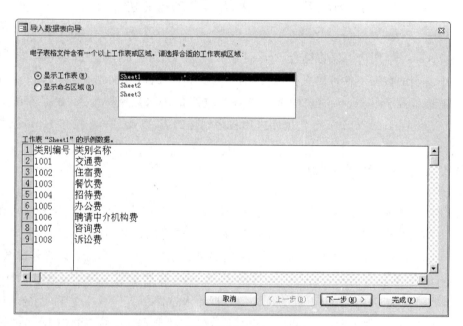

图 2.11 "导入数据表向导"对话框一

（3）系统弹出如图 2.12 所示的对话框，勾选"第一行包含列标题"，单击"下一步"按钮。

（4）系统弹出如图 2.13 所示的对话框，定义导入后表数据对应字段的名称与数据类型等。

（5）按向导后继续定义好主键后就能把数据表导入到 main 数据库中来。

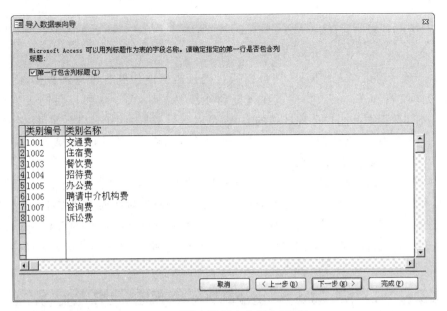

图 2.12 "导入数据表向导"对话框二

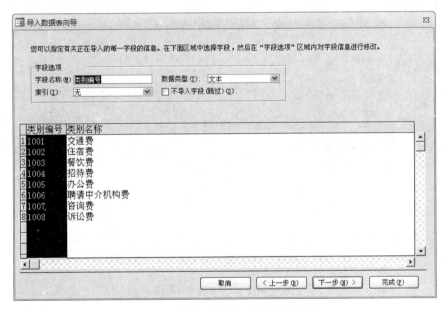

图 2.13 "导入数据表向导"对话框三

注意：导入后在表设计器中对数据表的字段属性做相应的修改，使之能达到第 1 章中实验中表 1-24 的要求。

由于导入表的文件类型不同，操作步骤也会有所不同，用户应该按照向导的提示来完成导入表的操作。当然，Access 2010 也能把数据库中的数据导出，为其他的应用程序所使用。

知识 2   链接数据表

Access 除了可以导入数据外,还可以通过链接表来链接到各种外部数据源,如其他数据库、文本文件和 Excel 工作簿。在链接到外部数据时,Access 可以将链接当作表使用。根据外部数据源和用户创建链接的方式,可以编辑链接表中的数据,并可以创建涉及链接表的关系。但是,无法使用链接来更改外部数据的设计。链接外部数据的操作方法与导入基本相同。具体操作过程如下。

(1) 打开 main 数据库后,单击"外部数据"选项卡"导入并链接"组中的 Excel 按钮。系统弹出如图 2.14 所示的"获取外部数据-Excel 电子表格"对话框,在"文件名"文本框中输入源数据表的名称,或单击"浏览"按钮打开"打开"对话框选择链接的 Excel 表。在"指定数据在当前数据库中的存储方式和存储位置"栏中选择"通过创建链接表来链接到数据源"单选按钮,然后单击"确定"按钮。

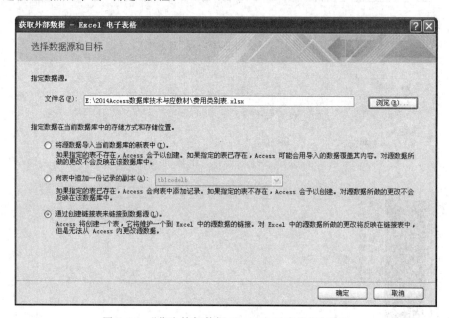

图 2.14   "获取外部数据-Excel 电子表格"对话框

(2) 后续步骤请参照导入表的过程。完成表的链接后会出现链接消息框,单击"确定"按钮,链接后的对象就会出现在导航窗格中。

单元 4   建立表之间的关系

在 Access 的数据库中,虽然各个表存储有关不同主题的数据,但数据库中的表通常存储有关相互关联的主题的数据,这就需要采用某种方法将数据关联在一起,以便消除冗余,方便建立查询。将不同表中存储的数据连接起来是通过创建关系来实现的。关系是两个表之间的逻辑连接,这种逻辑连接通过键主键与外键的连接来实现。

知识 1　主键与外键

主键与外键的概念在第 1 章曾讨论过,为了读者更直观地理解,在此再一次说明。

1. 主键

数据库中表一般有主关键字,主关键字简称为主键。主关键字除了用于标识表中记录的唯一性外,更重要的作用在于多个表间的链接。当数据库中包含多个表时,需要通过主键与外键的链接来建立表间的关系,使得各表能够协同工作。当表的主键被指定后,为确保唯一性,Access 将防止在主键字段中输入重复值或 Null(空值)。当用户为表定义了一个主键,用户必须遵循以下的几条规则:

(1) 主键必须唯一地标识每一记录。

(2) 一个记录的主键不能为空。

(3) 不能更改主键的域。

(4) 主键的值不能被改变。

在 Access 中,可以定义自动编号主键、单字段主键与多字段主键三种类型的主键。

(1)“自动编号”主键

在表设计时,用户可以创建“自动编号”字段。所谓自动编号就是当用户向表中添加一条记录时,“自动编号”字段将自动输入连续数字的编号。将自动编号字段指定为表的主键是创建主键的最简单的方法。如果在保存新建的表之前未设置主键,则 Microsoft Access 会询问是否要创建主键。如果回答为“是”,Microsoft Access 将把自动编号字段设置成主键。

(2) 单字段主键

单字段主键的定义方法在前面已做过介绍,请参见上文相关内容。

(3) 多字段主键

多字段主键的定义方法与单字段主键的定义方法相似,只是要求在表设计视图中,要先选择定义为主键的多个字段。选择多个字段的方法是按住 Ctrl 键,然后单击需定义为主键的多个字段,然后设定为主键。

注意:更改主键时,首先要删除旧的主键,而删除旧的主键,先要删除其被引用的关系。

在 main 数据库中 tblCodeyg(员工信息)表的主键是 ygID,tblCodebm(部门信息)表的主键是 bmID,tblCodelb(报销类别)表的主键是 lbID,tblBxmx(报销明细)表的主键是 mxID。

2. 外键

表除了有主键外,还可以有一个或多个外键。外键包含的值对应于其他表的主键中的值。在 main 数据库中,tblBxmx(报销明细)表有外键 ygID、bmID 与 lbID,而这些键是另一个表的主键,这些键字段之间的值的对应关系构成表关系的基础。

知识 2　表之间关系的建立

要在表之间建立关系,必须确保表拥有相同数据类型的字段。在此,仍以 main 数据库在此,以 main 数库为例讲解关系的创建过程。

(1) 打开 main 数据库。

(2) 单击"数据库工具"选项卡"关系"组中"关系"按钮,如果该数据库没有创建关系,则单击"显示表"按钮,此时会弹出"显示表"对话框,如图 2.15 所示。

图 2.15　"显示表"对话框

(3) 在"显示表"对话框中,选择要建立关系的表,然后单击"添加"按钮。依次添加 tb1codelb、tb1codebm、tb1codeyg 与 tb1Bxmx 表后,单击"关闭"按钮。此时,关系窗口如图 2.16 所示。

(4) 接着在"关系"窗口中选择其中一表中的主键,按下鼠标左键拖曳到另一表中对应的外键,释放鼠标键后,弹出"编辑关系"对话框。

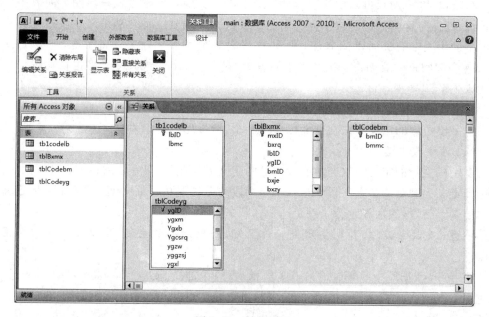

图 2.16　关系窗口

(5) 在"编辑关系"对话框中选中"实施参照完整性"的"级联更新相关字段"复选框,使在更新主表中的主键字段的内容时,同步更新关系表中相关字段的内容。

(6) 在"编辑关系"对话框中选中"实施参照完整性"的"级联删除相关字段"复选框,使在删除主表中记录的同时删除关系表中的相关记录。

（7）接着单击"联接类型"按钮,弹出"联接属性"对话框,在此选择连接的方式,并单击"确定"按钮。

（8）在"编辑关系"对话框中单击"创建"按钮,就可以在创建关系的表之间有一条线将其连接起来,表示已创建好的表之间的关系,如图 2.17 所示。

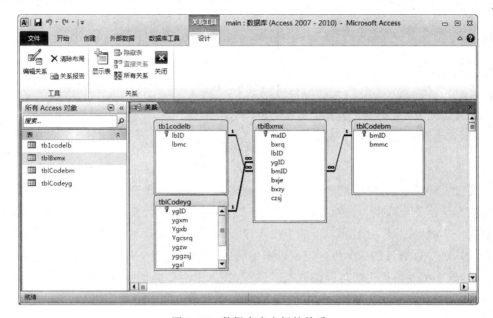

图 2.17　数据库表之间的关系

（9）关闭"关系"窗口,这时会询问是否保存关系的设定,按需要回答。

编辑或者修改关联性的操作是直接用鼠标在这一条关联线上双击,然后在弹出的"编辑关系"对话框中进行修改。删除关联性的操作是先用鼠标在这一条线上单击,然后再按 Delete 键删除。

知识 3　关系参照完整性

关系模型的完整性是对关系的某种约束条件。在第 1 章中,我们已经介绍过,在关系模型中有实体完整性、参照完整性和用户定义的完整性三类完整性约束,其中实体完整性和参照完整性是关系模型必须满足的约束条件。

对参照完整性来说,究其实质是定义两个表的公共关键字之间的引用规则,即定义外键与主键之间的引用规则。

参照完整性的操作规则要求有三个方面,一是不能在子表的外键字段中输入不存在于父表主键中的值;二是如果在子表中存在匹配的记录,则不能从主表中删除相对应的记录;三是如果在子表中存在匹配的记录,则不能在主表中修改主键的值。

设置参照完整性的方法是打开已经设置好关联的数据库,单击"数据库工具"选项卡中的"关系"按钮,进入关系视图,如图 2.17 所示。

单击要设置参照完整性的两个表之间的关系线,此时该线会自动加粗,然后执行"关系"菜单中的"编辑"关系命令,打开"编辑关系"对话框,如图 2.18 所示。

图 2.18 "编辑关系"对话框

在该对话框中的下半部分有一个实施参照完整性的选项组,用鼠标单击"实施参照完整性"左边的选项框,然后设定即可。

Access 参照完整性的设置选项包括两项,一项为"级联更新相关字段",另一项为"级联删除相关记录"。"级联更新相关字段"表示无论何时更改父表中记录的主键值,Access 都会自动在子表所有相关的记录中将外键更新为新值。"级联删除相关记录"表示在删除父表中的记录时,Access 将会自动删除相关表中相关的记录。

通过上述关系的建立,能帮助我们更好地理解关系数据库设计的范式要求之一是按表分别存储同类型数据。这样存储有三大好处,一是能确保数据的一致性。因为每项数据只在一个表中记录一次,所以可减少出现模棱两可或不一致情况的可能性。二是能提高存储效率。数据只在一个位置记录数据意味着使用的磁盘空间更少。另外,与较大的表相比,较小的表往往更快地提供数据。最后,如果不对单独的主题使用单独的表,则会向表中引入空值(不存在数据)和冗余,这两者都会浪费空间和影响性能。三是易于理解。如果按表正确分隔主题,则数据库的设计更易于理解。

本章讲了数据库与表的主要内容及操作。在此从软件工程的角度讲一讲建表时需要注意的几个问题。

(1) 一般来说,每个表都应该设置一个主键,大部分主键都建立在一个字段上。

(2) 对于经常用来查询的字段,用户应考虑对其建立索引。索引的建立原则是只对数据小且基本不存在空记录的字段建立索引,但索引不能建得太多,否则不但不能提高查询速度,反而会造成系统对索引维护的复杂性,降低系统的性能。索引一般都建立在比较小的字段上。如果是文本型字段,字段大小应低于 50,而备注、OLE 对象字段则完全不允许建立索引。

(3) 除关系字段外,在基础表中已有的字段,不应该在其他表中重复出现。

(4) 对数据库中相应的表建立关系,并实施参照完整性,这样才能确保数据的有效性。

(5) 对于数据的有效性验证应该尽量交给数据库引擎处理。有效性验证应该在建立表时尽量设计好,而不要在窗体中通过编写 VBA 代码实现,因为后者的有效性很难保证。

(6) 字段应当尽量使用最小的且最合适的数据类型的字段大小。

(7) 表只应该用来存储数据,而不应该用来输入与编辑数据。除非在系统开发阶段外,表所有的数据编辑应该设计专门输入与编辑的窗体来实现。

知识小结

- 在 Access 中,表是数据库的重要对象之一,表存放着数据库的数据。
- 表结构定义具体包括表名、字段名、数据类型、字段说明、字段的大小、有效性规则、提示信息、默认值等设置。
- 设置"字段大小"属性用于控制输入字段的最大字符数。
- 在 Access 2010 中,可以使用数据表视图创建表,使用设计视图创建表,使用 SharePoint 表列表创建表。
- 在 Access 2010 中,导入与链接方法可在数据库中创建表或向表中添加记录。
- 在 Access 中,可以定义自动编号主键、单字段主键与多字段主键三种类型的主键。
- 当一个数据库中包含多个表时,需要通过公共键来建立表间的关系,确保数据库的表数据的统一性以及协同工作。
- 参照完整性是定义两个表的公共关键字之间的引用规则。
- 参照完整性的设置选项包括级联更新与级联删除。

任务 1 习题

一、选择题

(1) 下面关于 Access 表的叙述中,错误的是_____。

    A. 在 Access 表中,可以对备注型字段进行"格式"属性设置

    B. 若删除表中含有自动编号型字段的一条记录后,Access 不会对表中自动编号型字段重新编号

    C. 创建表之间的关系时,应关闭所有打开的表

    D. 可在 Access 表的设计视图"说明"列中,对字段进行具体的说明

(2) 已建立的 Employee 表,其表结构及表内容如表 2-10 所示。若要确保输入的联系电话值只能为 8 位数字,应将该字段的输入掩码设置为_____。

    A. 00000000   B. 99999999   C. ########   D. ????????

表 2-10　Employee 表结构

字段名称	字段类型	字段大小	字段名称	字段类型	字段大小
雇员 ID	文本	10	职务	文本	14
姓名	文本	10	简历	备注	
性别	文本	1	联系电话	文本	8
出生日期	日期/时间				

（3）已建立的 tEmployee 表，表结构及表内容如表 2-11 所示。在 tEmployee 表中，"姓名"字段的字段大小为 10，在此列输入数据时，最多可输入的汉字数和英文字符数分别是_____。

    A. 5　5   B. 5　10   C. 10　10   D. 10　20

表 2-11　tEmployee 表记录

雇员 ID	姓名	性别	出生日期	职务	简历	联系电话
1	王宁	女	1960-1-1	经理	1984 年大学毕业，曾是销售员	35976450
2	李清	男	1962-7-1	职员	1986 年大学毕业，现为销售员	35976451
3	王创	男	1970-1-1	职员	1993 年专科毕业，现为销售员	35976452
4	郑炎	女	1978-6-1	职员	1999 年大学毕业，现为销售员	35976453
5	魏小红	女	1934-11-1	职员	1956 年专科毕业，现为销售员	35976454

（4）利用 Access 2010 创建的数据库文件，其扩展名为_____。

    A. .ADP   B. .accdb   C. .FRM   D. .MDB

（5）在 Access 表中，可以定义三种主关键字，它们是_____。

    A. 单字段、双字段和多字段   B. 单字段、双字段和自动编号

    C. 单字段、多字段和自动编号   D. 双字段、多字段和自动编号

（6）在已经建立的数据表中，若在显示表中内容时使某些字段不能移动显示位置，可以使用的方法是_____。

    A. 排序   B. 筛选   C. 隐藏   D. 冻结

（7）Access 提供的数据类型不包括_____。

    A. 备注   B. 文字   C. 货币   D. 日期/时间

（8）Access 中表和数据库的关系是_____。

    A. 一个数据库可以包含多个表   B. 一个表只能包含两个数据库

    C. 一个表可以包含多个数据库   D. 一个数据库只能包含一个表

（9）在关于输入掩码的叙述中，错误的是_____。

    A. 在定义字段的输入掩码时，既可以使用输入掩码向导，也可以直接使用字符

    B. 定义字段的输入掩码，是为了设置密码

    C. 输入掩码中的字符"0"表示可以选择输入数字 0～9 之间的一个数

    D. 直接使用字符定义输入掩码时，可以根据需要将字符组合起来

（10）在 Access 中，"文本"数据类型的字段最大为_____个字节。

    A. 64   B. 128   C. 255   D. 256

（11）使用表设计器来定义表的字段时，_____可以不设置。

    A. 字段名称   B. 数据类型   C. 说明   D. 字段属性

（12）在数据表的设计视图中，数据类型不包括_____类型。

    A. 文本   B. 逻辑   C. 数字   D. 备注

(13) 如果一张数据表中含有照片,那么"照片"这一字段的数据类型通常为_____。

    A. 备注   B. 超级链接   C. OLE 对象   D. 文本

(14) 必须输入任一字符或空格的输入掩码是_____。

    A. 0   B. &   C. A   D. C

(15) 以下关于主关键字的说法,错误的是_____。

    A. 使用自动编号是创建主关键字最简单的方法

    B. 作为主关键字的字段中允许出现 Null 值

    C. 作为主关键字的字段中不允许出现重复值

    D. 不能确定任何单字段的值的唯一性时,可以将两个或更多的字段组合成为主关键字

(16) 字段名最多可达_____ 个字符。

    A. 16   B. 32   C. 64   D. 128

(17) 必须输入 0～9 的数字的输入掩码是_____。

    A. 0   B. &   C. A   D. C

(18) Access 数据库表中的字段可以定义有效性规则,有效性规则是_____。

    A. 控制符   B. 文本   C. 条件   D. 前三种说法都不对

(19) 以下关于货币数据类型的叙述中,错误的是_____。

    A. 向货币字段输入数据时,系统自动将其设置为 4 位小数

    B. 可以和数值型数据混合计算,结果为货币型

    C. 字段长度为 8 字节

    D. 向货币字段输入数据时,不必输入美元符号和千位分隔符

(20) 在 Access 数据库中,表就是_____。

    A. 关系   B. 记录   C. 索引   D. 数据库

(21) 能够使用"输入掩码向导"创建输入掩码的字段类型是_____。

    A. 数字和日期/时间   B. 文本和货币

    C. 文本和日期/时间   D. 数字和文本

(22) 邮政编码是由 6 位数字组成的字符串,为邮政编码设置输入掩码,正确的是_____。

    A. 000000   B. 999999   C. CCCCCC   D. LLLLLL

(23) 如果字段内容为声音文件,则该字段的数据类型应定义为_____。

    A. 文本   B. 备注   C. 超级链接   D. OLE 对象

(24) 假设一个书店用(书号,书名,作者,出版社,出版日期,库存数量……)一组属性来描述图书,可以作为"关键字"的是_____。

    A. 书号   B. 书名   C. 作者   D. 出版社

(25) Access 数据库中,为了保持表之间的关系,要求在子表(从表)中添加记录时,如果主表中没有与之相关的记录,则不能在子表(从表)中添加该记录。为此需要定义的关系是_____。

    A. 输入掩码   B. 有效性规则   C. 默认值   D. 参照完整性

(26) 下列属于 Access 对象的是_____。

    A. 文件   B. 数据   C. 记录   D. 查询

(27) 在 Access 数据库的表设计视图中,不能进行的操作是_____。

    A. 修改字段类型   B. 设置索引   C. 增加字段   D. 删除记录

(28) 如果输入掩码设置为"L",则在输入数据的时候,该位置上可以接受的合法输入是_____。

    A. 字母或数字   B. 字母、数字或空格

    C. 字母 A~Z   D. 任意符号

(29) 定义字段默认值的含义是_____。

    A. 不得使该字段为空

    B. 不允许字段的值超出某个范围

    C. 在未输入数据之前系统自动提供的数值

    D. 系统自动把小写字母转化为大写字母

(30) Access 数据库中,为了保持表之间的关系,要求在主表中修改相关记录时,子表相关记录随之更改。为此需要定义参照完整性关系的_____。

    A. 级联更新相关字段   B. 级联删除相关字段

    C. 级联修改相关字段   D. 级联插入相关字段

(31) 在 Access 的数据表中删除一条记录,被删除的记录_____。

    A. 可以恢复到原来位置   B. 被恢复为最后一条记录

    C. 被恢复为第一条记录   D. 不能恢复

(32) 在 Access 中,参照完整性规则不包括_____。

    A. 更新规则   B. 查询规则

    C. 删除规则   D. 插入规则

(33) 在定义表中字段属性时,若要求输入相对固定格式的数据,例如电话号码 010-65971234,应该定义该字段的_____。

    A. 格式   B. 默认值

    C. 输入掩码   D. 有效性规则

二、填空题

(1) 在 Access 中可以定义自动编号、单字段及_____三种主关键字。

(2) 如果表中一个字段不是本表的主关键字,而是另外一个表的主关键字或候选关键字,这个字段称为_____。

(3) 在向数据表中输入数据时,若要求所输入的字符必须是字母,则应该设置的输入掩码是_____。

(4) 在 Access 2010 中建立的数据库文件的扩展名是_____。

(5) 在关系数据库中,从关系中找出满足给定条件的元组,该操作可称为_____。

(6) Access 提供了两种字段数据类型保存文本和数字组合的数据,这两种类型分别是文本和_____。

(7) 参照完整性是一个准则系统,Access 使用这个系统用来确保相关表中的记录之

间_____的有效性。

(8) 在 Access 中,数据类型主要包括自动编号、文本、备注、数字、日期/时间、_____、是/否、OLE 对象等。

(9) Access 数据库包括表、_____、窗体、报表、宏和模块等基本对象。

任务 2 实验

一、实验目的

(1) 建立小型销售企业费用报销管理数据库;

(2) 掌握表的创建方法;

(3) 掌握字段属性中文本框、列表框与组合框的使用,设置行的数据来源;

(4) 掌握主键定义方法;

(5) 掌握记录输入与编辑方法;

(6) 掌握数据的导入与导出方法;

(7) 掌握表关系的建立方法。

二、实验要求

(1) 完成小型销售企业费用报销管理数据库的建立;

(2) 创建所要求的表;

(3) 定义主键;

(4) 完成记录输入与编辑;

(5) 完成数据的导入;

(6) 建立表之间的关系。

三、实验学时

4 课时

四、实验内容与提示

1. 完成 main 数据库的创建

(1) 在 module2 文件夹的 Resource 文件夹下创建 main 桌面空数据库。

(2) 按照模块 1 实验中的表 1-22 与表 1-23 建立部门信息表 tblCodebm 与报销类别表 tblCodelb。

(3) 为 tblCodebm 表输入图 2.19(a)所示的数据,把在 module2 文件夹下的 Resource 文件夹下的"报销类别信息.xlsx"中如图 2.19(b)所示的记录导入到 tblCodelb 表中。

(4) 按照模块 1 实验中的表 1-24 与表 1-25 建立员工信息表 tblCodeyg 与报销明细信息表 tblBxmx。

说明:为了 tblCodeyg 表的 ygbm 字段与 tblBxmx 表的 lbID、ygID、bmID 数据输入的方便,把"查阅"选项卡中的"显示控件"设为"组合框","行来源类型"设为"表/查询","行来源"为 SQL 语句。图 2.20 是为字段 bmID 设置的查阅,请参考并理解。

类别编号	类别名称
1001	交通费
1002	住宿费
1003	餐饮费
1004	招待费
1005	办公费
1006	聘请中介机构
1007	咨询费
1008	诉讼费
1009	通信费
1010	培训费
1011	资料费

部门编号	部门名称
b001	办公室
b002	销售一科
b003	销售二科
b004	销售二科

(a)　　　　　　　　(b)

图 2.19　原始数据表

常规 查阅	
显示控件	组合框
行来源类型	表/查询
行来源	SELECT tb1Codebm.bmID, tb1Codebm.bmmc FROM tb1Codebm;
绑定列	1
列数	2
列标题	否
列宽	3cm;3cm
列表行数	16
列表宽度	6cm
限于列表	是
允许多值	否
允许编辑值列表	否

图 2.20　查阅组合框控件设置

（5）把 module2 文件夹下的 Resource 文件夹下的"员工信息表.xlsx"的数据导入到 tblCodeyg 表中。

（6）把 module2 文件夹下的 Resource 文件夹下的"报销明细信息.txt"的数据导入到 tblBxmx 表中。

（7）分别打开 tblCodeyg 与 tblBxmx 表，输入数据，观察组合框控件的情况。

（8）按图 2.17 所示数据库表之间的关系为该数据库建立关系。

2. 表属性与记录操作

（1）在 module2 文件夹中的 Resource 文件夹下，samp1.mdb 数据库文件已建立表对象 tEmployee。试按以下操作要求，完成表的编辑。

① 设置"编号"字段为主键；

② 设置"年龄"字段的"有效性规则"属性为"大于等于 17 且小于等于 55"；

③ 设置"聘用时间"字段的默认值为系统当前日期；

④ 交换表结构中的"职务"与"聘用时间"两个字段的位置；

⑤ 删除表中职工编号为"000024"和"000028"的两条记录；

⑥ 在编辑完的表中追加以下一条新记录：

编号	姓名	性别	年龄	聘用时间	所属部门	职务	简历
000031	王涛	男	35	2004-9-1	02	主管	熟悉系统维护

（2）在 module2 文件夹中的 Resource 文件夹下的 samp2.mdb 的数据库文件中建立表 tTeacher，表结构如图 2.21 所示。

字段名称	数据类型	字段大小	格式
编号	文本	5	
姓名	文本	4	
性别	文本	1	
年龄	数字	整型	
工作时间	日期/时间		短日期
职称	文本	5	
联系电话	文本	12	
在职否	是/否		是/否
照片	OLE 对象		

图 2.21

① 设置"编号"字段为主键；
② 设置"职称"字段的默认值属性为"讲师"；
③ 设置"年龄"字段的有效性规则为"大于等于 18"；
④ 在 tTeacher 表中输入以下一条记录：

编号	姓名	性别	年龄	工作时间	职称	联系电话	在职否	照片
92016	李丽	女	32	1992-9-3	讲师	010-62392774	✓	位图图像

注意：教师李丽的"照片"字段数据，要求采用插入对象的方法，插入考生文件夹下的图像文件"李丽.bmp"。

模块 3 查询

查询是从数据库的表或查询中筛选出符合条件的记录,构成一个新的数据集合。查询是 Access 2010 数据库的重要对象之一,它的核心功能是从表中检索特定的数据。在 Access 中,要查看的数据通常分布在多个 Access 2010 表中,通过查询能把分布在多个不同表中的数据检索出来,并且显示所查询的记录集。该记录集是一个动态集(Dynaset),会根据表中数据的变化而发生变化。当然,Access 2010 查询也可以为数据库执行一些操作,如通过查询创建新表、向现有表中添加、更新或删除数据。本模块介绍查询相关的知识。

主要学习内容

(1) 查询的基础知识;

(2) 选择查询;

(3) 交叉表查询;

(4) 参数查询;

(5) 操作查询;

(6) SQL 查询。

单元 1 查询的基础知识

数据库不仅用来记录各种各样的数据信息,同时,还要完成对数据的管理工作。在数据库的各种管理工作中,最基本的管理就是查询。查询是数据库提供的一组功能强大的数据管理工具,用于对数据表中的数据进行查找、统计、计算、排序与更新等。

查询可以针对单一表进行,也可以针对多个表进行,当然也可以针对查询本身进行,按照设置的条件过滤出符合的记录,并将数据经过计算或其他要求而显示。查询可作为查询、窗体或报表对象的数据源。

知识 1 查询的功能

Access 的查询功能非常强大,提供查询的方式也非常灵活。在 Access 中,用户可以根据不同的需求,使用多种方法来实现数据的查询。查询的主要功能如下。

（1）选择表：可以从单个表或通过公共键相联系的多个表中查询信息。

（2）选择字段：可以从每个表中选定要在结果集中看到的字段。

（3）选择记录：通过指定准则选择要在结果集中显示的记录。

（4）排序记录：可以按照某一特定的顺序查看结果集中的信息。

（5）执行计算：可以使用查询来对表中的数据进行计算，如对某个字段求平均值、求和或简单地统计等。

（6）建立表：可以以查询的结果生成数据表，也就是说，查询可以建立基于动态集的新表。

（7）建立基于查询的报表和窗体：报表或窗体中所需要的字段和数据可以来自于查询中建立的动态集。使用基于查询的报表或窗体时，每一次打印该报表或使用窗体时，查询将对表中的当前信息进行更新检索。

（8）建立基于查询的图表：可以以查询所得到的数据建立图表，然后放在窗体或报表中。

（9）使用查询作为子查询：可以建立辅助查询，该查询是以查询的动态集建立的查询。这种查询方式可以缩小检索的数据范围。

（10）更新表：在 Access 中，通过对表的查询实现数据的更新。

在数据库中，使用查询的目的体现在 6 个方面，一是选择查找合适的字段；二是找出用户想得到的记录；三是为数据表中的记录排序；四是从多表中查询数据；五是使用查询结果集生成窗体与报表；六是对表中的数据进行统计等计算。

知识 2　查询的分类

根据选择方式的不同，Access 数据库中的查询可分为选择查询、交叉表查询、参数查询、操作查询和 SQL 查询 5 种。数据库管理数据的查询功能是通过这些查询方式来实现的。

1. 选择查询

选择查询是最常见的查询类型。顾名思义，选择查询是从一个或多个表中有选择性地检索数据，并且在可以更新记录（带有一些限制条件）的数据表中显示结果。在 Access 中，用户可以使用选择查询来对记录进行分组，对记录求和、计数、平均及其他类型的总计计算。

利用选择查询可以方便地查看一个数据表中的部分或全部数据。当执行一个选择查询时，需要从指定的数据库中查找数据，查询的对象可以是表或已建立的查询，查询数据的总量由定义的选择条件来决定。查询的结果是一组记录，这组记录是一个动态集，是查询得到的信息的一个集合，以视图方式来显示。作为查询，可以对动态集内的记录进行删除、修改或增加记录。当修改动态集内的数据时，这种变化也会被写入与动态集相关联的数据表中。如果修改查询表中某个字段后，这个新的信息将会被回写到该数据的来源中。

2. 交叉表查询

交叉表查询用来显示来源于表中某个字段的总结值，这个总结值可以是一个合计、计数或平均值等，并将它们分组，一组列在数据表的左侧，一组列在数据表的上部。换句话说,交叉查询是利用表的行和列来统计数据,结果动态集中的每个单元都是根据一定运算得到的计算值。

3. 操作查询

操作查询是对查询所生成的动态集进行更新的查询。操作查询和选择查询有点类似,它们都是由用户指定所要查询记录的条件,但是操作查询可以对表进行更新。操作查询包括删除查询、更新查询、追加查询和生成表查询 4 类。删除查询是从一个或多个表中删除一组记录;更新查询可以对一个或多个表中的一组记录做更改,追加查询是从一个或多个表中将数据查出并追加到另一个表的尾部;生成表查询是通过查询将查询的结果生成一个新表。

生成表查询可以应用在以下方面。

(1) 创建用于导出到其他 Access 数据库的表。

(2) 创建从特定时间点显示数据的报表。

(3) 创建表的副本。

(4) 创建包含旧记录的历史表。

(5) 提高基于表查询或 SQL 语句的窗体和报表的性能。

4. SQL 查询

SQL 查询是用户通过 SQL 语句来创建的一种查询。SQL 查询包括联合查询、传递查询、数据定义查询和子查询 4 类。

联合查询使用 Union 运算将多个查询结果合并到一起,该查询能把两个或多个含有相同信息的表生成一个新表。传递查询用于将命令直接发送到 ODBC(Open Database Connectivity,开放式数据库连接)数据库服务器,能直接操作数据库服务器的表,Microsoft Jet 数据库引擎不参与处理数据。子查询是包含在另一个选择查询或操作查询中的 SQL SELECT 语句。可以在查询设计网格的“字段”行输入这些语句来定义新字段,或在“条件”行输入来定义字段的条件。在以下的几个方面可以使用子查询。

(1) 测试子查询的某些结果是否存在;

(2) 在主查询中查找任何等于、大于或小于由子查询返回的值;

(31) 在子查询中使用嵌套子查询来创建子查询。

5. 参数查询

参数查询是在执行查询时显示一个对话框(如图 3.1 所示),以提示用户输入查询信息的查询。例如,在对话框中输入一定的条件,用它来检索要插入到字段中的记录或值。参数查询可实现多参数查询。例如,可以设计用来提示输入两个日期的查询,然后 Access 检索在这两个日期之间的所有数据表中的记录。

图 3.1 参数查询的参数输入界面

在 Access 中,将参数查询作为窗体和报表的基础也是很方便的。例如,可以以参数查询为基础来创建月盈利报表,在打印报表时,Access 显示对话框会询问所需报表的月份,在输入月份后,Access 便打印相应的报表。

知识 3　查询准则

通过指定的条件查找满足条件数据的查询称为条件查询,条件查询是在查询设计中通过设置查询条件来实现的。在 Access 中,该条件称为查询准则。查询准则的设定是在查询设计视图以及"高级筛选/排序"窗口中,通过在"条件"单元格内设定条件表达式来实现的,如图 3.2 所示。由于查询准则是运算符、常量、字段值、函数、字段名和属性等的任意组合,因此,想要快捷、有效地实现查询,必须掌握查询准则的表示方法。

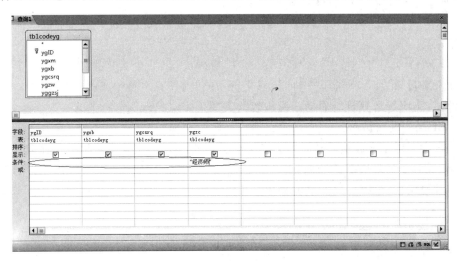

图 3.2　条件单元格

1. 准则中的运算符

在设置准则时,需用到如表 3-1 所示的运算符。

表 3-1　运算符

运　算　符	功　能	举　　例
=,>,<,>=,<=,<>,NOT 加上述比较运算符	比较	NOT>=15
BETWEEN AND,NOT BETWEEN AND	确定范围	BETWEEN 75 AND 90
IN,NOT IN	确定集合	IN("山东","浙江","安徽")
LIKE,NOT LIKE	字符匹配	LIKE"李 * "
IS NULL,IS NOT NULL	空值	IS NULL(为空值),IS NOT NULL(为非空值)
AND,OR	多重条件	>75AND<84

2. 准则中的通配符

通配符是一些键盘字符,通配符能代替一个或多个真正字符,用于设定文本数据的查询准则。在 Access 中,常用的通配符有?、*、#、[ ]等,它们的作用如表 3-2 所示。

表 3-2　通配符及意义

字　符	意　义	字　符	意　义
?	代表任意一个字符	[字符表]	表示字符表中的单一字符
*	代表任意字符串(0 或多个字符)	[!字符表]	指不在字符表中的单一字符
#	代表单一数字		

例如：

LIKE"c*"：表示以字符 C 开头的字符串；

LIKE"p[b~g]###"表示以字母 p 开头，后跟 b~g 之间的 1 个字母和 3 个数字的字符串；

LIKE"f?[a-f][!6-9]*"：表示第一个字符为 f，第 2 个为任意字符，第 3 个为 a~f 中的任一字母，第 4 个为非 6~9 的任意字符，其后为任意字符组成的字符串。

说明：LIKE 运算符后面的匹配内容均需要用界定符双引号括起来。

3. 准则中的函数

在查询条件单元格内可以使用函数来构造查询准则。函数的使用方法在模块 1 中已做过介绍，请参照模块 1 相关内容。在这里介绍 SUM、AVG、COUNT、MAX、MIN 等 5 个统计函数，这 5 个统计函数的功能如表 3-3 所示。

表 3-3　统计函数

函　数	功　能	举　例
SUM([字段名])	返回字段的总和	SUM([成绩])
AVG([字段名])	返回字段的平均值	AVG([成绩])
COUNT([字段名])	统计记录个数	COUNT([成绩])
MAX([字段名])	返回字段最大值	MAX([成绩])
MIN([字段名])	返回字段的最小值	MIN([成绩])

4. 准则举例

(1) 文本字段准则的设置

对 Access 表中的字段进行查询时经常以文本值作为查询条件。使用文本值作为条件表达式可以方便地限定文本数据查询的范围，实现一些简单的查询，表 3-4 是对文本字段建立查询时的准则示例。

表 3-4　使用文本值作为条件的示例

字　段	条　件	说　明
职称	"教授"	职称为教授的
职称	"教授"OR"副教授"	职称为教授或副教授的
课程名称	LIKE"计算机*"	课程名以计算机开头的

字 段	条 件	说 明
姓名	IN("李元","王朋")	姓名为李元与姓名为王朋的
姓名	NOT LIKE"王＊"	不姓王的
姓名	LEFT([姓名],1)＝"王"	姓王的
学生编号	MID([学生编号],3,2)＝"03"	学生编号的第3、4位为03的

（2）日期准则的设置

对 Access 表中的字段进行查询时,有时还要采用以计算或处理日期所得到的结果作为查询条件准则。使用计算或处理日期结果作为条件表达式,可以方便地限定查询的时间范围。如表 3-5 所示是对日期字段建立查询时的准则示例。

表 3-5　使用处理日期结果作为条件的示例

字 段	准 则	说 明
生产日期	♯1/1/99♯	查询在 1999 年 1 月 1 日生产的产品
生产日期	BETWEEN♯92-01-01♯ AND♯92-12-31♯	显示在两个日期之间所生产的产品
生产日期	＜Date()-30	显示 30 天之前所生产的产品
生产日期	Year([生产日期])＝1998	显示 1998 年所生产的产品
生产日期	DatePart("q",[生产日期])＝1	显示第一季度所生产的产品
生产日期	DateSerial(Year([生产日期]),Month([生产日期])+1,1)-1	显示每个月最后一天所生产的产品
生产日期	Year([生产日期])＝Year(Now()) AND Month([生产日期])＝Month(Now())	显示当前年、月所生产的产品

（3）设置空字段准则

空字段值分为 Null(空值)和空字符串。Null 是一个空引用,系统没有为它分配内存空间,而""是一个空字符串,系统为它分配了内存空间。在查询时,用户也常常会用它来查看数据库中的某些记录。如表 3-6 所示是使用空字段值建立查询准则的示例。

表 3-6　使用空字段值作为条件的示例

字 段	条 件	说 明
客户地区	IS NULL	显示"客户地区"字段为 Null(空白)的客户信息
客户地区	IS NOT NULL	显示"客户地区"字段为包含有值的客户信息
传真	""	显示没有传真机的客户信息

单元 2　选 择 查 询

选择查询是最常见的查询类型,它是按照规则从一个或多个表或其他查询中检索数据,并按照所需的排列顺序显示查询结果数据。创建选择查询可以使用简单查询向导来创建,也可以使用设计视图直接创建。

知识 1　查询向导创建查询

在模块 2 中,已经学习了使用向导创建数据表,对向导工具的方便性大家已深有体会。同样,使用向导创建查询也很简单。

例 3-1　请使用向导创建查询,该查询实现从 main 数据库的 tblCodeyg 表与 tblCodebm 表中查询所有员工全部信息。注意:显示时"部门编号"要改为"部门名称"。

操作步骤如下:

(1) 打开 main 数据库,单击"创建"选项卡"查询"组中的"查询向导",系统会弹出如图 3.3 所示的"新建查询"对话框,在选择列表中选择"简单查询向导",单击"确定"按钮。系统显示如图 3.4 所示的"简单查询向导"对话框。

(2) 首先,在"表/查询"下拉列表框中选择"表:tblCodegy"作为查询的对象。

注意:如果选择的是一个查询,表示对一个查询的结果做更进一步查询。

(3) 在"可用字段"列表框中选择要查询的字段,选择的字段是除 bmID 以外的全部字段。

(4) 再一次在"表/查询"下拉列表框中选择"表:tblCodebm"作为查询的对象,选择的字段是 bmmc。

(5) 单击"下一步"按钮,出现如图 3.5 所示的明细查询与汇总查询选择对话框。选择"明细(显示每个记录的每个字段)",单击"下一步"按钮。

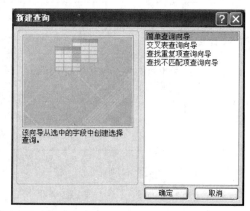

图 3.3　"新建查询"对话框

(6) 系统弹出如图 3.6 所示的为查询指定标题对话框。在此,把标题设为"ygInfo_inquir"。

(7) 单击"完成"按钮,就可以看到查询的结果了,如图 3.7 所示。此时,在数据库导航窗格中就出现了"ygInfo_inquir"查询对象了。

说明:在查询结果视图中,部门名称字段来自于 tblCodebm 表,其他字段来自于 tblCodegy 表。

图 3.4　确定要查询的表和字段

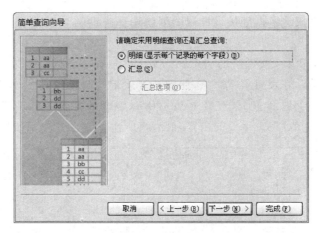

图 3.5　明细查询与汇总查询选择对话框

图 3.6　为查询指定标题对话框

tblcodeyg 查询

员工编号	员工姓名	员工性别	出生日期	职务	参加工作时	学历	职称	电话	部门名称
Y001	黄振华	男	1966-4-10	部长	1982-11-23	大专	高级经济师	13964xxxx72	办公室
Y001	黄振华	男	1966-4-10	部长	1982-11-23	大专	高级经济师	13964xxxx72	办公室
Y004	沈宁	女	1977-10-2	秘书	1999-10-23	大专	工程师	13664xxxx83	办公室
Y006	胡方	男	1949-4-8	科长	1968-12-24	大本	高级经济师	18061xxxx59	销售一科
Y002	尹洪群	男	1958-9-18	副部长	1981-4-18	大本	高级工程师	13965xxxx80	办公室
Y012	张进明	男	1974-10-27	科长	1996-7-14	大本	助理会计师	13365xxxx08	销售三科
Y008	周晓明	女	1951-6-20	业务员	1973-3-6	大专	经济师	13965xxxx05	销售二科
Y004	沈宁	女	1977-10-2	秘书	1999-10-23	大专	工程师	13664xxxx83	办公室
Y003	扬灵	男	1973-3-19	统计员	2000-12-4	硕士	经济师	13766xxxx90	办公室
Y013	倩华	女	1972-11-29	业务员	1997-9-19	大专	会计师	13267xxxx56	销售三科
Y002	尹洪群	男	1958-9-18	副部长	1981-4-18	大本	高级工程师	13965xxxx80	办公室
Y015	刘颖	女	1990-8-8	业务员	2013-8-14	本科	无	18897XXXX99	销售一科

图 3.7　查询的输出结果

知识 2　设计视图创建查询

为了让大家更快地掌握使用设计视图创建选择查询的方法，在此以一个创建单表查询为示例做介绍。

例 3-2　在 module3 文件夹的 example 文件夹中有一个数据库文件 Access1. accdb，该数据库中已经设计好表对象“学生”，如图 3.8 所示。要求以表“学生”为数据源使用查询设计视图创建一个选择查询，查找并显示所有姓李的并且年龄大于 25 岁学生的“姓名”、“年龄”和“出生地”三个字段的内容，最后将所建查询命名为“qT1”。

编号	姓名	性别	年龄	进校日期	奖励否	出生地
991101	张三	男	30	1999-9-1	☑	江苏苏州
991102	李海亮	男	25	1999-9-2	☐	北京昌平
991103	李光	女	26	1999-9-3	☑	江西南昌
991104	杨林	女	27	1999-9-1	☑	山东青岛
991105	王星	女	26	1999-9-2	☑	北京昌平
991106	冯伟	女	27	1999-9-1	☐	北京顺义
991107	王朋	男	28	1999-9-2	☑	湖北武穴
991108	成功	女	28	1999-9-4	☑	北京大兴
991109	张也	女	25	1999-9-4	☑	湖北武汉
991110	马琦	男	26	1999-9-1	☑	湖北武汉
991111	崔一南	女	28	1999-9-4	☐	北京和平区
991112	文章	女	27	1999-9-1	☑	安徽合肥
991113	李元	女	30	1999-9-1	☐	北京顺义
991114	李成	男	26	1999-9-2	☐	山东东营
991115	陈诚	男	28	1999-9-3	☑	北京和平区

图 3.8　学生表

使用查询设计器创建该查询的过程如下。

(1) 打开数据库 Access1. accdb，然后单击“创建”选项卡“查询”组中的“查询设计”按钮。

(2) 系统弹出如图 3.9 所示的“显示表”对话框。显示表对话框有“表”、“查询”与“两者都有”三个选项卡。由此可知，在 Access 中，可基于表与查询创建查询。在“表”选项卡中选择“学生”表，单击“添加”按钮，然后单击“关闭”按钮。此时系统提供如图 3.10 所示的查询设计界面。该界面由两大部分组成，一是表/查询显示窗格，位于查询设计器的上半部分，用于显示查询的数据来源(表或已有查询)。窗格中的表或查询具有可视性，它显示了表或查询中的每一个字段。

图 3.9　"显示表"对话框

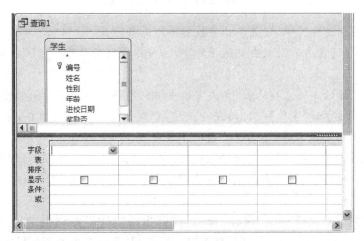

图 3.10　查询设计

　　二是查询设计窗格,位于查询设计器的下半部分,主要包括设计查询字段、字段来源的表、排序规则、是否显示与查询条件 5 行。各行的作用如表 3-7 所示。

表 3-7　查询设计窗格中行的功能

行 的 名 称	作　　　用
字段	在此行设置查询的各字段
表	设置字段所在的表或查询的名称
排序	设置查询输出所采用的排序方法
显示	利用复选框确定字段在查询输出时是否显示
条件	输入条件来限定记录的选择
或	用于增加多个值的若干行的第一行,这多个值用于条件的选择

　　在此视图中,用户按照查询的要求,设置好窗格中的行,设置的各行如图 3.11 所示。

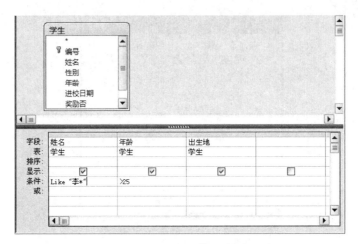

图 3.11　设置的具体查询明细

注意：在查询设计器中，设置查询字段有如下三种方法。

（1）在表/查询窗格中上双击要选择的字段，可以看到网格中"字段"行将显示出选择的字段名。

（2）把要选择的字段直接从表/查询窗格中拖到网格中"字段"行相应的位置。

（3）单击网格中的"字段"一行的任意一格，会弹出一个下拉列表框，单击下拉箭头，会出现表中的所有字段名，从中选择需要的字段即可。

在查询设计器中，"排序"行的排序包括"升序"、"降序"和"不排序"三种方式。

在查询设计器中，设置查询的条件方法时按照 3.1.3 节中介绍的准则设置方法设置即可。

（3）单击快速工具栏中的"保存"按钮，在弹出的"保存"对话框中将该查询命名为

姓名	年龄	出生地
李北	26	江西南昌
李元	30	北京顺义
李成	26	山东东营
*	0	

图 3.12　查询结果

qT1，单击"保存"按钮，此时查询的创建已完成，系统返回数据库界面，在该界面的导航窗格中出现了 qT1 查询对象。

（4）双击 qT1 对象，即可看到该查询运行后的查询结果，如图 3.12 所示。

选择查询不仅可以按照准则从一个表查询数据，也可以从多个表中查询数据。在此，以一个多表查询为例介绍多表选择查询的创建方法。

例 3-3　已知存在一个数据文件 Access2. accdb，里面已经设计好两个表对象 tBand 和 tLine，如图 3.13 与图 3.14 所示，创建一个选择查询，查找并显示旅游"天数"在 5～10 天之间（包括 5 天和 10 天）的"团队 ID"、"导游姓名"、"线路名"、"天数"、"费用"5 个字段的内容，查询结果按天数升序排序，所建查询命名为"qT2"。

通过对表的浏览，该查询的数据来自于 tBand 与 tLine 两个表，其中"团队 ID"与"导游姓名"来自于 tBand 表，"线路名"、"天数"与"费用"来自于 tLine 表。

注意：在 Access 实际应用中，通常基于多个表来设计查询，而且多个表之间常常存在关系，有关创建表间关系的内容请参见 2.3 节相关的内容。

团队ID	线路ID	导游姓名	出发时间
A001	001	王方	2000-10-12
A002	001	刘河	2000-11-13
A003	001	王选	2000-11-18
A004	002	王选	2003-1-1
A005	002	吴凇	2003-1-13
A006	002	刘洪	2003-1-30
A007	003	王方	2003-10-1
A008	003	钱游	2003-10-10
A009	004	刘河	2003-12-1
A010	004	吴凇	2003-12-5
A011	005	李丽	2004-2-1
A012	005	王选	2004-2-10
A013	006	孙永	2004-3-2
A014	006	李丽	2004-3-8

图 3.13　tBand 表

线路ID	线路名	天数	费用
001	桂林	7	¥3,000.00
002	上海	1	¥2,000.00
003	香港	5	¥4,000.00
004	韩国	9	¥5,000.00
005	庐山	5	¥3,000.00
006	黄山	8	¥5,000.00

图 3.14　tLine 表

建立该查询的过程如下。

（1）打开 Access2. accdb 数据库,在该数据库的表中可以看到有 tBand 和 tLine 两个表。

（2）在"对象"栏中选择"查询"选项,然后双击"在设计视图中创建查询"选项,打开如图 3.9 所示的设计视图。

（3）在"显示表"对话框中依次添加 tBand 与 Line 表,然后单击"关闭"按钮,此时显示如图 3.15 所示的界面。

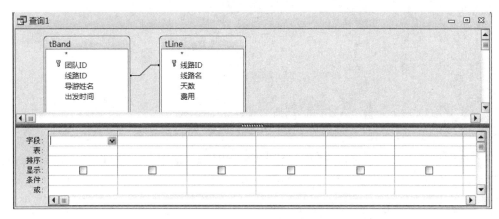

图 3.15　查询设计视图初始状态

注意：当表添加完成之后,系统将自动地建立表之间的关联（智能关联）,这种关联清晰地勾勒出了不同的表之间的关系。

（4）在窗格中设计好各行,如图 3.16 所示。

（5）双击查询,结果如图 3.17 所示。

（6）单击"关闭"按钮,把查询保存为 qT2 即可。

在前面介绍查询功能时,讲到 Access 可以使用查询来对数据进行计算。在此用两个示例来说明。

例 3-4　以例 3-2 的数据库创建一个选择查询,能够显示 tLine 表的所有字段内容,并添加一个计算字段"优惠后价格","优惠后价格"的计算公式为"费用×（1−10%）",所建查询名为 qT3。

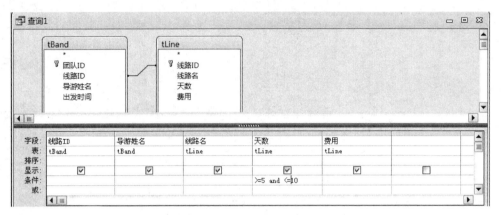

图 3.16　查询设计视图的结果

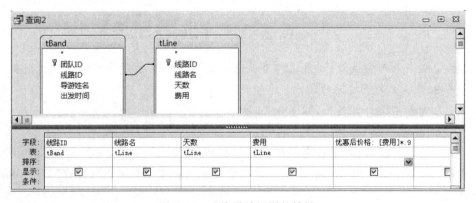

图 3.17　查询的运行结果

该查询也是一个单表查询，操作过程与例 3-2 相似，这里仅介绍如何添加"优惠后价格"字段以及该字段的数据计算方法，如图 3.18 所示。

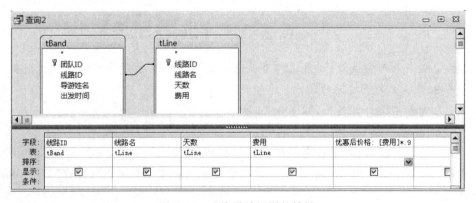

图 3.18　查询设计视图的结果

注意：字段最后一列"优惠后价格：[费用] ∗ 0.9"的作用包括两层意思，其中"优惠后价格"是查询时显示的列标题,"[费用]* 0.9"是用户自定义列标题下面的值的计算方法,"[费用]"是字段名,所以加"[]"。

执行该查询的显示结果,如图 3.19 所示。从图可以看出,显示的数据最后一列为优惠后的价格,在该列下面按照计算公式算出了具体优惠后的价格。

线路ID	线路名	天数	费用	优惠后价格
001	桂林	7	¥3,000.00	2700
001	桂林	7	¥3,000.00	2700
001	桂林	7	¥3,000.00	2700
002	上海	1	¥2,000.00	1800
002	上海	1	¥2,000.00	1800
002	上海	1	¥2,000.00	1800
003	香港	5	¥4,000.00	3600
003	香港	5	¥4,000.00	3600
004	韩国	9	¥5,000.00	4500
004	韩国	9	¥5,000.00	4500
005	庐山	5	¥3,000.00	2700
005	庐山	5	¥3,000.00	2700
006	黄山	8	¥5,000.00	4500
006	黄山	8	¥5,000.00	4500

图 3.19 查询的运行结果

注意:自定义计算可以对一个或多个字段的数据进行数值、日期或文本计算。

例 3-5 已知一个数据库文件 Access3.accdb,里面已经设计好表对象 tEmployee 与 tSel 两个表,如图 3.20 与图 3.21 所示。创建一个统计查询,统计每名雇员的售书总量,并将显示的字段名设为"姓名"和"总数量",所建查询名为 qT4。

雇员ID	姓名	性别	出生日期	职务	简历	联系电话
1	王宁	女	1960-1-1	经理	1984-7大学毕业,曾作过销售员	65976450
2	李清	男	1962-7-1	职员	1986年大学毕业,现为销售员	65976451
3	王创	男	1970-1-1	职员	1993年专科毕业,现为销售员	65976452
4	郑炎	女	1978-6-1	职员	1999年大学毕业,现为销售员	65976453
5	魏小红	女	1934-11-1	职员	1956年专科毕业,现为管理员	65976454

图 3.20 tEmployee 表

ID	雇员ID	图书ID	数量	售出日期
1	1	1	23	1999-1-4
2	1	1	45	1999-2-4
3	2	2	65	1999-1-5
4	2	3	12	1999-3-1
5	2	4	1	1999-3-4
6	1	5	45	1999-2-1
7	5	6	78	1999-1-1
8	3	1	47	1999-2-3
9	3	7	5	1999-2-1
10	1	8	41	1999-8-1

图 3.21 tSell 表的部分数据

该查询的创建过程与前面的例题相似,选择 tEmployee 和 tSell 表,设计好窗格的各行,如图 3.22 所示。

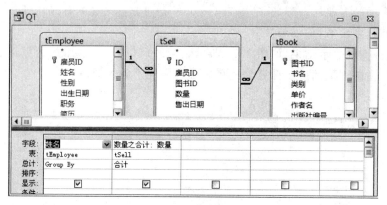

图 3.22　查询的设计

选择窗格中的"姓名"字段,再单击"查询工具设计"选项卡中"显示/隐藏"组中的"汇总"∑,然后在窗格字段行的第 2 列选择 tSell,在总计行的第二列选择"合计",最后以 qT4 保存查询。运行查询的结果如图 3.23 所示。

图 3.23　查询运行的结果

注意:总计是系统提供的用于对查询中的记录组或全部记录进行的计算,包括的计算方法有合计、平均值、最小值、最大值、计数、标准偏差或方差等。它们的用途与支持的数据类型如表 3-8 所示。

表 3-8　总计行中各计算方法的含义

选　项	用　途	支持数据类型
合计	计算字段中所有记录值的总和	数字型、日期/时间、货币型和自动编号型
平均值	计算字段中所有记录值的平均值	数字型、日期/时间、货币型和自动编号型
最小值	取字段的最小值	文本型、数字型、日期/时间、货币型和自动编号型
最大值	取字段的最大值	文本型、数字型、日期/时间、货币型和自动编号型
计数	计算字段非空值的数量	文本型、备注型、数字型、日期/时间、货币型、自动编号型、是/否型和 OLE 对象
stDev	计算字段记录值的标准偏差值	数字型、日期/时间、货币型和自动编号型
方差	计算字段记录值的总体方差值	数字型、日期/时间、货币型和自动编号型
First	找出表或查询中第一条记录的该字段值	文本型、备注型、数字型、日期/时间、货币型、自动编号型、是/否型和 OLE 对象

选　　项	用　　途	支持数据类型
last	找出表或查询中最后一条记录的该字段值	文本型、备注型、数字型、日期/时间型、自动编号型、是/否型和 OLE 对象
Where	如果要在同一查询中计算总计，需将包含条件的字段的"总计"单元格设置成 Where	使用总计函数做条件
Expression	如果在用来计算所有记录总计的查询中添加包含一个或多个聚合函数，如 Sum、Count 与 Avg 的计算字段，则必须将计算字段的"总计"单元格设为 expression	计算字段（在查询中定义的字段，显示表达式的结果而非显示存储的数据。每当表达式中的值改变时，就重新计算一次该值）

单元 3　交叉表查询

交叉分析表实际上就是一个矩阵表，在水平和垂直两个方向列出所需查询的数据标题，在行与列的交汇处显示数据值，该数据值是表中给出数据的总计值。

知识 1　交叉表查询的作用

交叉表查询常用于汇总特定表中的数据，并将它们分组显示在查询结果中。查询的结果一组列在数据表的左侧，一组列在数据表的上部。简单地说，交叉查询就是由用户建立起来的二维总计矩阵。这种查询由指定的字段建立类似电子表格形式显示出总计数据。使用交叉表查询可以计算并重新组织数据的结构，这样，有利于数据表的统计、分析和比较。

创建一个交叉表查询，需要定义行标题、列标题与值三个要素。

（1）行标题。行标题显示在动态集中的第一列，位于数据表的最左侧，它把与某一字段或记录相关的数据放入指定的一行中。

（2）列标题。列标题包含所需显示的值的字段，位于数据表的顶端，它对每一列指定的字段或表进行统计，并把结果放入该列中。

（3）值。值是用户选择在交叉表中显示的数据。用户需要为该值字段指定一个统计类型，即这个数据可以是 Sum、Avg、Max、Min 和 Count 等总计函数，或者是一个经过表达式计算得到的值。

注意：对于交叉表查询，用户只能指定一个总计类型字段。

知识 2　创建交叉表查询

在此介绍创建交叉表查询的方法。创建交叉表同样可以采用创建交叉表查询向导，也可以采用设计视图。在此仅介绍使用查询设计器设计交叉查询的方法，通过单击"创建"选项卡"查询"组中的"查询向导"按钮,系统弹出如图 3.3 所示的对话框后选择"交叉表查询向导"来创建,读者可以按照向导一步一步去完成。

例 3-6　已一个数据库 Access4.accdb,里面已经设计了一个表对象 tStock,如图 3-24 所示。创建一个交叉表查询,统计并显示每种产品不同规格的平均单价,显示行标题为"产品名称",列标题为"规格",计算字段为"单价",所建查询名为 qT5。

注意:交叉表查询不做各行小计。

产品代码	产品名称	规格	单价	库存数量
101001	灯泡	220V-15W	0.8	78540
101002	灯泡	220V-45W	1.1	221
101003	灯泡	220V-60W	1.2	4522
101004	灯泡	220V-100W	1.2	4522
101005	灯泡	220V-150W	2.5	1522
201001	节能灯	220V-4W	6	1212
201002	节能灯	220V-8W	8	2452
201003	节能灯	220V-16W	14	1122
301001	日光灯	220V-8W	6	52360
301002	日光灯	220V-20W	7	25
301003	日光灯	220V-30W	9	2253
301004	日光灯	220V-40W	10	1227

图 3.24　tStock 表

操作过程如下。

(1) 打开数据库 Access4.accdb,然后单击"创建"选项卡"查询"组中的"查询设计"按钮。

(2) 在"显示表"对话框中,双击选取要处理的查询数据对象 tStock,再单击"关闭"按钮。

(3) 单击"查询类型"组中的"交叉表查询"按钮,此时,查询设计的界面如图 3.25 所示。

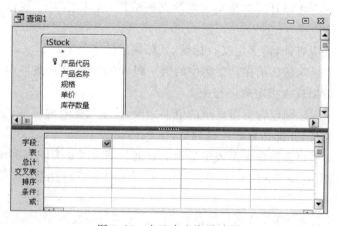

图 3.25　交叉表查询设计器

(4) 在第一列的"字段"行中选择"产品名称",在"交叉表"行中选择"行标题";在第二列的"字段"行中选择"规格"字段,在"交叉表"行中选择"列标题";在第三列的"字段"行中选择"单价"字段,在"交叉表"行中选择"值",并在"总计"中选择"平均值",如图 3.26 所示。

图 3.26　交叉表查询设计结果

（5）单击"结果"组中的"运行"按钮,结果如图 3.27 所示。

产品名称	220V-100W	220V-150W	220V-15W	220V-16W	220V-20W	220V-30W	220V-40W
灯泡	1.2	2.5	.8				
节能灯					14		
日光灯						7	9

图 3.27　交叉查询结果

（6）关闭查询窗口,把查询保存为 qT5,这样就完成了该查询的创建。

单元 4　参 数 查 询

参数查询是指查询在执行时显示一个对话框提示用户输入查询的信息。参数查询并不是一种独立的查询,只是在其他查询的基础上设置了可变化的查询参数。

知识 1　建立单参数查询

在对数据库的数据进行查询时,用户常常会对某个字段进行反复查询,而且在每次查询时可能需要更改查询的具体内容。例如,"班级成绩"表中有"总成绩"字段,有时用户要查询成绩大于 500 分的学生数据,有时要查询大于 400 分的学生数据,为了满足这类查询的需要,需要建立参数查询。利用参数查询,可以显示一个或多个提示输入查询数据的对话框,等待用户输入完查询的参数后才执行查询。

下面举例介绍单个参数查询的创建与使用方法。

例 3-7　已知一数据库 Access5.accdb 中有一"产品"表,如图 3.28 所示。设计一个查询查找具有相同产品类型的所有产品的名称、供应商及价格。要求查询之前可以更改产品的类别,对不同的产品类型进行查询。

产品									
产品I	产品名称	供应商	类别	单位数量	单价	库存量	订购量	再订购量	中
1 苹果汁	佳佳乐	饮料	每箱24瓶	￥18.00	39		10	☑
2 牛奶	佳佳乐	饮料	每箱24瓶	￥19.00	17	40	25	☐
3 蕃茄酱	佳佳乐	调味品	每箱12瓶	￥10.00	13	70	25	☐
4 盐	康富食品	调味品	每箱12瓶	￥22.00	53	0	0	☐
5 麻油	康富食品	调味品	每箱12瓶	￥21.35	0	0	0	☑
6 酱油	妙生	调味品	每箱12瓶	￥25.00	120	0	25	☐
7 海鲜粉	妙生	特制品	每箱30盒	￥30.00	15	0	10	☐
8 胡椒粉	妙生	调味品	每箱30盒	￥40.00	6	0	0	☐
9 鸡	为全	肉/家禽	每袋500克	￥97.00	29	0	0	☑
10 蟹	为全	海鲜	每袋500克	￥31.00	31	0	0	☑

图 3.28　产品表

操作过程与选择查询创建过程一致。查询设计界面如图 3.29 所示。不同点为"类别名称"字段的条件为"［输入产品类别的名称：］"。

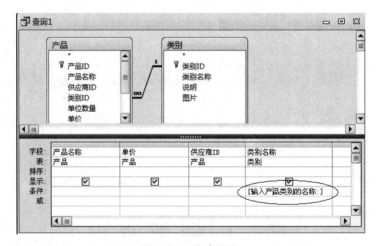

图 3.29　设计视图

运行查询时,系统首先弹出一个查询的参数输入对话框,如图 3.30 所示。查询提示用户输入产品的类别名称,用户输入查询类别后,单击"确定"按钮,得到查询结果。

图 3.30　输入查询参数

应该说,Access 的参数查询是建立在选择查询或交叉表查询的基础之上的,是在运行选择查询或交叉表查询之前,为用户提供了一个设置条件的参数对话框,可以方便地更改查询的限制或对象。

知识 2　建立多参数查询

在 Access 中,用户不仅可以建立单个参数的查询,还可以建立多参数查询。多参数查询就是为查询建立多个条件提示的查询。

例 3-8　在例 3-7 的基础上,只查询产品价格在一定范围之内的产品类别,价格范围在查询之前由用户输入。

操作过程与例 3-7 相似,创建的查询界面如图 3.31 所示。从图中可以看出,在"单价"字段列的条件中输入了"Between［最低价格为:］And［最高价格为:］"。

图 3.31　查询设计界面

执行查询查看查询的结果,按字段条件依次弹出如图 3.32～图 3.34 所示的输入框,用户输入一系列参数后得到查询结果。

图 3.32　最低价格参数输入　　图 3.33　最高价格参数输入　　图 3.34　类别名称参数输入

知识 3　设定参数查询顺序

Access 默认提示参数的次序是根据字段和其参数的位置从左到右排列的。这种顺序是可改变的,通过单击"显示/隐藏"组中的"参数"按钮,在弹出的"查询参数"对话框(如图 3.35 所示)中可以设定参数对话框的弹出顺序。

在"查询参数"对话框中还可以指定参数查询中字段的数据类型。Access 共有 13 种查询参数数据类型,可以分为表字段、数字、常规和二进制 4 类,具体数据类型如表 3-9 所示。

图 3.35　"查询参数"对话框

表 3-9　参数查询字段数据类型

类　　别	数　据　类　型
表字段	Currency、Date/Time、Memo、OLE Object、Text 和 Yes/No,对应于表字段中相同的数据类型
数字	Byte、Single、Double、Integer、Long Integer 和 Replication ID,对应于表字段中 Number 数据类型其 FieldSize 属性的 6 种设置
常规	其值为常规数据类型,可以接受任何类型的数据
二进制	虽然 Access 不能识别,但是仍然可以在参数查询中使用 Binary 数据类型,直接链接到可以识别它的表中

注意：在交叉表查询或者基于交叉表查询的图表的参数查询中，必须指定查询参数的数据类型。

当指定参数顺序时，必须在"查询参数"对话框中指定每个参数正确的数据类型，否则，Access 将会报告数据类型不匹配的错误。

单元 5　操 作 查 询

操作查询是 Access 查询的一个重要组成部分，它是根据用户的需要对数据库进行相应的操作。操作查询包括删除查询、追加查询、更新查询与生成表查询 4 种类型。

知识 1　删除查询

删除查询可以对满足删除条件的一个表或多个表中的记录进行删除。删除后的记录无法恢复。例如，可以使用删除查询来删除所有毕业 4 年以上的学生的记录。

1. 删除查询注意要点

在使用删除查询之前，需注意如下几个方面。

(1) 随时备份数据。如果不小心删除了数据，可以从备份的数据中恢复。

(2) 使用删除查询删除了记录之后，删除的记录无法恢复，因此，在执行删除查询之前，应该预览即将删除的数据。

(3) 在某些情况下，执行删除查询可能会同时删除关联表中的记录，即使它们并不包含在此查询中。当查询只包含一对多关系中的"1"端的表，并且允许对这些关系使用连锁删除时就可能发生这种情况。在"1"端的表中删除记录，同时也删除了"n(多)"端的表中的记录。

2. 删除查询的创建过程

例 3-9　已知数据库文件 Access6.accdb 有表对象"学生"。使用查询设计视图创建一个删除查询，删除"学生"表中性别为"男"的记录。

创建该删除查询的过程如下。

(1) 打开数据库后单击"创建"选项卡"查询"组中的"查询设计"，打开查询设计器，把"学生"表作为删除查询数据对象。

(2) 单击"查询设计"选项卡"查询类型"组中的"删除查询"。此时，设计网格也发生相应的变化，"排序"和"显示"行消失，且出现"删除"行。

(3) 从字段列表将要更新及指定条件的字段拖动到查询设计网格中。在本例中添加"性别"字段。

(4) 在"性别"字段的"条件"单元格中指定条件"男"。本例创建的删除查询的设计如图 3.36 所示。

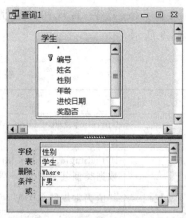

图 3.36　删除查询的设计

（5）单击"结果"组中的"运行"，Access 会给出提示，提醒用户将删除原表中的部分数据，因为此删除操作不可恢复。单击"是"按钮就可把"学生"表中性别为"男"的记录删除。

按照上述操作过程删除表中数据单击时，如果数据表处于打开状态，则在执行完删除操作之后会看到表中性别为"男"的记录已删除，如图 3.37 所示。

学生：表						
编号	姓名	性别	年龄	进校日期	奖励否	出生地
991103	李光	女	26	1999-9-3	☑	江西南昌
991104	杨林	女	27	1999-9-1	☑	山东青岛
991105	王星	女	26	1999-9-2	☑	北京昌平
991106	冯伟	女	27	1999-9-1	☐	北京顺义
991108	成功	女	28	1999-9-4	☑	北京大兴
991109	张也	女	25	1999-9-4	☑	湖北武汉
991111	崔一南	女	28	1999-9-1	☐	北京和平区
991112	文章	女	27	1999-9-1	☑	安徽合肥
991113	李元	女	30	1999-9-1	☐	北京顺义

图 3.37　执行删除查询之后的数据表

知识 2　追加查询

追加查询用于将一个或多个表中的一组记录添加到另一个表中，这些表可以是同一个数据库，也可以是其他数据库。追加查询中追加的字段只能和指定表中的字段相匹配，不匹配的字段不能添加到指定的表中。

下面介绍如何创建一个追加查询把一个表中的记录追加到另一个表中。

例 3-10　已知一个数据库文件 Access7.accdb，里面已设计好表对象 tStud 与一个空表 tTemp，如图 3.38 与图 3.39 所示。创建一个追加查询，将表对象 tStud 中的"学号"、"姓名"、"性别"和"年龄"4 个字段的内容追加到目标表 tTemp 中。

学号	姓名	性别	年龄	所属院系	入校时间
000001	李四	男	24	04	1997-3-5
000002	张红	女	23	04	1998-2-6
000003	程鑫	男	20	03	1999-1-3
000004	刘红兵	男	25	03	1996-6-9
000005	钟舒	女	31	02	1995-8-4
000006	江滨	女	30	04	1997-6-1
000007	王建钢	男	19	01	2000-1-5
000008	璐娜	女	19	04	2001-2-14
000009	李小红	女	23	03	2001-3-14
000010	梦娜	女	22	02	2001-3-14

图 3.38　tStud 表

学号	姓　名	性别	年龄

图 3.39　tTemp 表

创建该追加查询的过程如下。

（1）打开数据库后单击"创建"选项卡"查询"组中的"查询设计"，打开查询设计器，把 tStud 表作为追加的源数据对象。

（2）单击"查询设计"选项卡"查询类型"组中的"追加查询"。此时，系统弹出一个"追加"对话框,如图 3.40 所示。在该对话框中,"表名称"选择 tTemp,此表属于当前数据库,单击"确定"钮。

图 3.40 "追加"对话框

(3) 按如图 3.41 所示的网格设计各行。

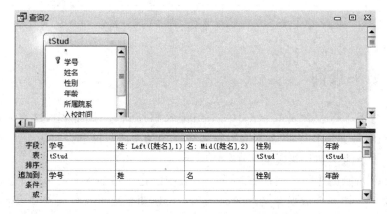

图 3.41 追加查询设计界面与各行设计

(4) 单击"结果"组中的"运行",Access 会给出提示,提醒用户操作将向目标表中追加数据。单击"是"按钮就会完成数据的追加操作。图 3.42 是执行追加查询后 tTemp 表的部分数据。

学号	姓	名	性别	年龄
000001	李	四	男	24
000002	张	红	女	23
000003	程	鑫	男	20
000004	刘	红兵	男	25
000005	钟	舒	女	31
000006	江	滨	女	30
000007	王	建钢	男	19
000008	璐	娜	女	19
000009	李	小红	女	23

图 3.42 执行追加查询后的 tTemp 表的部分数据

知识 3 生成表查询

生成表查询可以通过设置查询条件利用一个或多个表中的数据新建一个数据表,这样就实现了查询对象和数据表之间的转换。生成表查询有助于利用数据库的一个表或多表创建新的数据表,以导出后放入其他数据库。

例 3-11 已知一个数据库文件 Access8. accdb,里面已设计好表对象 tStud。创建一个生成表查询,把 tStud 表中的"学号"、"姓名"、"性别"和"年龄"4 个字段的全部内容进行查询生成 NewtStud 表。

实现该操作的过程与例 3-9 相似。只是在查询设计界面设计前要单击"查询类型"组中的"生成表"按钮。此时弹出如图 3.43 所示的"生成表"对话框,按图 3.43 设置生成的表名以及表所在的数据库即可。

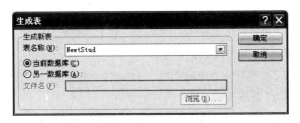

图 3.43 "生成表"对话框

该查询的各行的设置如图 3.44 所示。设计好各行后执行该查询就会生成一个 NewtStud 表,该表中存放着上述查询的数据。

图 3.44 生成表查询各行设计

注意:新建表中的数据并不会继承原始表中字段的属性或主键的设置。

知识 4 更新查询

更新查询可以对符合更新查询条件的记录进行修改,更新查询的数据源可以是一个或多个表。例如,可以将学生成绩表中所有学生的语文成绩提高 10 个百分点,或将职工工资表中某一工作类别的人员的工资提高 5 个百分点。

例 3-12 已知一个数据库文件 Access9. accdb,已经设计好表对象 tWork,如图 3.45 所示,创建一个更新查询,将所有记录的"经费"字段值增加 2000 元。

项目ID	项目名称	项目来源	经费
10001	北京市人口变动分析	国家社科基金	20000
10002	北京市商业网点分布研究	北京市社科基金	10000
10003	北京市人口出生率与死亡率变动	北京市社科基金	5000
10004	奥运会北京市经济发展	国家社科基金	30000

图 3.45　tWork 表

要实现该操作要先建立一个更新查询,然后运行该查询即可完成对表中数据的修改。操作过程如下。

(1) 打开数据库后单击"创建"选项卡"查询"组中的"查询设计",打开查询设计器,选择数据库中的 tWork 表作为查询数据对象。

(2) 单击"查询设计"选项卡"查询类型"组中的"更新查询"。这时设计视图的标题栏会由"选择查询"转变为"更新查询"。

(3) 从字段列表将要更新及指定条件的字段拖动到查询设计网格中。在本例中添加"经费"字段。

(4) 在要更新字段的"更新到"单元格中输入用来改变这个字段的表达式或数值。在本例中,在"经费"字段的"更新到"单元格中输入"[经费]+2000"。本例创建的更新查询的设计如图 3.46 所示。

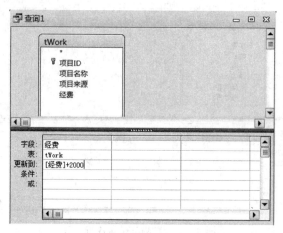

图 3.46　更新查询设计器各行

(5) 单击"结果"组中的"运行",Access 会给出提示,提醒用户操作将更新数据。单击"是"按钮就会完成数据的更新操作。

单元 6　SQL 查询

SQL 是结构化查询语言(Structured Query Language)的缩写。SQL 查询是一种使用结构化查询语言创建的高级查询方式。使用查询设计视图创建查询时,Access 将创建的查询转换为 SQL 语句,该语句是查询运行时实际执行的语句。SQL 语言由数据定义

———— Access 数据库技术与应用(第 3 版)

语言、数据操纵语言、数据查询语言(Select)与数据控制语言 4 部分组成,其中数据查询是 SQL 的核心功能。

知识 1　结构化查询语句

Access 可以直接使用 SQL 结构化查询语句来建立复杂而功能强大的查询。在 Access 中,用户在设计视图中创建查询时,Access 将在后台构造等效的 SQL 命令。如果用户想直接使用 Select 语句来构建查询,只需在查询设计器界面状态下单击"设计"选项卡"结果"组中的"SQL 视图",此时系统就弹出如图 3.47 所示的 SQL 视图。用户可直接在该视图中编写 SQL 语句来构建查询。如果已创建了查询,可以通过 SQL 视图查看相应的 SQL 语句。这一点对初学者非常重要,由于初学者经过短时间学习写出有关查询的 SQL 语句有一定的困难。因此,初学者可以通过本模块学习创建查询方法创建查询,在 SQL 视图中获得相应查询的 SQL 语句,在后面数据库编程中使用起来会很方便。

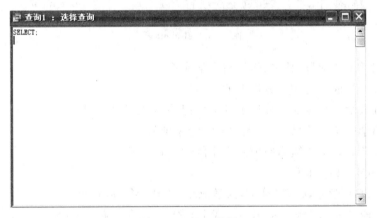

图 3.47　SQL 视图

结构化查询语句为 Select,其语法结构为:

```
SELECT  列表名
[INTO   新表名]
FROM   表名
[WHERE   查询条件]
[GROUP BY   列表名]
[HAVING   筛选条件]
[ORDER  BY  列表名  [ASC|DESC]]
```

语句中各关键词的含义如下。

(1) 列表名:指定查询的字段;

(2) INTO 新表名:把查询结果生成一个新表;

(3) FROM:指明字段的来源,即数据源表或查询;

(4) WHERE:定义查询条件;

（5）GROUP BY：指定分组字段；

（6）HAVING：指明筛选条件；

（7）ORDER BY：指定排序字段；

（8）ASC|DESC：指定排序方式，ASC 为升序，DESC 为降序。

SELECT 用于对一个表或多个表进行投影与选择查询，且能把查询的结果分组或排序，也可以把查询结果生成一个新表。

例 3-13 已知如图 3.48 所示的 student 表，写出实现下列查询的 SQL 语句。

学号	姓名	性别	出生年月	少数民族否	籍贯	入学成绩	简历	照片
009901	张小强	男	05/04/84	F	株洲	556.0	Memo	Gen
009902	陈斌	男	12/12/83	F	长沙	457.0	memo	gen
009903	李哲	男	06/12/84	T	长沙	474.0	memo	gen
009904	赵大明	男	02/16/84	F	常德	500.0	memo	gen
009905	冯姗	女	03/09/84	T	邵阳	543.5	memo	gen
009906	张青松	男	10/18/84	F	怀化	501.0	memo	gen
009907	封小莉	女	12/15/84	F	株洲	480.0	memo	gen
009908	周晓	女	12/28/84	F	常德	498.0	memo	gen
009909	钱倩	女	05/08/83	F	郴州	478.0	Memo	gen
009910	孙力军	男	06/08/82	F	永州	511.0	memo	gen
009911	肖彤彤	女	07/15/84	F	湘潭	488.0	memo	gen
009912	陈雪	女	08/18/84	F	长沙	492.0	memo	gen

图 3.48　student 表

（1）查询学生的学号、姓名、籍贯与入学成绩。

（2）查询入学成绩在 500 分以上的学生记录。

（3）查询入学成绩在 500 分以上的学生记录，且把查询结果存储在 hsstudent 表中。

（4）列出学生全部信息，且按入学成绩降序排列。

（5）列出所有入学成绩为空值的学生的学号和姓名。

具体的 SQL 语句如下。

（1）SELECT 学号,姓名,籍贯,入学成绩　FROM　student；

（2）SELECT * FROM　student　WHERE　入学成绩＞＝500；

（3）SELECT * FROM　student　INTO　hsstudent　WHERE 入学成绩＞＝500；

（4）SELECT * FROM　student　ORDER　BY 入学成绩 DESC；

（5）SELECT 学号,姓名 FROM student　WHERE　入学成绩　IS　NULL；

例 3-14 从教师表中查找 1992 年参加工作的男教师，并显示姓名、性别、工作时间、职称 4 个字段，且按工作时间的升序排序。

实现该查询的语句为：

```
SELECT   姓名,性别,工作时间,职称
FROM   教师
WHERE   (性别="男") AND (Year(工作时间)=1992))
ORDER BY   工作时间;
```

如果使用查询设计器来创建该查询，网格的设计如图 3.49 所示。请把该 SELECT 语句与设计视图进行对比，找出它们之间的对应关系。这样，有助于理解 SQL 语句。

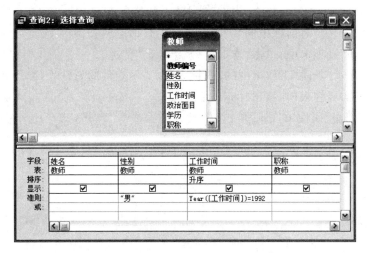

图 3.49　SELECT 语句对应的设计视图

知识 2　SQL 特殊查询

SQL 特殊查询不能直接在查询设计器中创建,只能通过在 SQL 视图窗口中输入 SQL 语句来创建。特定查询包括联合查询、数据定义查询、传递查询与子查询 4 类。

1. 联合查询

联合查询使用 Union 运算将多个查询结果合并到一起。该查询能把两个或多个含有相同信息的独立表联合为一个列表。其语法格式如下:

SELECT 语句 1
UNION
SELECT 语句 2

注意:每个 SELECT 语句所选取的字段个数必须相同,并以相同的顺序出现,当然相应的字段还必须有兼容型数据类型。

例 3-15　已知一个学生成绩表,已经建立了学生成绩小于 80 分的查询与 90 分以上学生成绩查询两个查询。

SELECT 学生编号,姓名,成绩 FROM 学生成绩查询 WHERE 成绩<80
UNION
SELECT 学生编号,姓名,成绩 FROM 90 分以上学生成绩查询;

通过联合查询可以实现学生成绩小于 80 分与成绩大于等于 90 的学生记录的合并。

2. 传递查询

SQL 传递查询用于将命令直接发送到 ODBC 数据库服务器,能直接操作服务器的表,不让 Microsoft Jet 数据库引擎处理数据。若要创建 SQL 传递查询,首先必须创建一个系统数据源名称(DSN),然后再创建 SQL 传递查询。

在 Access 2010 中创建 SQL 传递查询的方法如下。

（1）在"创建"选项卡中，单击"查询"组中的"查询设计"。

（2）单击"显示表"对话框中的"关闭"，不添加任何表或查询。

（3）在"设计"选项卡中，单击"查询类型"组中的"传递"。

（4）单击"显示/隐藏"工作组中的"属性表"以显示查询的属性表，如图3.50所示。

（5）在查询的属性表中，将鼠标指针置于"ODBC连接字符串"属性中，然后单击"生成"按钮。

利用"ODBC连接字符串"属性，可以指定与要连接的数据库有关的信息。可以输入连接信息，或者单击"生成"，然后输入与要连接的服务器有关的信息。

图3.50　"属性表"对话框

（6）当提示是否在连接字符串中保存密码时，如果希望将密码和登录名存储在连接字符串信息中，则单击"是"。

（7）如果查询不属于可返回记录的类型，则将ReturnsRecords属性设置为No。

（8）在"SQL传递查询"窗口中输入传递查询。例如，下面的传递查询在SELECT语句中使用Microsoft SQL Server的TOP运算符，则仅返回示例数据库的"订单"表中的前25份订单：SELECT TOP 25 orderid FROM orders。

（9）若要运行查询，请单击"设计"选项卡"结果"组中的"运行"。对于返回记录的SQL传递查询，单击状态栏上的"数据表视图"。

（10）如果需要，Microsoft Access将提示输入有关服务器数据库的信息。

如果创建了能返回多组结果数据集的传递查询，可以为每个结果创建一个单独的表。传递查询对于执行ODBC服务器中的存储过程是很有用的。

3. 数据定义查询

数据定义查询是利用数据定义语句来创建或更改数据库中的表对象。在SQL中，除了查询语句外，数据定义语句也是SQL的重要组成部分，在此介绍CREATE、DROP、UPDATE与DELETE命令，其他命令请参见有关资料。

（1）CREATE命令

CREATE命令用来创建表，其命令格式为：

```
CREATE TABLE  <表名>(<列名 1><数据类型>[列完整性约束条件],
<列名 2>  <数据类型>[列完整性约束条件],
        …)[表完整性约束条件];
```

例3-16　创建一个"学生"表，字段包括学号ID、姓名、性别、出生日期、家庭住址、联系是话与备注等，并将"学号ID"指定为主键的索引。具体的SQL语句为：

```
CREATE TABLE 学生
    ([学生 ID] integer,
```

```
[姓名] text,
[性别] text,
[出生日期] date,
[家庭住址] text,
[联系电话] text,
[备注] memo,
CONSTRAINT [Index1] PRIMARY KEY ([学生ID]));
```

在 SQL 视图中创建该语句然后执行该语句时,将在数据库中创建学生表。

(2) DROP 命令

DROP 命令用来删除表。其命令格式为:

```
DROP TABLE <表名>;
```

例 3-17　删除教师信息表。

```
DROP TABLE 教师信息;
```

(3) UPDATE 命令

通过该命令可以修改数据表中的数据。其命令格式为:

```
UPDATE <表名>SET <字段名 1>=<表达式 1>[,<字段名 2>=<表达式 2>…]
[WHERE <条件>];
```

例 3-18　修改公共选修课表中的数据,将课程"中国武术"改为"中国散打武术"。

```
UPDATE 公共选修课 SET kc="中国散打武术"　WHERE kc="中国武术";
```

(4) DELETE 命令

通过该命令可以删除数据表中的数据。其命令格式为:

```
DELETE FROM <表名>[WHERE <条件>];
```

例 3-19　请从仓库表中删除仓库号为 WH2 的记录,请写出相应的 SQL 语句。
该命令如下:

```
DELETE FROM 仓库 WHERE 仓库号="WH2"
```

4. 子查询

　　子查询是指嵌套在其他 SQL 语句中的 SELECT 语句,如嵌套在 SELECT、INSERT、UPDATE、DELETE 语句或其他子查询中。在 SQL 语句任何允许使用表达式的地方都可以使用子查询。子查询也称为内部查询或内部选择,包含了子查询的语句也称为外部查询与外部选择。通常,子查询作为外部查询或外部选择条件或者数据来源。

　　例 3-20　已知一个数据库中有两个表,一个表是学生表 A,它有学号、姓名、年龄、联系电话等字段,另一个表是学生课程表 B,它有学号、课程名称以及课程成绩等字段,实现如下查询。

　　(1) 查询平均分低于 60 的学生学号和姓名。

　　(2) 查询最高分在 80 分以上的学号、姓名、联系电话。

相对应的查询语句如下。

(1) SELECT 学号,姓名 FROM 学生表 A WHERE(SELECT AVG(成绩) FROM 学生课程表 B WHERE B.学号＝A.学号)＜60。

(2) SELECT 学号,姓名,联系电话 FROM 学生表 A WHERE(SELECT MAX(成绩) FROM 学生课程表 B WHERE B.学号＝A.学号)＞＝80。

知识小结

- 查询是对数据表或查询进行数据查询的一个对象,在 Access 中,可以对单个表中的数据记录查询,也可以对多表进行查询。
- 查询的数据源可以是表,也可以是查询。
- 查询功能非常强大,不仅可查询数据,还有对数据进行排序、执行计算、生成表等功能。
- 查询条件被称为查询准则,它是运算符、常量、字段值、函数、字段名和属性等的任意组合。
- 查询包括选择查询、参数查询、交叉表查询、操作查询与 SQL 查询。
- 操作查询包括删除查询、更新查询、追加查询与生成表查询。
- SQL 是结构化查询语言(Structured Query Language)的缩写,Access 数据库也支持 SQL。
- SQL 查询包括联合查询、传递查询、数据定义查询和子查询 4 类。

任务 1 习题

一、选择题

(1) 以下关于查询的叙述正确的是_____。

    A. 只能根据数据库表创建查询

    B. 只能根据已建立的查询创建查询

    C. 可以根据数据库表和已建立的查询创建查询

    D. 不能根据已建立的查询创建查询

(2) 将表 A 的记录添加到表 B 中,要求保持表 B 中原有的记录,可以使用的查询是_____。

    A. 选择查询   B. 生成表查询   C. 追加查询   D. 更新查询

(3) 在 Access 中,查询的数据源可以是_____。

    A. 表   B. 查询

    C. 表和查询   D. 表、查询和报表

(4) 如果在数据库中已有同名的表,要通过查询覆盖原来的表,应该使用的查询类型

是_____。

    A. 删除   B. 追加   C. 生成表   D. 更新

（5）在 Access 数据库中使用向导创建查询，其数据可以来自_____。

    A. 多个表   B. 一个表

    C. 一个表的一部分   D. 表或查询

（6）在显示查询结果时，如果要将数据表中的"籍贯"字段名，显示为"出生地"，可在查询设计视图中改动_____。

    A. 排序   B. 字段   C. 条件   D. 显示

（7）在数据库中，建立索引的主要作用是_____。

    A. 节省存储空间   B. 提高查询速度

    C. 便于管理   D. 防止数据丢失

（8）在 Access 数据库对象中，体现数据库设计目的的对象是_____。

    A. 报表   B. 模块   C. 查询   D. 表

（9）以下不属于操作查询的是_____。

    A. 交叉表查询   B. 更新查询   C. 删除查询   D. 生成表查询

（10）将表 A 的记录复制到表 B 中，且不删除表 B 中的记录，可以使用的查询是_____。

    A. 删除查询   B. 生成表查询   C. 追加查询   D. 交叉表查询

（11）"查询"设计视图窗口分为上下两部分，上部分为_____。

    A. 设计网格   B. 字段列表   C. 属性窗口   D. 查询记录

（12）要修改表中的一些数据，应该使用_____。

    A. 生成表查询   B. 删除查询   C. 更新查询   D. 追加查询

（13）以下叙述中，_____是错误的。

    A. 查询是从数据库的表中筛选出符合条件的记录，构成一个新的数据集合

    B. 查询的种类有选择查询、参数查询、交叉查询、操作查询和 SQL 查询

    C. 创建复杂的查询不能使用查询向导

    D. 可以使用函数、逻辑运算符、关系运算符创建复杂的查询

（14）以下叙述中，_____是正确的。

    A. 在数据较多、较复杂的情况下使用筛选比使用查询的效果好

    B. 查询只从一个表中选择数据，而筛选可以从多个表中获取数据

    C. 通过筛选形成的数据表，可以提供给查询、视图和打印使用

    D. 查询可将结果保存起来，供下次使用

（15）利用对话框提示用户输入参数的查询过程称为_____。

    A. 选择查询   B. 参数查询   C. 操作查询   D. SQL 查询

（16）在 SQL 查询中使用 WHERE 子句指出的是_____。

    A. 查询目标   B. 查询结果   C. 查询视图   D. 查询条件

（17）Access 支持的查询类型有_____。

    A. 选择查询、交叉表查询、参数查询、SQL 查询和操作查询

B. 基本查询、选择查询、参数查询、SQL 查询和操作查询

C. 多表查询、单表查询、交叉表查询、参数查询和操作查询

D. 选择查询、统计查询、参数查询、SQL 查询和操作查询

(18) 在查询设计视图中，_____。

    A. 只能添加数据库表

    B. 既可以添加数据库表，也可以添加查询

    C. 只能添加查询

    D. 以上说法都不对

(19) 在查询中，默认的字段显示顺序是_____。

    A. 在表的"数据表视图"中显示的顺序

    B. 添加时的顺序

    C. 按照字母顺序

    D. 按照文字笔画顺序

(20) 创建交叉表查询，在"交叉表"行上有且只能有一个的是_____。

    A. 行标题和列标题　　　　　　　　B. 行标题和值

    C. 行标题、列标题和值　　　　　　D. 列标题和值

(21) 在创建交叉表查询时，列标题字段的值显示在交叉表中的位置是_____。

    A. 第一行　　　B. 第一列　　　C. 上面若干行　　D. 左面若干列

(22) 下列不属于操作查询的是_____。

    A. 参数查询　　B. 生成表查询　　C. 更新查询　　　D. 删除查询

(23) 在 Access 的数据库中已建立了 tBook 表，若查找"图书编号"是"112266"和"113388"的记录，应在查询设计视图准则行中输入_____。

    A. "112266"and"113388"　　　　　B. NOT IN("112266","113388")

    C. IN("112266","113388")　　　　　D. NOT("112266"and"113388")

(24) 在一个 Access 的表中有字段"专业"，要查找包含"信息"两个字的记录，正确的条件表达式是_____。

    A. =LEFT([专业],2)="信息"　　　　B. LIKE" * 信息 * "

    C. ="信息 * "　　　　　　　　　　D. MID([专业],1,2,)="信息"

(25) 在课程表中要查找课程名称中包含"计算机"的课程，对应"课程名称"字段的正确条件表达式是_____。

    A. "计算机"　　　　　　　　　　　B. " * 计算机 * "

    C. LIKE " * 计算机 * "　　　　　　D. LIKE "计算机"

(26) 建立一个基于"学生"表的查询，要查找"出生日期"（数据类型为日期/时间型）在 1980-06-06～1980-07-06 的学生，在"出生日期"对应列的"条件"行中应输入的表达式是_____。

    A. BETWEEN 1980-06-06 AND 1980-07-06

    B. BETWEEN ♯1980-06-06♯ AND ♯1980-07-06♯

    C. BETWEEN 1980-06-06 OR 1980-07-06

D. BETWEEN ♯1980-06-06♯ OR ♯1980-07-06♯

(27) 要在查找表达式中使用通配符通配一个数字字符,应选用的通配符是_____。

    A. *　　　　　　　B. ?　　　　　　　C. !　　　　　　　D. ♯

(28) 如果在查询的条件中使用了通配符方括号"[ ]",它的含义是_____。

    A. 通配任意长度的字符

    B. 通配不在括号内的任意字符

    C. 通配方括号内列出的任一单个字符

    D. 错误的使用方法

(29) 条件"NOT 工资额>2000"的含义是_____。

    A. 选择工资额大于 2000 的记录

    B. 选择工资额小于 2000 的记录

    C. 选择除了工资额大于 2000 之外的记录

    D. 选择除了字段工资额之外的字段,且大于 2000 的记录

(30) 创建参数查询时,在查询设计视图准则行中应将参数提示文本放置在_____。

    A. ｛ ｝中　　　　B. ( )中　　　　C. [ ]中　　　　D. <>中

(31) 书写查询条件时,日期值应该用_____括起来。

    A. 括号　　　　　　　　　　　B. 双引号

    C. 半角的井号(♯)　　　　　　D. 单引号

(32) 在建立查询时,若要筛选出图书编号是 T01 或 T02 的记录,可以在查询设计视图准则行中输入_____。

    A. "T01"OR"T02"　　　　　　　B. "T01"AND"T02"

    C. IN("T01"AND"T02")　　　　　D. NOT IN("T01"AND"T02")

(33) 假设某数据库表中有一个姓名字段,查找姓仲的记录的条件是_____。

    A. NOT "仲 *"　　　　　　　　B. LIKE "仲"

    C. LEFT([姓名],1)＝"仲"　　　D. "仲"

(34) SQL 语句不能创建的是_____。

    A. 报表　　　B. 操作查询　　　C. 选择查询　　　D. 数据定义查询

(35) 在 SELECT 语句中使用 ORDER BY 是为了指定_____。

    A. 查询的表　　　　　　　　B. 查询结果的顺序

    C. 查询的条件　　　　　　　D. 查询的字段

(36) 在 Access 中已建立了"学生"表,表中有"学号"、"姓名"、"性别"和"入学成绩"等字段。执行如下 SQL 命令:

SELECT 性别,AVG(入学成绩) FROM 学生 GROUP BY 性别

其结果是_____。

    A. 计算并显示所有学生的性别和入学成绩的平均值

    B. 按性别分组计算并显示性别和入学成绩的平均值

C. 计算并显示所有学生的入学成绩的平均值

D. 按性别分组计算并显示所有学生的入学成绩的平均值

（37）在 Access 中已建立了"工资"表，表中包括"职工号"、"所在单位"、"基本工资"和"应发工资"等字段，如果要按单位统计应发工资总数，那么在查询设计视图的"所在单位"的"总计"行和"应发工资"的"总计"行中分别选择的是_____。

A. SUM,GROUP BY   B. COUNT,GROUP BY

C. GROUP BY,SUM   D. GROUP BY,COUNT

（38）下列 SQL 查询语句中，与图 3.51 所示查询设计视图的查询结果等价的是_____。

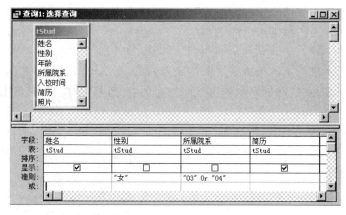

图 3.51　查询设计视图

A. SELECT 姓名,性别,所属院系,简历 FROM tStud

WHERE 性别="女"AND 所属院系 IN("03","04")

B. SELECT 姓名,简历 FROM tStud

WHERE 性别="女" AND 所属院系 IN("03","04")

C. SELECT 姓名,性别,所属院系,简历 FROM tStud

WHERE 性别="女" AND 所属院系="03" OR 所属院系="04"

D. SELECT 姓名,简历 FROM tStud

WHERE 性别="女" AND 所属院系="03" OR 所属院系="04"

二、填空题

（1）操作查询共有 4 种类型，分别是删除查询、_____、追加查询和生成表查询。

（2）在 SQL 的 SELECT 命令中可用_____短语对查询的结果进行排序。

（3）在"学生成绩"表中，如果需要根据输入的学生姓名查找学生的成绩，需要使用的是_____查询。

（4）在 Access 中，要在查找条件中与任意一个数字字符匹配，可使用的通配符是_____。

（5）用 SQL 语句实现查询表名为"图书表"的表中的所有记录，应该使用的 SELECT语句是：SELECT _____。

（6）根据对数据源操作方式和结果的不同，查询可以分为 5 类：选择查询、交叉表查询、_____、操作查询和 SQL 查询。

（7）SQL 查询就是用户使用 SQL 语句创建的一种查询。SQL 查询主要包括_____、传递查询、数据定义查询和子查询 4 种。

（8）创建分组统计查询时，"总计"项应选择_____。

（9）若要查找最近 20 天之内参加工作的职工记录，查询准则为_____。

（10）创建交叉表查询时，必须对行标题和_____进行分组（GROUP BY）操作。

任务 2 实验

一、实验目的

（1）建立小型销售企业费用报销管理数据库的查询。

（2）熟悉选择查询、交叉表查询、参数查询与操作查询的创建与编辑过程。

二、实验要求

（1）完成小型销售企业费用报销管理数据库查询的建立。

（2）完成选择查询、交叉表查询、参数查询与操作查询的创建与编辑。

三、实验学时

4 课时

四、实验内容与提示

（1）为 module3 文件夹中 Resource 文件夹中的 main 数据库创建如表 3-10 所示的查询。

表 3-10   main 数据库所需的查询

查 询 名	查 询 要 求	数 据 来 源	功 能
Bxmxlbzy_Inquire	类别名称与每类别的总计	tb1Bxmx 与 tb1Codelb 表	按类别浏览报销总额
Bxmxbmzy_Inquire	部门名称与部门总计	tb1Bxmx 与 tb1Codebm 表	按部门浏览报销总额
Bxmxygzy_Inquire	员工姓名与金额合计	tb1Bxmx 与 tb1codeyg 表	按员工浏览报销总额
BmInfo_Browse	浏览部分信息	tb1Codebm 表	浏览部门信息
LbInfo_Browse	浏览类别信息	tb1Codelb 表	浏览类别信息
YgInfo_Browse	浏览员工信息	tb1codeyg 与 tb1Codebm 表	浏览员工信息
BxmxInfo_ Browse	浏览明细数据	tb1Bxmx、tb1Codebm、tb1Codelb 与 tb1codeyg 表	浏览明细数据

（2）已知在 module3 文件夹中 Resource 文件夹中有一个数据库文件 samp2. mdb，里面已经设计好了一个表对象 tStud 和一个查询对象 qStud4。试按以下要求完成设计。

① 创建一个查询，计算并输出学生的最大年龄和最小年龄信息，标题显示为 MaxY 和 MinY，所建查询命名为 qStud1。

② 创建一个查询,查找并显示年龄小于等于 25 的学生的"编号"、"姓名"和"年龄",所建查询命名为 qStud2。

③ 创建一个查询,按照入校日期查找学生的报到情况,并显示学生的"编号"、"姓名"和"团员否"三个字段的内容。当运行该查询时,应显示参数提示信息:"请输入入校日期:",所建查询命名为 qStud3。

④ 更改 qStud4 查询,将其中的"年龄"字段按升序排列。不允许修改 qStud4 查询中其他字段的设置。

(3) 已知在 module3 文件夹中 Resource 文件夹中有一个数据库文件 samp3.mdb,里面已经设计好表对象 tCourse、tGrade 和 tStudent,试按以下要求完成设计。

① 创建一个查询,查找并显示"姓名"、"政治面貌"和"毕业学校"三个字段的内容,所建查询名为 qT1。

② 创建一个查询,计算每名学生的平均成绩,并按平均成绩降序依次显示"姓名"、"平均成绩"两列内容,其中"平均成绩"数据由统计计算得到,所建查询名为 qT2(假设所用表中无重名)。

③ 创建一个查询,按输入的"班级编号"查找并显示"班级编号"、"姓名"、"课程名"和"成绩"的内容。其中"班级编号"数据由统计计算得到,其值为 tStudent 表中"学号"的前6位,所建查询名为 qT3。当运行该查询时,应显示提示信息:"请输入班级编号:"。

④ 创建一个查询,运行该查询后生成一个新表,表名为"90 分以上",表结构包括"姓名"、"课程名"和"成绩"三个字段,表内容为 90 分以上(含 90 分)的所有学生记录,所建查询名为 qT4。要求创建此查询后,运行该查询,并查看运行结果。

(4) 在 SQL 视图中分别查看 qT1、qT2、qT3 与 qT4 查询的查询语句,且将这些查询语句保存在 sql.txt 文件中。

模块 **4** 窗 体

窗体是 Access 2010 数据库的一种重要的数据对象,是人机交互的界面。在应用程序运行过程中,用户可以通过窗体输入数据、编辑数据、显示统计与查询的数据。窗体是程序运行时的窗口,在应用程序设计时称为窗体。在开发应用程序时,使用窗体能将应用程序整合,控制程序流程,形成一个完整的应用系统。本模块将详细介绍窗体的基本知识,包括窗体的基本构成、基本类型、控件的分类、控件的使用、窗体的创建与设计等内容。

主要学习内容
(1) 窗体概述;
(2) 窗体控件;
(3) 创建窗体;
(4) 窗体设计视图。

单元 1 窗 体 概 述

Access 2010 的窗体对象是数据库对象中的二级容器,用于为数据库应用程序创建用户界面。对于普通用户而言,他们唯一可以直接接触的数据库对象是窗体与报表。Access 窗体不仅可以放置数据表、查询与子窗体对象,也可放置文本框、标签、命令按钮等控件对象。在数据库中创建窗体就是在窗体中合理地布置所需的对象,且为窗体与窗体中的各种子对象编写相关的事件处理方法,以实现程序窗体运行时所需的功能。

知识 1 窗体的功能

在应用系统开发中,窗体的主要功能有三个,一是显示与编辑数据。用户通过窗体录入、修改、删除数据库表中的数据,该功能是窗体最基本的功能。二是使用窗体查询或统计数据库中的数据。用户通过窗体输入数据查询或统计的条件来查询或统计数据库中的数据。三是用于显示提示信息。应用系统开发者使用窗体显示提示、说明、错误、警告等信息,帮助用户进行操作。

知识 2　窗体视图

窗体视图是窗体在使用时呈现的外观表现形式。Access 数据库的窗体有设计视图、窗体视图、数据表视图、数据透视表视图、数据透视图视图与布局视图 6 种视图。设计视图是创建与编辑窗体的窗口，任何类型的窗体都可以通过设计视图来完成设计。窗体视图是窗体运行时的显示样式，用于查看在设计视图中创建窗体的运行效果。数据表视图是以行与列的格式显示表中的数据。数据透视表和数据透视图是为更清楚地分析和显示数据而使用的两种视图，是嵌套在 Access 中的 Excel 对象。布局视图是用于修改窗体最直观的视图，该视图是窗体运行状态的窗体。在布局视图中，可调整窗体设计，包括调整窗体对象的尺寸、添加与删除控件、设置对象的属性。在 Access 2010 中创建窗体之后微调窗体的设计，如排列控件和调整控件大小等工作都可在布局视图中完成。当然，这些工作在设计视图中也可以实现。布局视图是唯一可用来设计 Web 数据库窗体的视图。窗体视图的切换是在窗体视图中，通过"视图"组来实现的，如图 4.1 所示。

图 4.1　窗体视图

知识 3　窗体的基本构成

一个完整的窗体对象包含窗体页眉、页面页眉、窗体主体、页面页脚与窗体页脚 5 节，图 4.2 显示了窗体的节，且分别进行了说明。在一般情况下，一个应用型窗体对象仅使用窗体页眉、窗体主体、窗体页脚，其中，窗体主体是用于操作数据的主要窗体节。

图 4.2　窗体设计视图

另外，在设计窗体时需用到标签、文本框、复选框、列表框、组合框、选项组、命令按钮与图像等对象，这些对象被称为控件，在窗体中各自发挥着不同的作用。在 Access 2010 中，这些控件放置在"设计"选项卡的"控件"组中。

知识 4　窗体的显示特性

Access 窗体按照其显示特征的不同可分为连续窗体、单个窗体、数据表窗体、分割窗体、数据透视表窗体与数据透视图窗体 6 类。

连续窗体具有页面页眉、窗体主体、页面页脚三个节,其中窗体主体显示的是一个完整的数据表。单个窗体与连续窗体不同,在其主窗体中仅显示数据表的一条件记录。一般有两种情况可使用单个窗体,第一种是无数据源的窗体,如主界面窗体;第二种是不采用数据表形式显示数据的窗体。数据表窗体是指窗体被打开时,只显示窗体的主体节,而不显示其他 4 个节的窗体。分割窗体是从 Microsoft Office Access 2007 开始的新增功能,它把窗体分为两部分,一部分为窗体视图,另一部分为数据表视图,这两种视图连接到同一数据源,并且总是保持相互同步,如图 4.3 所示。数据透视表窗体与数据透视图窗体用于设计数据透视表与数据透视图。

图 4.3　分割窗体

窗体显示特性的设定是通过所建窗体属性设置对话框中"格式"选项卡中的"默认视图"属性来实现的,如图 4.4 所示。

图 4.4　窗体属性

知识 5 窗体的基本类型

Access 窗体对象的类别可以按照不同的分类方法分类。按照窗体的应用功能的不同,窗体对象分为数据交互式窗体与命令选择型窗体。按照窗体有无数据源分为绑定窗体与未绑定窗体。绑定窗体是直接连接到数据源(如表或查询)的窗体,并可用于输入、编辑或显示来自该数据源的数据。未绑定窗体没有直接链接到数据源,主要包含操作应用程序所需的命令按钮、标签或其他控件,用于实现设计程序功能与控制程序的执行。

1. 数据交互型窗体

这是数据库应用系统中应用最多的一类窗体,主要用于输入、显示、编辑数据、查询或统计。如图 4.5 所示的窗体就属于交互式窗体。数据交互式窗体的特点是拥有数据源,数据源可以是表、查询或 SQL 语句。数据源是数据交互型窗体的基础。

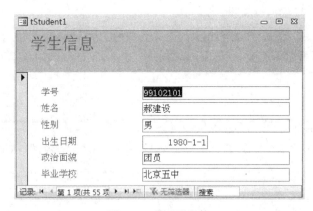

图 4.5 交互型窗体

数据交互型窗体又可分为纵栏式窗体、表格式窗体、数据表窗体、图表式窗体、数据透视表窗体与主/子窗体等。

(1) 纵栏式窗体

纵栏式窗体是 Access 应用程序最常用的窗体。纵栏式窗体每次在屏幕上显示一条记录的内容,用户通过翻页的方式改变所显示的记录,如图 4.5 所示。

(2) 表格式窗体

表格式窗体在窗体中同时显示多条记录,如图 4.6 所示。

(3) 图表窗体

图表窗体是利用 Microsoft Graph 以图表方式显示用户的数据。图表窗体可以被单独使用,也可以在子窗体中使用来增强窗体的功能。图表窗体的数据源同样是数据表或查询。

(4) 数据透视表窗体

数据透视表窗体是 Access 为了以指定的数据表或查询为数据源产生一个 Excel 分析表而建立的一种窗体形式。数据透视表窗体允许用户对表格内的数据进行操作;用户可以改变透视表的布局,以满足不同的数据分析方式与要求。数据透视表窗体对数据进行的处理是 Access 其他工具无法完成的。

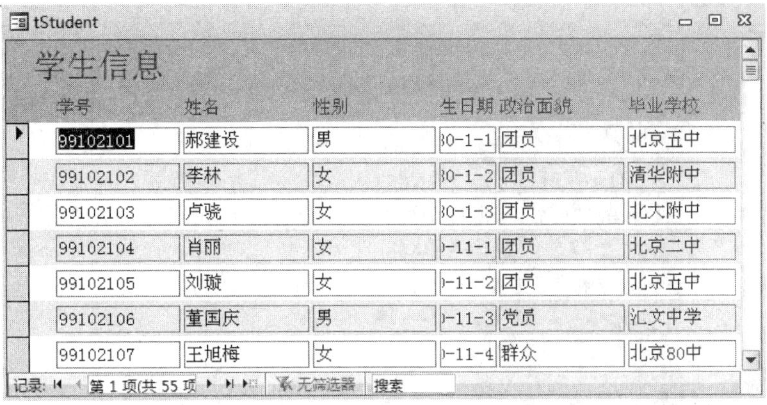

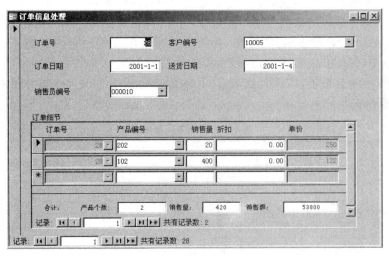

图 4.6　表格式窗体

（5）主/子窗体

窗体中的窗体称为子窗体，包含子窗体的基本窗体称为主窗体。主窗体和子窗体通常用于显示多个表或查询中的数据，这些表或查询中的数据具有一对多的关系。在这种窗体中，主窗体和子窗体彼此链接，主窗体显示某一条记录的信息，子窗体则显示与主窗体当前记录相关的记录信息。如图 4.7 所示，订单信息处理窗体为主窗体，订单细节为子窗体。

图 4.7　主/子窗体窗体

2. 命令选择型窗体

数据库应用系统通常具有一个主操作界面窗体，在这个窗体上安置一些命令按钮，用以实现数据库应用系统中其他窗体的调用，也表明系统所具备的全部功能。从应用的角度看，这类窗体属于命令选择型窗体，命令选择型窗体无需指定数据源。如图 4.8 所示的窗体即为命令选择型窗体，单击一个命令按钮，即可打开相应的功能窗体。

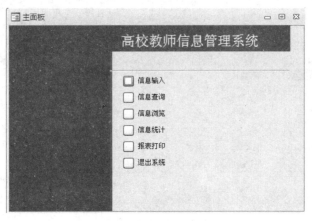

图 4.8 命令选择型窗体

知识 6 窗体的属性及设置

1. 窗体的常用属性

属性就是对象的静态特征。例如,要描述一个人,总是通过姓名、性别、身高与爱好等特性来描述,所有这些特征就是人这一对象的属性。属性决定了一个对象的外观和行为,要改变一个对象的外观和行为,可以直接通过改变对象的属性来实现。例如,冰箱的容量、颜色、价格与产地等用来描述冰箱的特性,容量、颜色、价格、产地等就组成了冰箱的属性。窗体也是这样,如窗体名称、标题、背景色与背景图片等也组成了窗体的属性。在 Access 2010 中,窗体有很多属性,且每个属性都有对应的中文名称与内部的英文名称。中文名称用于可视化设置,内部英文名在 VBA 编程时使用。Access 窗体主要属性的含义如表 4-1 所示。

表 4-1 窗体主要属性

属　　性	内 部 名 称	说　　明
标题	Caption	用于设定窗体标题
名称	Name	用于设定窗体对象的名称
默认视图	DefaultView	用于设定窗体的类型
允许视图	ViewAllowed	设置窗体的视图界面标题栏上显示的内容
滚动条	ScrollBars	设置此窗体具有横/竖/无滚动条
记录选定器	RecordSelectors	设置记录左边是否有一个选择记录的按钮
导航按钮	NavigationBottons	设置窗体下方是否显示跳转记录的几个小按钮
分隔线	DividingLines	设置窗体标题栏左边是否显示一个窗体图标,实际上这就是窗体控制按钮
自动居中	AutoCenter	设置窗体打开时是否自动居于屏幕中央。如果设置为"否",则打开时居于窗体设计视图最后一次保存时的位置

Access 数据库技术与应用(第 3 版)

属　　性	内 部 名 称	说　　明
最大最小化按钮	MinMaxButtons	设置窗体标题栏右边是否显示最大化、最小化等按钮
关闭按钮	CloseButton	设置窗体标题栏最右端是否显示关闭窗体的按钮
弹出方式	PopUp	如设置为"是",此窗体打开时浮于其他普通窗体上面,只有模式设为"是"的其他同类窗体可以覆盖它
模式	Modal	如设置为"是",则此窗体以对话框形式打开,在关闭它之前,别的窗体不能操作
内含模块	HasModule	
菜单栏	MenuBar	指定窗体专用菜单(如果有自定义菜单的话);如果不指定,则使用系统菜单
工具栏	ToolBar	指定窗体专用工具栏,同上
允许移动	Moveable	指定窗体在运行时是否可以移动
记录源	RecordSource	可以是一指定窗体数据来源,可以是一个表或查询,也可以是SQL 语句
排序依据	OrderBy	确定指定窗体显示记录时的顺序
允许编辑	AllowEdits	设置此窗是否可更改数据,前提是此窗体绑定记录
允许添加	AllowAdditions	设置此窗体是否可添加记录,前提同上
允许删除	AllowDeletions	设置此窗体是否可删除记录,前提同上
数据入口	DataEntry	设置此窗体是否只能用于添加新记录,前提同上
边框样式	BorderStyle	设置窗体的边框,可设置为细边框或不可调,当设置为无边框时,此窗体无边框及标题栏
控制框	ControlBox	设置窗体标题栏左边是否显示一个窗体图标
快捷菜单	ShortcutMenu	设置是否允许使用快捷菜单,只有设为"是","快捷菜单栏"一项设置才有效
快捷菜单栏	ShortcutMenuBar	指定窗体专用的快捷菜单,前提是有自定义的快捷菜单。注意,这里设置的是整个窗体的快捷菜单,优先级低于特定控件指定的快捷菜单
打开	Open/OnOpen	在窗体打开时引发事件,可以是宏,也可以是代码
加载	Load/OnLoad	在窗体加载时引发事件,时间上晚于打开事件
卸载	Unload/OnUnload	在窗体卸载时引发事件,时间上早于关闭事件
关闭	Close/OnClose	在窗体关闭时引发事件

2. 窗体属性值的设置

为窗体属性设置值的方法有两种,方法一是在窗体"设计"视图中,通过窗体"属性"对话框来设置。具体的操作方法是单击"窗体工具设计"选项卡"工具"组中的"属性表"按钮📑或在窗体上从右击打开的快捷菜单中选择"属性"命令,打开"属性"对话框,如图 4.4 所示。"属性"对话框中包括 5 个选项卡,分别是格式、数据、事件、其他与全部。其中,"格式"选项卡中包含窗体或控件的外观属性,"数据"选项卡中包含数据源与数据操作的相关属性,"事件"选项卡中包含窗体或控件能够响应的事件,"其他"选项卡中包含"名称"等其他属性。选项卡左侧是属性名称,右侧是属性值,用户只要在属性值框中做选择或输入即可。

方法二是通过编程,在 VBE(Visual Basic Editor)的子过程(Sub)、函数过程(Function)或事件过程中通过赋值语句来实现。这种方法会在后续数据库编程中做详细介绍。

单元 2　窗 体 控 件

控件是组成窗体与报表的重要元素,用于显示数据、执行操作或装饰窗体等。控件对象的属性设置方法与窗体属性的设置方法一样,用户只从窗体上所有对象的列表中选择要设置的属性对象。当然,也可以直接在窗体上选择对象,此时列表框中将显示被选中对象的控件名称。

知识 1　控件种类

控件是构成窗体的基本元素,用以实现在窗体对数据的输入、查看、修改以及对数据库中各种对象的操作。Microsoft Access 的控件很多,主要包括标签、文本框、列表框、组合框、选项组、选项按钮、复选框、切换按钮、命令按钮、选项卡控件、图像控件、线条、矩形和 ActiveX 自定义控件等,这些控件被放置在窗体与报表的"设计"选项卡的"工具"组中,如图 4.9 所示。工具箱名称及其功能如表 4-2 所示。

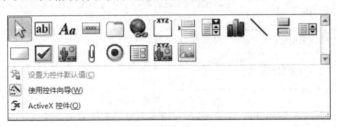

图 4.9　窗体控件工具

表 4-2　工具箱名称及功能

图标	名　　称	功　　能
	选定对象	用于选取控件、节、窗体、报表或数据访问页,单击该工具可以释放已锁定的工具箱按钮
	控件向导	用于打开或关闭控件向导。在窗体中,可以使用向导来创建组合框、选项组、命令按钮、子报表和子窗体等控件
Aa	标签	用来显示说明性文本的控件,如窗体、报表或数据访问页上的标题或文字提示
abl	文本框	用于显示、输入或编辑窗体、报表或数据访问页的基础记录源数据,显示计算结果,或接收用户数据输入

Access 数据库技术与应用(第 3 版)

图标	名　称	功　　能
	选项组	与复选框、单选按钮或切换按钮搭配使用,可以显示一组可选值
	切换按钮	用于在自定义窗口中或选项组的一部分中接收用户输入数据的未绑定控件
	单选按钮	用于一组(两个或多个)有互斥性(即只能选中其一)的选项
	复选框	用于一组没有互斥性(即可以选择多个)的选项
	列表框	显示可滚动的值列表。当在"窗体"视图中打开窗体或"页"视图或在 Microsoft Internet Explorer 中打开数据访问页时,可以从列表中选择值输入到新记录中,或者更改现有记录中的值
	组合框	组合了列表框和文本框的特性。可以在文本框中输入文字或在列表框中选择输入项,然后将值添加到基础字段中
	命令按钮	用来完成各种操作,如查找记录与打印记录或应用窗体筛选
	图像	用于在窗体或报表上显示静态图片。由于静态图片并非 OLE 对象,因此只要将图片添加到窗体或报表中,便不能在 Microsoft Access 内进行图片编辑
	未绑定对象框	用于在窗体或报表中显示未绑定的 OLE 对象,如 Microsoft Excel 电子表格。当在记录间移动时,该对象将保持不变
	绑定对象框	用于在窗体或报表上显示 OLE 对象,如一系列图片。该控件针对的是保存在窗体或报表基础记录员字段中的对象。当在记录间移动时,不同的对象将显示在窗体或报表上
	分页符	用于在窗体上开始一个新的屏幕,或在打印窗体或报表上开始一个新页
	选项卡控件	用于创建一个多页的选项卡窗体或选项卡窗口。可以在选项卡控件上复制或添加其他控件。在设计网格中的"选项卡"控件上右击,可更改页数、页次序、选定页的属性和选定选项卡控件的属性
	子窗体/子报表	用于在窗体或报表上显示来自多个表的数据
	直线	用于在窗体、报表或数据访问页上,例如,突出相关的或特别重要的信息,或将窗体或页面分割成不同的部分
	矩形	用于显示图形效果,如在窗体中将一组相关的控件组织在一起,或在窗体、报表或数据访问页上突出重要数据
	图表	用于创建图表
	其他控件	单击此按钮,会弹出快捷菜单,显示 Access 已经加载的其他控件

知识 2　控件的基本操作

控件的使用主要包括在窗体与报表中添加控件,改变控件的大小,移动与删除控件,设置控件的属性等。

1. 添加、移动、复制与删除控件

要在窗体或报表中添加控件,需打开窗体或报表的设计视图,然后在如图 4.9 所示的

"控件"组中选择要添加的控件,然后拖动鼠标到窗体或报表要添加控件的位置即可。

要在窗体或报表中移动控件,选定要移动的控件拖动到适合的位置即可。

控件复制方法与文件复制非常相似,利用右键快捷菜单进行复制与粘贴就可完成控件的复制。

要在窗体或报表中删除控件,只要选定要删除的控件,按 Delete 键即可。

2. 改变控件的大小

选中控件,然后用鼠标拖动控件周围的某个小黑方块。

注意:左上角的小方块只能移动控件而不能在该方向上改变大小。

3. 设置控件的属性

控件属性用于描述控件的特征或状态,每个属性用属性名来标识,控件类型不同其属性也不同,相同类型的属性其属性值也有所不同。属性设置是在设计状态通过属性窗口来实现的,以下两种方法都可用于打开属性窗口。

(1) 先选中控件(在控件上单击或用 Tab 键),单击窗体设计工具条的"属性"按钮。

(2) 右击控件,执行快捷菜单的"属性"命令。

注意:控件的大小、位置、外观等也是控件的属性,只不过它们可以直观地设置罢了。

除了上述操作外,控件还可以调整对齐格式、控件之间的间距,这些操作的实现是通过"调整大小与排列"组中的命令来实现的。

知识 3　常用控件及属性

1. 标签

标签(Label)用于在窗体、报表或数据访问页上显示信息或其他说明性文本,如标题、题注或简短的说明。当然,标签也能附加到另一个控件上。例如在创建文本框时,文本框会有一个附加的标签,用来显示该文本框的标题。在使用"标签"工具 **Aa** 创建标签时,该标签将单独存在,并不附加到任何其他控件上,这种标签被称为独立标签。例如图 4.10 中的"＊默认用户密码为 123456"为独立标签,"＊用户名:"、"＊昵称:"与"＊角色:"等为附加到文本框的标签。标签的常用属性如表 4-3 所示。

图 4.10　标签

Access 数据库技术与应用(第 3 版)

表 4-3　标签常用属性

属 性 名	内 部 名 称	说　　明
名称	Name	用于设置标签控件的名称
标题	Caption	用于设置标签中的文本内容
背景样式	BackStyle	用于设置标签对象是否透明
背景颜色	BackColor	用于设置标签的背景
显示文体字体	FontBold	用于设置标签中文本的字体
字体大小	FontSize	用于设置标签中文本的字号
字体颜色	ForeColor	用于设置标签中文本的颜色
是不可见	Visible	用于设置标签是否可见
宽度	Heigh	用于设置标签的宽度
高度	Width	用于设置标签的高度

除了上述属性以外,标签还有其他一些属性,设置时要多加留意。

2. 文本框

在 Access 中,文本框(Text)是用来显示、输入、筛选或组织数据的控件。在窗体或报表中使用文本框来显示记录源上的数据,这种类型的文本框被称作绑定文本框,因为它与数据表的某个字段中的数据相绑定。文本框也可以是未绑定的,这种文本框一般用来接受用户所输入的数据或显示计算的结果。在未绑定文本框中的数据未保存在任何位置。例如图 4.10 中的"＊用户名:"、"＊昵称:"与"备注:"标签后的框就是文本框。

文本框的格式属性大多与标签属性相同,文本框的常用数据属性如表 4-4 所示。

表 4-4　文本框的常用数据属性

属 性 名	内 部 名 称	说　　明
控件来源	ControlSource	用于设置或返回文本框对象中的文本内容
输入掩码	InputMask	用于设置文本框数据输入的格式。当设置为"密码"时,用户在文本框中输入的任何字符均显示为"＊"
默认值	DefaultValue	没有输入时的值
有效性规则	ValidationRule	对文本框数据输入有效性定义,不符合规则的数据无法输入
有效性文本	ValidationText	输入无效数据时的提示信息
是否锁定	Locked	属性为 True 时,显示正常,可以选取,可以复制,但不能编辑
是否有效	Enabled	属性为 False 时,显示灰色,不能选取
可见	Visible	设置文本框在窗体运行时是否可见
值	Value	该属性表示文本框当前显示或输入的内容

注意:上述很多属性与字段属性的定义相同,请参照前面相关内容。

3. 列表框

列表框（ListBox）用于显示项目列表，用户可从列表框中选择一个或多个项目。如果项目总数超过了可显示的项目数，系统会自动加上一个滚动条。如图 4.11 所示就是一个列表框。

图 4.11　列表框

列表框是一个绑定型控件，可显示多列数据。列表框中的列表是由数据行与数据列组成，每列的标题可以指定也可以不指定。列表框的常用属性如表 4-5 所示。

表 4-5　列表框与组合框的主要属性

属 性 名	内 部 名 称	说 明
名称	Name	用于设置控件的名称
行来源类型	RowSourceType	用于设置控件数据源的类型
行来源	RowSource	用于设置控件的数据源，可以是表、查询或 SQL 语句、列值表、字段列表
列数	ColumnCount	用于设置列表框的列数（可以是一列，也可以是多列），默认值为 1
值	Value	即控件的取值，当在控件中选择某一行时，该行的值即为控件的值
绑定列	BoundColumn	控件显示多列时，选中行的哪一列作为控件的值
控件来源	ControlSource	确定在控件中选择某一行后，其取保存的去向
限于列表	LimitToList	用在组合框时，可以控制组合框中的输入值是否限制为列表值

4. 组合框

组合框（ComBox）将文本框与列表框的功能组合在一起，用户既可在列表中选择某个项目，也可在编辑区域中直接输入文本内容。如图 4.12 所示就是一个组合框。组合框的常用属性与列表框相同。

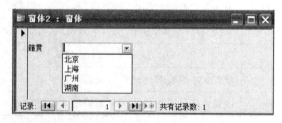

图 4.12　组合框

5. 命令按钮

命令按钮(CommandButton)是一个非绑定型控件,其主要用于接收用户操作、控制程序流程,通过它可以使系统进行特定的操作。用户单击按钮时,系统不仅会执行相应的操作,其外观也会有先按下后释放的视觉效果,图4.10中有两个命令按钮。命令按钮的主要属性如表4-6所示。

表4-6　命令按钮的主要属性

属 性 名	内 部 名 称	说　明
名称	Name	用于设置命令按钮控件的名称
标题	Caption	用于设置命令按钮控件上显示的文字
字体	FontName	用于设置命令按钮控件上显示文字的字体
字号	FontSize	用于设置命令按钮控件上显示文字的字号
文字颜色	FontColor	用于设置命令按钮控件上显示文字的颜色
可用性	Enable	用于设置命令按钮控件是否有效
可见性	Visible	用于设置命令按钮控件在运行时是否可见
图片	Picture	用于设置命令按钮显示标题为图片形式

命令按钮属性还有 Heigh(高)、Width(宽)、Left(左边的距离)、Top(上边的距离)、FontBold(粗体)、FontItalic(斜体)等。命令按钮的事件主要有单击 Click 事件与双击 DblClick 事件,绝大部分用单击事件来接收用户操作,控制程序流程。事件的实现通过编辑或设计宏来实现。

6. 选项按钮、复选框与切换按钮

在窗体或报表上,选项按钮(Option)、复选框(CheckBox)与切换按钮(Toggle)用作独立的控件设置基础记录源的"是"/"否"型数据的值。选项按钮中有圆点时为"是",没圆点时表示"否",复选框中有√为"是",无√时为"否";切换按钮按下状态为"是",抬起状态为"否"。这些控件的主要属性如表4-7所示。

表4-7　选项按钮、复选框与切换按钮的主要属性

属 性 名	内 部 名 称	说　明
名称	Name	用于设置命令按钮控件的名称
标题	Caption	用于设置命令按钮控件上显示的文字
控件来源	ControlSource	用于设置控件的数据源,通常是一个逻辑型字段
值	Value	控件的值,是一个逻辑值,控件的状态表示其值的 True 或 False

7. 选项组

选项组(Frame)是由一个组框和一组选项按钮、复选框或切换按钮组成的,其作用是对这些控件分组,为用户提供一些必要的选项。在选项组中各选项之间是互斥的,一次只

能选择一个选项。选项组控件是一个绑定控件,它可与一个是/否型或数值型字段绑定。例如图 4.13 中标签"性别:"后就是一个选项组。该选项组中有两个选项按钮,其中灰色方框是选项组,把控件包含在其中。

图 4.13 选项组

选项组的常用属性如表 4-8 所示。其他的属性与前面介绍的控件相同。

表 4-8 选项组控件的主要属性

属 性 名	内 部 名 称	说 明
名称	Name	选项组的名称
标题	Caption	用于设置选项组上显示的文字
控件来源	ControlSource	用于设置控件的数据源,通常是一个逻辑型字段
值	Value	选项组的值

说明:由于选项组中包含多个同类选项控件,因此,每个控件都有一个可以用 OptionValue 属性设置的数字值,即 1,2,3,…。这个属性值是可以修改的。在选项组中选择控件时,会将当前控件的相应数字赋给选项组。如果选项组是绑定到某字段的,所选控件的 OptionValue 属性值就存储在该字段中。

8. 选项卡

选项卡控件用于在窗体上创建一个多页的选项卡。当窗体中的内容较多,无法在一个页面上全部显示时,可以使用选项卡控件进行分页设计。选项卡控件主要用于将多个不同格式的数据窗体整合在一个选项卡中,或者说,选项卡是一个包含多页操作窗体的窗体。如图 4.14 所示的窗体就使用选项卡控件把窗体分为 4 个页面。选项卡页面控件的常用属性如表 4-9 所示。

图 4.14 选项卡

表 4-9 选项卡页面控件的常用属性

属 性 名	内 部 名 称	说 明
名称	Name	用于设置选项卡控件中页的名称
标题	Caption	用于设置选项卡控件中页的标题
图片	Picture	设置页面标题处的图片
可用性	Enable	确定是否可以操作该页

9. 图像控件

在窗体中使用图像控件显示图形,可以使窗体更加美观,如图 4.15 所示。

图 4.15 图像控件

图像控件的常用属性如表 4-10 所示。

表 4-10   图像控件的常用属性

属 性 名	内 部 名 称	说 明
名称	Name	用于设置图像控件的名称
图片	Picture	用于设置图像控件的图片所处的位置
图片类型	PictureType	用于设置图像控件的类型,如剪切、拉伸、缩放
超链接地址	HypterLinkAddress	用于设置图像控件的超链接
可见性	Visible	用于设置图像控件是否可见

窗体控件还有直线、矩形、非绑定对象、绑定对象、分页符、超链接与图表,这些控件使用相对较简单,初学者不妨边学边用,很快就能认识与正确使用它们。

10. 计算控件

在窗体或报表设计过程中,用户设计的绑定控件的数据源除了数据表或查询字段外,有些是需要通过某种运算才能得到结果的控件。在窗体与报表控件设计时,只需绑定控件的控件来源为计算表达式形式而实现的控件称为"计算控件"。因此,计算控件并不是独立的一种控件,仅仅指控件来源是计算表达式。文本框是最常用的计算控件。

注意:计算控件的控件来源必须是以等号"="开头的计算表达式。

控件的表达式是由用户创建的,如果用户想为文本框绑定数据来源为表达式,只需单击属性窗口中的"控件来源"右边的按钮 ，系统就会弹出如图 4.16 所示的"表达式生成器"对话框。

图 4.16   "表达式生成器"对话框

表达式生成器由 4 部分构成,上面是表达式文本框,用于编辑计算表达式,下面从左至右依次为"表达式元素"、"表达式类别"与"表达式值"选择框。下面三个框用于用户创建表达式。如果用户对函数及表达式的语法比较熟悉,可以使用手动方法创建计算机表达式。

例如,已知 tblcodeyg 表中有 ygcsrq(员工出生日期)字段,用户在设计窗体时要求用一个文本框输出员工的年龄。这种要求可以通过计算表达式来实现,只要为该文本框的控件来源设计表达式为"=Year(date())-Year([ygcsrq])"即可。

这一节主要介绍了窗体控件类型以及控件的主要属性,用户在使用控件时需要注意,在窗体设计时,任何对象都有 Name 属性,这是控件对象的唯一识别。计算机系统内部识别控件以及在编程时引用控件对象是通过控件的 Name 属性实现的。在同一个窗体中不允许两个控件具有相同的 Name 属性。

单元 3 创 建 窗 体

在 Access 2010 中,可以使用"窗体"工具创建窗体,使用"分割窗体"工具创建分割窗体,使用"多项目"工具创建显示多个记录的窗体,使用"窗体向导"创建窗体,使用"空白窗体"工具创建窗体,使用"导航窗体"工具创建与使用窗体设计创建窗体。

知识 1 窗体工具创建

使用窗体工具创建窗体的操作方法非常简单,在此以举例方法做讲解。

例 4-1 以 main 数据库中的 tb1codelb 表为数据源,使用"窗体"工具创建"类别信息输入"窗体。

使用窗体工具创建窗体的操作步骤如下。

(1) 在导航窗格中单击 tb1codelb 表。

(2) 单击"创建"选项卡"窗体"组中的"窗体工具"按钮。此时就为 tb1codelb 表创建了一个新窗体,且以布局视图显示该窗体,如图 4.17 所示。

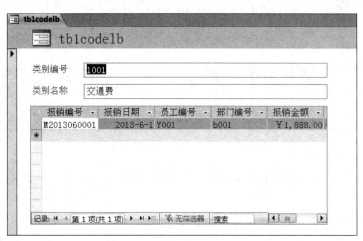

图 4.17 窗体工具创建的窗体

(3) 单击快速工具栏中的"保存"按钮,弹出"窗体另存为"对话框,把窗体命名 tb1codelb。

注意:使用窗体工具创建窗体后将自动在布局视图中打开,用户可以对窗体进行设计方面的更改操作。在使用窗体工具创建窗体时,如果数据库的另一个表与创建窗体的表或查询具有一对多关系,Access 将向基于相关表或相关查询的窗体中添加一个关联数据表。如果不需要该数据表,可以将其从窗体中删除。如果有多个表与创建窗体的表具有一对多的关系,Access 不会向该窗体添加任何数据表。

知识 2 分割窗体工具创建

分割窗体同时提供数据的窗体视图与数据表视图的窗体,该窗体的两种视图连接到同一数据源,并且总是相互保持同步,这一点是这种窗体与主/子窗体的区别。在窗体运行时,用户如果在窗体视图中选择一个字段,系统则自动在窗体的数据表视图中选择相同的字段,反之亦然。只要窗体记录源可更新,用户可以从窗体的任一视图中添加、编辑或删除数据。分割窗体的优势是可以在一个窗体中同时利用两种窗体类型。如可以使用窗体的数据表部分快速定位记录,使用窗体视图查看或编辑记录。

例 4-2 以 main 数据库中的 tb1codeyg 表为数据源,使用"分割窗体"工具创建分割窗体。

使用分割窗体工具创建窗体的操作步骤如下。

(1) 单击导航窗格中的 tb1codeyg 表。

(2) 单击"创建"选项卡"窗体"组中的"其他窗体"下拉按钮,选择"分割窗体"。Access 就创建该窗体,并以布局视图显示该窗体,如图 4.18 所示。

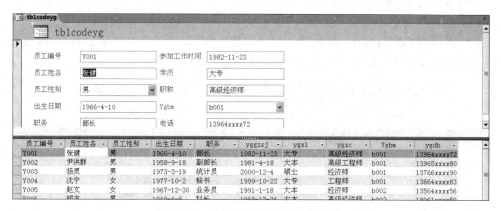

图 4.18 分割窗体工具创建的窗体

(3) 单击快速工具栏中的"保存"按钮,弹出"窗体另存为"对话框,把窗体命名tb1codeyg。

注意:分割窗体不能在 Web 浏览器中运行。

知识 3 多个项目工具创建

在创建窗体时,如果设计者需要一个可显示多个记录,且自定义性比数据表窗体要好的窗体,可以使用"多个项目"工具创建窗体。

例 4-3 以 main 数据库中的 BxmxInfo_ Browse 查询为数据源，使用“多个项目”工具创建窗体。

使用“多个项目”工具创建窗体的操作步骤如下。

(1) 在导航窗格中，单击 BxmxInfo_Browse 查询。

(2) 单击“创建”选项卡“窗体”组中的“其他窗体”下拉按钮，选择“多个项目”。Access 就创建该窗体，并以布局视图显示该窗体，如图 4.19 所示。

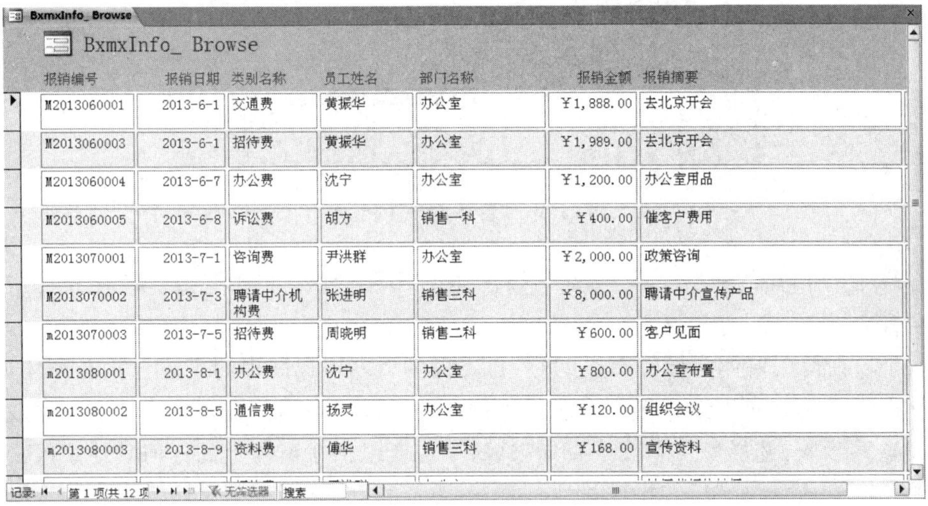

报销编号	报销日期	类别名称	员工姓名	部门名称	报销金额	报销摘要
M2013060001	2013-6-1	交通费	黄振华	办公室	￥1,888.00	去北京开会
M2013060003	2013-6-1	招待费	黄振华	办公室	￥1,989.00	去北京开会
M2013060004	2013-6-7	办公费	沈宁	办公室	￥1,200.00	办公室用品
M2013060005	2013-6-8	诉讼费	胡方	销售一科	￥400.00	催客户费用
M2013070001	2013-7-1	咨询费	尹洪群	办公室	￥2,000.00	政策咨询
M2013070002	2013-7-3	聘请中介机构费	张进明	销售三科	￥8,000.00	聘请中介宣传产品
m2013070003	2013-7-5	招待费	周晓明	销售二科	￥600.00	客户见面
m2013080001	2013-8-1	办公费	沈宁	办公室	￥800.00	办公室布置
m2013080002	2013-8-5	通信费	扬灵	办公室	￥120.00	组织会议
m2013080003	2013-8-9	资料费	傅华	销售三科	￥168.00	宣传资料

图 4.19 多个项目工具创建创建的窗体

(3) 单击快速工具栏中的“保存”按钮，保存该窗体为 tb1Bxmx1。

注意：使用“多个项目”工具时，Access 创建的窗体类似于数据表窗体，数据排列成行和列的形式，用户一次可以查看多个记录。但多个项目窗体提供了比数据表窗体更多的自定义选项，例如添加图形元素、按钮和其他控件的功能。

知识 4 窗体向导创建

前面三种创建窗体的方法都是由系统自动完成的，用户无法选择窗体上放置的数据源字段。如果在创建窗体过程中，设计者要有选择性地让字段显示在窗体上，设计者可以使用“窗体向导”来替代前面提到的三种窗体构建工具。窗体向导可以指定数据的组合和排序方式，也可以根据表与查询之间的关系，使用来自多个表或查询的字段。

例 4-4 以 main 数据库中的表为数据源，使用“窗体向导”创建 tb1Bxmx2 窗体，该窗体显示的数据与例 4-3 不同的是“类别编号”改为“类别名称”、“员工编号”改为“员工姓名”、“部门编号”改为“部门名称”。

窗体向导创建窗体操作步骤如下。

(1) 单击“创建”选项卡“窗体”组中的“窗体向导”，打开如图 4.20 所示的对话框。

(2) 按照图 4.20 所示，分别选择不同表的字段。“窗体向导”的各个页面上显示的说明执行操作。

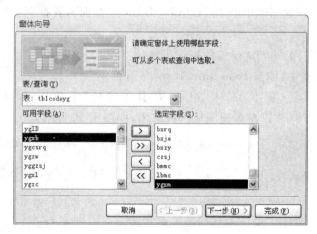

图 4.20　"窗体向导"对话框

（3）在该向导的最后一页上，命名该窗体为 tb1Bxmx2，单击"完成"按钮就完成了窗体的创建。

说明：在使用窗体向导创建查询时，若要将多个表和查询中的字段包括在窗体上，则在窗体向导的第一页上选择第一个表或查询中的字段后，不要单击"下一步"或"完成"，而是重复这些步骤，选择另一个表或查询，然后单击要包括在窗体上的任何其他字段。然后单击"下一步"或"完成"后续操作。

知识 5　空白窗体工具创建

如果使用窗体向导或窗体构建工具不符合窗体创建的需要，用户可以使用空白窗体工具构建窗体。这种方法也是一种非常快捷的窗体构建方式，尤其是只在窗体上放置少量字段时非常方便。

使用空白窗体工具创建窗体的操作步骤如下。

（1）单击"创建"选项卡"窗体"组中的"空白窗体"。此时，Access 将在布局视图中打开一个空白窗体，并显示"字段列表"窗格，如图 4.21 所示。

（2）在右侧的"字段列表"窗格中，单击要在窗体上显示的字段所在的一个或多个表旁边的加号（＋）。

（3）在字段列表中双击要添加的字段，或将要添加的字段拖动到窗体上。

说明：空白窗体工具的数据源只能是表。在向空白窗体添加第一个字段后，可以一次添加多个字段，方式是按住 Ctrl 键的同时单击所需的多个字段，然后将它们同时拖动到窗体上。"字段列表"窗格中表的顺序可以更改，具体取决于当前选择窗体的哪一部分。如果想要添加的字段不可见，则尝试选择窗体的其他部分，然后再次尝试添加字段。

（4）使用"设计"选项卡"页眉/页脚"组中的工具可向窗体添加徽标、标题或日期和时间。

（5）使用"设计"选项卡"控件"组中的工具可向窗体添加更多类型的控件。

图 4.21　空白窗体设计窗口

注意：在设计视图中添加的控件可能与"发布到 Web"功能不兼容。如果打算将窗体发布到网站，则只能使用布局视图中可用的功能。

知识 6　导航窗体工具创建

在 Microsoft Access 2010 中使用导航窗体创建采用常规设计样式的面向 Web 和客户端的界面。在 Web 应用程序中，通常会看到横跨在页面顶部的主菜单项，以及位于主菜单下方或者页面左侧或右侧的子项。Access 2010 旨在让用户能够轻松创建面向 Web 的数据库应用程序，而新的导航窗体功能是为了 Web 创建标准用户界面而引入的。当然，这些界面在客户端应用程序中也是很有用的。

例 4-5　为 Northwind 2007 数据库中建立如图 4.22 所示的导航窗体。

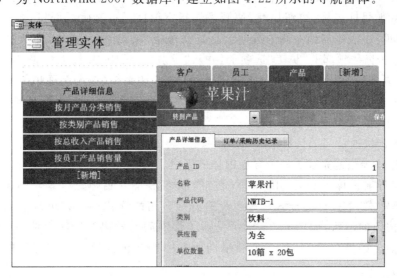

图 4.22　导航窗体样式

创建该导航窗体的过程如下。

(1) 在 Access 2010 中，打开 Northwind 2007 数据库。

(2) 在"创建"选项卡中，选择"导航"选项，此时将显示如图 4.23 所示的 6 种不同的布局，在创建导航窗体时可从这些布局中进行选择，在此选择"水平标签和垂直标签，左侧"。

(3) 在窗体设计区域单击标题"导航窗体"，将其更改为"管理实体"。完成此操作后，该窗体如图 4.24 所示。

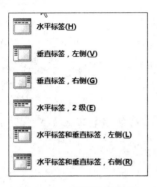

图 4.23　导航窗体布局

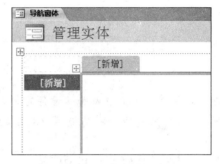

图 4.24　导航窗体

(4) 创建顶层选项卡。如图 4.22 所示的窗体应显示要用于客户、员工和产品的顶层选项。单击图 4.24 中导航窗体顶部的"新增"按钮，然后将文本更改为"客户"。此时系统将添加一个新选项卡。重复此过程创建"员工"和"产品"选项卡，最终效果如图 4.22 所示。

(5) 创建第二层选项卡。单击"客户"顶层选项卡。从导航窗格中将"客户列表"窗体拖动到窗体左侧的"新增"选项卡上。此时，将在导航按钮和现有窗体之间创建一个新链接，设置"导航目标名称"按钮属性，使其引用指定窗体。重复此过程将"客户电话簿"和"客户通讯簿"报表添加到左侧的选项卡上。

(6) 单击窗体顶部的"员工"选项卡，并从"导航窗格"中将"员工列表"窗体拖动到窗体左侧的"新增"选项卡上。对"员工通讯簿"和"员工电话簿"报表重复此步骤。

(7) 单击顶部的"产品"选项卡，然后将"产品详细信息"窗体拖动到左侧的选项卡上。对与产品相关的 4 个报表重复此步骤。

(8) 单击快速访问工具栏上的"保存"按钮，将窗体保存为"实体"。

通过这些步骤这完成了一个导航窗体的创建。

说明：导航窗体建好后，用户可以利用"布局"视图对窗体进行编辑与美化。例如，利用"快速样式"下拉框的样式来配置所有选定按钮的样式；利用"更改形状"下拉框样式来修改按钮的形状，如图 4.25 所示是窗体修饰后的效果。导航窗体是 Access 2010 的新增功能。如果在 Access 2007 和早期版本中打开包含导航窗体容器的窗体，将会操作失败。

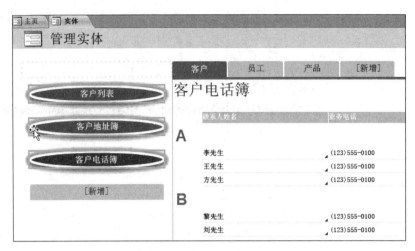

图 4.25　美化后的导航窗体

单元 4　窗体设计视图

　　Access 2010 提供窗体设计视图,使用窗体设计视图,专业人员可以设计出功能更强大、界面更友好的窗体。窗体设计视图也称为窗体设计器,在窗体视图中,用户可以利用"控件"组在窗体中添加各种控件、设置控件的属性、为窗体和控件定义各种事件与过程、修改窗体的外观。窗体设计的核心工作是各种控件对象的设计。

知识 1　设计视图的组成

　　窗体设计视图主要由窗体设计区域、窗体设计工具选项卡以及弹出式菜单组成。窗体设计工具选项卡包括"设计"、"格式"与"排列"三个子选项卡,如图 4.26 所示。

　　1. 窗体设计工具选项卡

　　"窗体设计工具"选项卡包括"设计"、"排列"与"格式"三个子选项卡,其中"设计"选项卡用于设计窗体,即向窗体添加各种控件对象,设置窗体主题、页眉/页脚以及切换窗体视图等。"排列"选项卡主要用于窗体的布局。"格式"选项卡主要用于设置窗体或其他控件的文本格式。

　　2. 窗体设计区域

　　窗体设计区域是图中带有网格线的区域,一个完整的窗体区域包括窗体页眉、页面页眉、窗体主体、页面页脚与窗体页脚 5 个节。用户可以在各个区域完成相应的设计。

　　3. 窗体弹出式菜单

　　用户在窗体设计窗口中不同的地方右击会弹出不同的弹出式菜单,在已放置好的控件上右击会弹出与控件相关联的弹出式菜单,图 4.26 中窗体区域的菜单就是一个与窗体相关联的弹出式菜单。

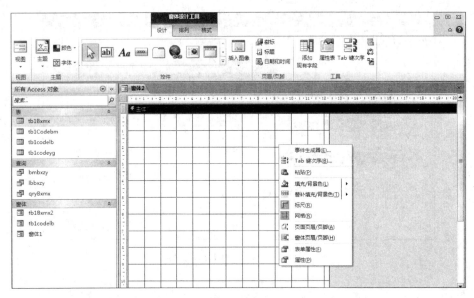

图 4.26　窗体设计视图

在设计窗体时,用户在窗体区域通过使用"窗体设计工具"选项卡中的"设计"、"排列"与"格式"三个子选项卡中各组的命令按钮来完成窗体的设计。

知识 2　窗体设计

本节主要介绍在窗体设计视图中如何手动来完成窗体的创建。当然,在设计控件时,用户可以使用控件向导。向导能帮助初学者快速认识控件与掌握控件的使用。启用控件设计向导的方法是单击"窗体设计工具"选项卡"控件"组下拉列表中的"控件向导"按钮,单击控件按钮设计控件时会自动开启控制设计向导。

注意:此处介绍有关窗体控件设计时,仅介绍窗体与控件属性的设置,且不绑定数据源,对事件的设置将在后面 VBA 编程的内容中做介绍。

1. 系统登录窗体的设计

其实,在 Access 2010 中,数据库本身就是一个应用,任何一个应用都需要登录,登录过程就是对用户身份的验证。通常情况下身份验证主要通过用户名与密码来验证,因此,登录界面要求用户输入"用户名"与"密码",输入后系统就会对输入用户名与密码进行验证,验证通常通过 VBA 代码来实现。

例 4-6　为 main 数据库创建如图 4.27 所示的登录窗体。窗体与控件对象属性的取值如表 4-11 所示。

创建要窗体的过程如下。

(1) 打开 main 数据库,单击"创建"选项卡中的"窗体设计"按钮,打开如图 4.2 所示的窗体设计视图。

(2) 在窗体设计区域右击,弹出快捷菜单,执行"属性"命令打开"属性设置"对话框,按表 4-11 完成窗体的属性设置。

图 4.27　系统登录窗体

（3）在窗体的主体区域添加两个文本框控件与三个命令按钮控件，按图 4.27 所示调整控件的位置、对齐方式、字体、字号与字体颜色等。然后，按照表 4-11 完成控件的属性设置。

表 4-11　窗体及控件属性值设置

对　　象	属　　性	值	说　　明
窗体	标题	登录系统	
窗体	名称	SysFrmLogin	
窗体	默认视图	单一窗体	
窗体	滚动条	两者均无	
窗体	自动居中	是	
窗体	记录筛选器	否	
窗体	边框样式	对话框边框	
窗体	导航条	否	
窗体	弹出式	是	
标签 1	名称	txtUseName_Label	
标签 1	标题	用户名：	
标签 2	名称	txtPassword_Label	
标签 2	标题	密　码：	
文本框 1	名称	txtUseName	
文本框 2	名称	txtPassword	
文本框 2	输入掩码	密码	
命令按钮 1	名称	btnOK	
命令按钮 1	标题	确定	

对象	属性	值	说明
命令按钮2	名称	btnCancel	单击事件时核对密码,密码正确打开系统功能窗体,错误重输,允许三次输入
命令按钮2	标题	取消	单击事件关闭本窗体
命令按钮3	标题	注册	
命令按钮3	名称	btnregister	

（4）单击快速访问工具栏中的"保存"按钮,把窗体保存为 SysFrmLogin。

（5）在导航空格中双击窗体运行它,观看效果。如果设计没有达到要求再进行反复编辑,确保效果最佳。

2. 系统功能窗体设计

功能窗体一般用于显示系统的功能。功能复杂的窗体可以通过菜单实现,简单的功能窗体可以通过命令按钮来实现,这种窗体就是命令选择型窗体。

例 4-7 为 main 数据库创建如图 4.28 所示的功能窗体。窗体与控件对象属性的取值如表 4-12 所示。

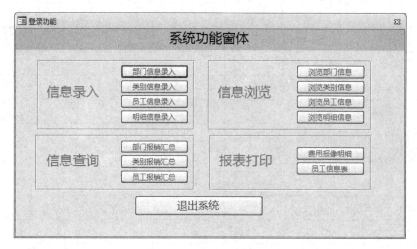

图 4.28 系统功能窗体

创建窗体的过程如下。

（1）打开 main 数据库,单击"创建"选项卡中的"窗体设计"按钮,打开窗体设计视图。

（2）在窗体设计区域右击,弹出快捷菜单,执行"属性"命令打开"属性设置"对话框,按表 4-11 完成窗体的属性设置。

（3）在窗体的主体区域添加 4 个标签、15 个命令按钮与 4 个矩形控件,按图 4.28 所示调整控件的位置、对齐方式、字体、字号与字体颜色等。然后,按照表 4-12 完成控件的属性设置。

（4）单击快速访问工具栏中的"保存"按钮,把窗体保存为 SysFrmFunction。

（5）在导航空格中双击窗体运行它,观看效果。如果设计没有达到要求再进行反复编辑,确保效果最佳。

表 4-12　窗体及控件属性值设置

对　象	属　性	值	说　明
窗体	标题	系统功能	
窗体	名称	SysFrmFunction	默认视图、滚动条、自动居中、记录筛选器、导航条属性如表 4-11 所示
标签 1	名称	Input_Label	
标签 1	标题	数据输入	标签 2、标签 3 与标签 4 的标题
标签 2	名称	Inquire_Label	
标签 3	名称	Browse_Label	
标签 4	名称	Report_Label	
命令按钮 1	名称	btnBmInput	命令按钮从左上至右下依次为 1、2、…
命令按钮 2	名称	btnLbInput	命令按钮都要设计单击事件来完成其功能
命令按钮 3	名称	btnYgInput	用于员工信息录入
命令按钮 4	名称	btnMxInput	用于明细信息录入
命令按钮 5	名称	btnBmzeinquiry	用于部门报销汇总查询
命令按钮 6	名称	btnLbzeinquiry	用于类别报销汇总查询
命令按钮 7	名称	btnYgzeinquiry	用于员工报销汇总查询
命令按钮 8	名称	btnBmbrowse	用于部门信息浏览
命令按钮 9	名称	btnLbbrowse	用于类别信息浏览
命令按钮 10	名称	btnYgbrowse	用于员工信息浏览
命令按钮 11	名称	btnMxBrowse	用于明细信息浏览
命令按钮 12	名称	btnBxMx_Report	用于费用报销明细表打印
命令按钮 13	名称	btnygMx_Report	用于员工信息表打印
命令按钮 14	名称	btn_Function_Esc	退出系统

3. 数据录入窗体的设计

本书的模块 2 介绍了表数据的录入方法,但直接向表中输入数据由于缺少输入的辅助手段,也缺少一些相应的约束措施,很容易出错,因此,在数据库中向表中输入数据是通过设计数据办理窗体来实现的。数据录入窗体是数据库中表记录的录入界面。数据录入窗体分为数据源绑定窗体与非数据源绑定窗体,数据源绑定窗体中的控件绑定表或查询的数据源,当用户从窗体输入数据时,数据直接输入到绑定的表中。非绑定数据源窗体的控件没有绑定数据源,输入窗体上的数据要通过宏或 VBA 编程向数据表更新数据。在数据库设计过程中,除了表的测试数据采用模块 2 记录输入与编辑的方法外,所有表的数据基本都通过数据录入窗体来输入,因此,Access 任何数据库都必须设计数据录入窗体。

例 4-8 为 main 数据库创建如图 4.29 所示的非绑定数据源数据录入窗体,利用该窗体为 tblcodeyg 表输入数据。窗体的主要控件有标签、文本框、组合框、命令按钮与矩形。该窗体的数据如何输入到表中,将在后续数据库编程内容中讲解。

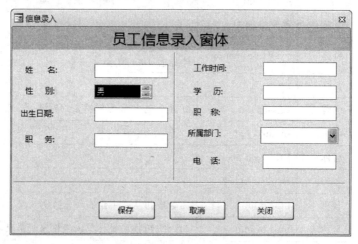

图 4.29　信息录入窗体

说明:员工编号信息由系统根据已有的记录自动生成,因此,在该窗体中没有员工编号信息输入文本框。

创建窗体的过程如下。

(1) 打开 main 数据库,单击"创建"选项卡中的"窗体设计"按钮,打开窗体设计视图。

(2) 在窗体设计区域右击,弹出快捷菜单,执行"属性"命令打开"属性设置"对话框,按表 4-13 完成窗体的属性设置。

(3) 在窗体的主体区域添加 7 个文本框、一个列表框、一个组合框、一个矩形框与三个命令按钮。按图 4.29 所示调整控件的位置、对齐方式、字体、字号与字体颜色等。然后,按照表 4-13 完成控件的属性设置。

(4) 单击快速访问工具栏中的"保存"按钮,把窗体保存为 SysFrmYgInput。

(5) 在导航空格中双击窗体运行它,观看效果。如果设计没有达到要求再进行反复编辑,确保效果最佳。

表 4-13　窗体及主要控件主要属性值设置

对　象	属　性	值	说　明
窗体	标题	信息录入	
窗体	名称	SysFrmYgInput	默认视图、滚动条、自动居中、记录筛选器、导航条属性如表 4-11 所示
文本框 1	名称	ygxm_Text	
文本框 2	名称	ygcsrq_Text	
文本框 3	名称	ygzw_Text	

对　　象	属　性	值	说　　明
文本框 4	名称	yggzsj_Text	
文本框 5	名称	ygxlj_Text	
文本框 6	名称	ygzc_Text	
文本框 7	名称	ygdh_Text	
列表框 1	名称	ygxb_ListBox	
列表框 1	行来源	列表值	列表值为："男";"女"
组合框 1	名称	Ygbm_Combox	
组合框 1	行来源	SQL 语句	SELECTtb1Codebm. bmID, tb1Codebm. bmmc FROM tb1Codebm;
命令按钮 1	名称	Btn_saveygInfo	命令按钮从左上至右下依次为 1、2、…
命令按钮 2	名称	btnygInfo_cancel	
命令按钮 3	名称	btnClose	

例 4-9　为 main 数据库的 tb1Bxmx 表创建如图 4.30 所示的数据录入窗体。

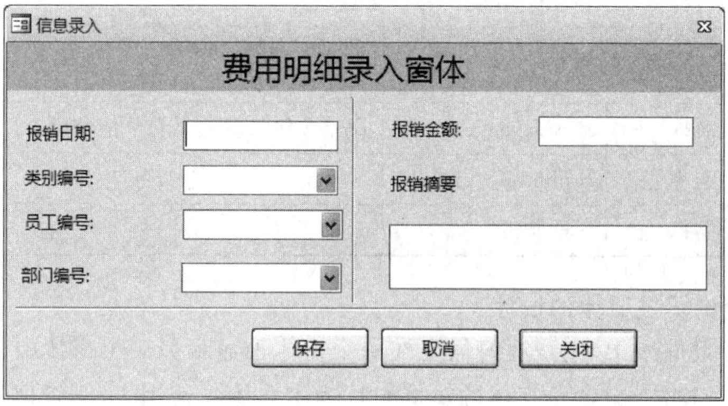

图 4.30　费用录入明细窗体

说明：明细编号信息由系统根据已有的记录自动生成,因此,在该窗体中没有明细编号信息输入文本框。

创建窗体的过程如下。

（1）打开 main 数据库,单击"创建"选项卡中的"窗体设计"按钮,打开"窗体设计"视图。

（2）在窗体设计区域右击,弹出快捷菜单,执行"属性"命令打开"属性设置"对话框,按表 4-14 完成窗体的属性设置。

（3）在窗体的主体区域添加三个文本框、三个组合框与三个命令按钮。按图 4.30 所示调整控件的位置、对齐方式、字体、字号与字体颜色等。然后,按照表 4-14 完成控件的属性设置。

（4）单击快速访问工具栏中的"保存"按钮,把窗体保存为 SysFrmBxmxInput。

（5）在导航空格中双击窗体运行它，观看效果。如果设计没有达到要求再进行反复编辑，确保效果最佳。

表 4-14　窗体及主要控件主要属性值设置

对　象	属　性	值	说　明
窗体	标题	信息录入	
窗体	名称	SysFrmBxmxInput	默认视图、滚动条、自动居中、记录筛选器、导航条属性如表 4-11 所示
文本框 1	名称	mxrq_Text	
文本框 2	名称	Bxje_Text	
文本框 3	名称	mxzy_Text	
组合框 1	名称	Combo_ Lb	
组合框 1	行来源	SQL 语句	SELECT tb1codelb. lbID, tb1codelb. lbmc FROM tb1codelb;
组合框 2	名称	Combo_YgId	
组合框 2	行来源	SQL 语句	SELECT tb1codeyg. ygID, tb1codeyg. ygxm FROM tb1codeyg;
组合框 3	名称	Combo_bm	
组合框 3	行来源	SQL 语句	SELECTtb1Codebm. bmID, tb1Codebm. bmmc FROM tb1Codebm;
命令按钮 1	名称	Btn_savemxInfo	命令按钮从左上至右下依次为 1、2、…
命令按钮 2	名称	btnbmInfo_cancel	
命令按钮 3	名称	btnClose	

4. 数据查询子主窗体的设计

在 Access 数据库中，用户有时需要在一个窗体中显示另一个窗体中的数据。窗体中的窗体被称为子窗体，包含子窗体的窗体被称为主窗体。使用主/子窗体的作用是以主窗体的某个字段为依据，在子窗体中显示与此字段相关的记录，而在主窗体中切换记录时，子窗体的内容也会随着切换。因此，当要显示具有一对多关系的表或查询时，主/子窗体特别有效。设计主/子窗体的方法有两种。方法一是同时创建主窗体和子窗体，方法二是先建立子窗体，再建立主窗体，并将子窗体插入到主窗体中。第二种方法的设计思路是子窗体已经建立，设计一个主窗体后把子窗体插入到另一个窗体中。实现方法是使用"控件"组中的"子窗体/子报表"控件按钮完成。自己动手完成例 4-10 的设计。

例 4-10　为 main 数据库创建如图 4.31 所示的"数据查询"窗体。主窗体的主要控件有选项组、文本框、命令按钮与矩形。

5. 多页窗体的设计

例 4-11　为 main 数据库创建如图 4.32 所示的多页窗体。窗体的主要控件有标签、文本框、组合框、命令按钮与矩形。

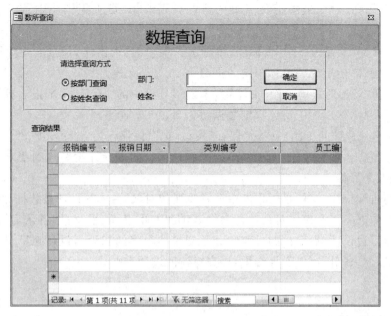

图 4.31　信息查询子/主窗体

该窗体的设计方法是在每个页中设计子窗体来实现的。

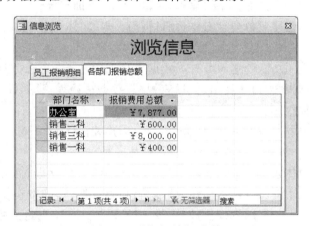

图 4.32　"信息浏览"窗体

该窗体的设计过程如下。

（1）打开 main 数据库，单击"创建"选项卡中的"窗体设计"按钮，打开"窗体设计"视图。

（2）在窗体设计区域右击，弹出快捷菜单，执行"属性"命令打开"属性设置"对话框，参照表 4-11 完成窗体的属性设置。

（3）单击"控件"组中的"选项卡"控件 ，在窗体主体节中拖动鼠标，设计如图 4.32 所示的选项卡控件，该控件默认为两个页面。

注意：如果选项卡控件的页数需要增加，则在选项卡控件上右击，弹出快捷菜单，执行"插入页"命令即可。

（4）在"属性"对话框中把每一页的标题分别改为"员工报销明细"与"各部门报销总额"。

（5）选择"员工报销明细"页标题，单击工具箱中的"子窗体\子报表控件"，在页中添加一个子窗体，然后为子窗体绑定数据源为 tb1Bxmx 表。

（6）选择"各部门报销总额"页标题，单击工具箱中的"子窗体\子报表控件"，在页中添加一个子窗体，然后为子窗体绑定数据源为 Bmbxzy 查询。

（7）单击快速访问工具栏中的"保存"按钮，把窗体保存为 SysFrmPage。

（8）在导航空格中双击窗体运行它，观看效果。如果设计没有达到要求再进行反复编辑，确保效果最佳。

同表与查询一样，窗体是数据库中非常重要的对象，窗体的设计是数据库应用系统设计的重要工作之一。本模块对窗体的介绍与讲解并不全面、系统，编者认为，窗体设计需要读者边学习边设计，在设计的过程中会学到窗体很多的知识与设计技巧，因此，建议大家多动手，以此来巩固窗体设计知识，提高窗体的设计水平。

知识小结

- 窗体可以用于数据库数据的输入、编辑、显示、查询与统计。
- 一个完整的窗体对象包含窗体页眉、页面页眉、窗体主体、页面页脚与窗体页脚 5 个部分。
- 窗体按其应用功能的不同可分为数据交互式窗体与命令选择型窗体。
- 窗体有设计视图、窗体视图、数据表视图、数据透视表视图、数据透视图视图与布局视图 6 种视图。
- Access 窗体按照其显示特征的不同可分为连续窗体、单个窗体、数据表窗体、数据透视表窗体、数据透视图窗体与分割窗体 6 种。
- 控件是在窗体或报表上用于显示数据、执行操作或作为装饰的对象。
- 控件包括文本框、标签、选项组、选项按钮、复选框、切换按钮、列表框、组合框、命令按钮、选项卡控件、图像控件、线条、矩形和 ActiveX 自定义控件等。
- 创建窗体方法有两种方式，一种是在窗体的"设计"视图中手动创建，另一种是使用 Access 提供的工具快速创建。

任务 1　习题

一、选择题

（1）下列不属于 Access 窗体的视图是＿＿＿＿＿＿。

    A. 设计视图　　　　B. 窗体视图　　　　C. 版面视图　　　　D. 数据表视图

（2）下列不属于窗体的常用格式属性的是＿＿＿＿＿＿。

A. 标题　　　　　B. 滚动条　　　　　C. 分隔线　　　　　D. 记录源

（3）如果要从列表中选择所需的值，而不想浏览数据表或窗体中的所有记录，或者要一次指定多个条件，即筛选条件，可使用_____方法。

A. 按选定内容筛选　　　　　　　　B. 内容排除筛选

C. 按窗体筛选　　　　　　　　　　D. 高级筛选/排序

（4）在显示具有_____关系的表或查询中的数据时，子窗体特别有效。

A. 一对一　　　　B. 一对多　　　　C. 多对多　　　　D. 复杂

（5）在窗体视图，_____用于窗体对象的布局。

A. 设计视图　　　B. 数据表视图　　　C. 布局视图　　　D. 连续窗体

（6）下列不属于窗体类型的是_____。

A. 纵栏式窗体　　B. 表格式窗体　　C. 开放式窗体　　D. 数据表窗体

（7）为窗体上的控件设置 Tab 键的顺序，应选择属性表中的_____。

A. 格式选项卡　　　　　　　　　　B. 数据选项卡

C. 事件选项卡　　　　　　　　　　D. 其他选项卡

（8）确定一个控件在窗体或报表中的位置的属性是_____。

A. Width 或 Height　　　　　　　　B. Width 和 Height

C. Top 或 Left　　　　　　　　　　D. Top 和 Left

（9）如图 4.33 所示，窗体的名称为 fmTest，窗体中有一个标签和一个命令按钮，名称分别为 Label1 和 bChange。

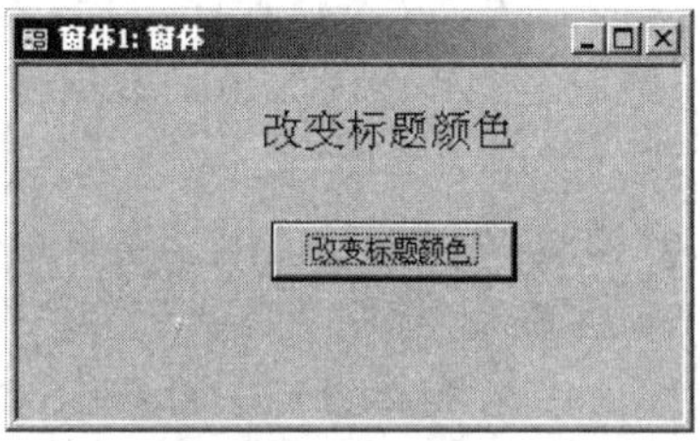

在窗体视图中显示窗体时，窗体中没有记录选定器，应将窗体的"记录选定器"属性值设置为_____。

A. 是　　　　　　B. 否

C. 有　　　　　　D. 无

图 4.33　窗体

（10）假设已在 Access 中建立了包含"书名"、"单价"和"数量"三个字段的 tOfg 表，以该表为数据源创建的窗体中，有一个计算订购总金额的文本框，其控件来源为_____。

A. ［单价］＊［数量］

B. ＝［单价］＊［数量］

C. ［图书订单表］!［单价］＊［图书订单表］!［数量］

D. ＝［图书订单表］!［单价］＊［图书订单表］!［数量］

（11）"特殊效果"属性值用于设定控件的显示效果，下列不属于"特殊效果"属性值的是_____。

A. 平面　　　　　B. 凸起　　　　　C. 蚀刻　　　　　D. 透明

（12）Access 窗体中的文本框控件分为_____。

A. 计算型和非计算型　　　　　　　B. 结合型和非结合型

C. 控制型和非控制型　　　　　　　D. 记录型和非记录型

(13) 可以作为窗体记录源的是_____。

    A. 表   B. 查询

    C. SELECT 语句   D. 表、查询或 SELECT 语句

(14) 既可以直接输入文字，又可以从列表中选择输入项的控件是_____。

    A. 选项框   B. 文本框   C. 组合框   D. 列表框

(15) 窗口事件是指操作窗口时所引发的事件。下列事件中，不属于窗口事件的是_____。

    A. 打开   B. 关闭   C. 加载   D. 取消

(16) Access 数据库中，若要求在窗体上设置输入的数据是取自某一个表或查询中记录的数据，或者取自某固定内容的数据，可以使用的控件是_____。

    A. 选项组控件   B. 列表框或组合框控件

    C. 文本框控件   D. 复选框、切换按钮、选项按钮控件

(17) 在 Access 中已建立了"雇员"表，其中有可以存放照片的字段。在使用向导为该表创建窗体时，"照片"字段所使用的默认控件是_____。

    A. 图像框   B. 绑定对象框

    C. 非绑定对象框   D. 列表框

(18) 在窗体中，用来输入或编辑字段数据的交互控件是_____。

    A. 文本框控件   B. 标签控件   C. 复选框控件   D. 列表框控件

(19) 能够接受数值型数据输入的窗体控件是_____。

    A. 图形   B. 文本框   C. 标签   D. 命令按钮

(20) 要改变窗体上文本框控件的输出内容，应设置的属性是_____。

    A. 标题   B. 查询条件   C. 控件来源   D. 记录源

(21) 在窗体设计工具箱中，代表组合框的图标是_____。

    A. ◉   B. ☑   C. ▭   D. ▤

(22) 下列关于列表框和组合框的叙述中正确的是_____。

    A. 列表框和组合框可以包含一列或几列数据

    B. 可以在列表框中输入新值，而组合框不能

    C. 可以在组合框中输入新值，而列表框不能

    D. 在列表框和组合框中均可以输入新值

(23) 要在文本框中显示当前日期和时间，应当设置文本框的控件来源属性为_____。

    A. =Date()   B. =Time()   C. =Now()   D. =Year()

(24) 下列有关选项组叙述正确的是_____。

    A. 如果选项组结合到某个字段，实际上是组框架内的复选框、选项按钮或切换按钮结合到该字段上的。

    B. 选项组中的复选框可选可不选

    C. 使用选项组，只要单击选项组中所需的值，就可以为字段选定数据值

    D. 以上说法都不对

(25) 若要求在文本框中输入文本时达到密码"＊"号的显示效果,则应设置的属性是_____。

    A. 默认值属性　　　　　　　　　B. 标题属性

    C. 密码属性　　　　　　　　　　D. 输入掩码属性

二、填空题

(1) 在表格式窗体、纵栏式窗体和数据表窗体中,将窗体最大化后显示记录最多的窗体是_____。

(2) 窗体由多个部分组成,每个部分称为一个_____。

(3) 窗体中的数据来源主要包括表和_____、_____。

(4) 纵栏式窗体将窗体中的一个显示记录按列分隔,每列的左边显示_____,右边显示字段内容。

(5) 组合框和列表框的主要区别是:是否可以在框中_____。

任务 2　实验

一、实验目的

(1) 掌握 Access 2010 数据库窗体的创建与设计方法。

(2) 建立小型销售企业费用报销管理数据库所要求的窗体。

二、实验要求

完成小型销售企业费用报销管理数据库的各种窗体建立。

三、实验学时

6 课时

四、实验内容与提示

(1) 为 module4 文件夹中 resource 下的 main 数据库完成如下窗体的设计。

① 为小型销售企业费用报销管理数据库设计如图 4.27 所示的登录窗体与如图 4.28 所示的功能窗体。

② 参考图 4.29,为 main 数据库的 tb1codelb 表与 tb1codebm 表创建数据录入窗体,窗体名称分别为 SysFrmLbInput 与 SysFrmBmInput,分别如图 4.34 与图 4.35 所示。

③ 参考图 4.30,为 main 数据库的 tb1Bxmx 表创建数据录入窗体。

④ 为 BmInfo_Browse、LbInfo_Browse、YgInfo_Browse 与 BxmxInfo_ Browse 查询分别创建数据览窗体 BmInfo_Browse_Frm、LbInfo_Browse_Frm、YgInfo_Browse_Frm 与 BxmxInfo_ Browse_Frm。

注意:浏览窗体不能进行数据输入、编辑与更新等操作。

⑤ 参考图 4.32 为 main 数据库创建多页窗体,第页分别用于显示查询 Bxmxlbzy_ Inquire、Bxmxygzy_Inquire 与 Bxmxbmzy_Inquire 的结果数据,窗体名为 BxZe_Frm。

(2) 已知 module4 文件夹中 resource 下的 sample3 数据库已设计窗体对象 fEmp 为该窗体完成如下设计。

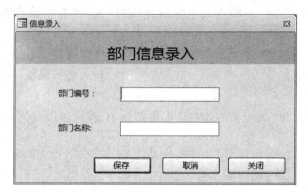

图 4.34　SysFrmLbInput 窗体

图 4.35　SysFrmBmInput 窗体

① 在 fEmp 窗体页眉区添加一个标签,标签名为 bTitle,显示文本为"雇员基本情况查询",字号为 26。

② 将 fEmp 窗体中命令按钮(名称为 CmdRefer)上的文字颜色改为褐色(褐色代码为♯7A4E2B)、字体粗细改为"加粗"、文字下方显示"下划线"。

③ 将 fEmp 窗体中窗体页眉区控件的 Tab 键移动次序设置为 TxtDetail → CmdRefer。

④ 把照片文件放入窗体的照片框中,且把窗体的弹出模式设置为"是",然后运行窗体,观察窗体的变化。

模块 5　报　表

报表是 Access 提供的又一种数据库对象。在 Access 中，使用报表可以显示和汇总数据。报表提供了一种分发或存档数据快照的方法，将数据库中的数据以格式化的形式显示或打印输出，当然，也可以将它转换为 PDF 或 XPS 文件或导出为其他文件格式。报表的数据源可以是已有的数据表、查询或 SQL 语句，但报表与窗体不同，报表只能查看与打印数据而不能编辑数据。本模块将学习报表有关的内容。

主要学习内容
(1) 报表的基本知识；
(2) 报表的创建；
(3) 报表的编辑；
(4) 报表的打印。

单元 1　报表基础知识

在使用 Microsoft Access 2010 报表之前，先来学习报表相关的基本知识。

知识 1　报表相关新功能

在 Access 2010 与 Access 2007 中创建报表的过程非常相似。但是，Access 2010 中提供了如下一些与报表相关的新功能。

(1) 共享图像库。在 Access 2010 中，用户可以对数据库附加图像，然后可以在多个对象中使用该图像。如果更新单个图像，在整个数据库中用该图像的所有位置都会对其进行更新。

(2) Office 主题。在 Access 2010 中，用户可以使用标准 Microsoft Office 主题一次性地对所有 Access 窗体和报表应用由专业人士设计的字体和颜色集。

(3) 更强大的条件格式。Access 2010 包括用于在报表上突出显示数据的更强大的工具。用户使用该工具最多可为每个控件或控件组添加 50 个条件格式规则，在客户端报表中，用户可添加数据栏来比较各记录中的数据。

（4）更灵活的布局。在 Access 2010 中，报表的默认设计方法是使用布局放置控件。布局视图的网格可帮助用户轻松对齐控件并调整它们的大小。在布局视图中移动、对齐控件及调整控件大小的操作非常简单与方便。

知识 2　报表的功能

在 Access 中，报表是一种以打印格式来显示数据的对象，主要用于对数据库数据分组、计算、汇总的打印输出。报表根据指定规则打印输出格式化的数据信息，Access 报表的主要功能如下。

（1）以格式化形式显示与打印数据；

（2）对数据进行分组与汇总；

（3）输出标签、发票、订单和信封等多种样式的报表；

（4）进行计数、求平均值、求和等统计计算，且能打印所有表达式的值；

（5）创建包含子窗体、子报表的报表；

（6）可以输出图表与图形，也可以嵌入图像或图片来丰富数据的显示与打印。

知识 3　报表的视图

Access 2010 为报表操作提供了报表视图、打印预览视图、布局视图与设计视图 4 种视图。报表视图用于查看报表字体与字号等常规布局等版面设置，是报表设计好后打印的视图；打印预览视图用于查看报表和每一个页面数据输出形态的效果视图；布局视图用于查看报表页面与页面元素的布局，是修改报表最直观的视图；设计视图用于创建和编辑报表的结构。4 种视图之间的切换通过单击"设计"选项卡"视图"组中的"视图"下拉按钮来实现，如图 5.1 所示。

图 5.1　报表视图

知识 4　报表的组成

报表由报表页眉、页面页眉、主体、页面页脚、报表页脚、组标题与组注脚 7 部分组成，每个部分被称为"节"，如图 5.2 所示。

1. 报表页眉与报表页脚

报表页眉是整个报表的页眉，用于显示报表的标题、说明性文字、企业或公司 Logo、制作时间或制作单位等信息。每个报表只能有一个报表页眉，在显示或打印报表时，报表页眉打印在报表的首页上。报表页脚打印整个报表的末端，通常用于显示整个报表的计算汇总、日期或说明性文本等。

2. 页面页眉与页面页脚

页面页眉的内容显示或打印在报表每个页面的顶端。如果报表既有报表页眉，又有页面页眉，那么，在报表首页上页面页眉的内容放置在报表页眉的下方。

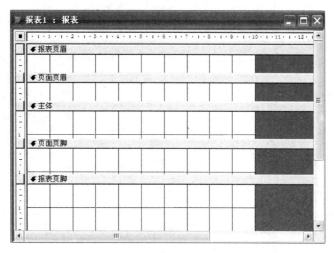

图 5.2　报表设计视图

页面页脚打印在报表每个页的底部,用于说明对应页的汇总。例如,用户在打印报表时,需要每个页面显示页码与总页数,该页码与总页数其实就是页面页脚。如果用户需要报表的每页显示页码与总页数,用户在设计报表时,就可以在页面页脚区域插入一个文本框计算控件,且为文本框控件的 ControlSource 属性绑定计算表达式,表达式为"第 "＆[Page]＆ " 页"＆space(8)＆ "总"＆[Pages]＆ "页",其中 Page 与 Pages 是一个存储报表页与总页数的内部变量。Page 存放当前页的页码,Pages 存放报表的总页数。

3. 主体

对于记录源中的每一行,都会显示一次主体内容。主体节用于放置组成报表的主体控件。

4. 组页眉与组页脚

组页眉与组页脚位于页的主体内,组页眉打印于分组报表每个组的开始端。组页脚位于主体节中每个数据组的末尾。组页脚用于显示组的汇总信息,一个报表上可具有多个组页脚,具体取决于用户添加的分组级别数。

说明:当需要在报表中对数据进行分类汇总统计时,就需要用户设计组页眉与组页脚,它们是分类汇总的依据。在设计视图中,报表页脚显示在页面页脚下方。但是,在所有其他视图(如布局视图、打印或预览报表时)中,报表页脚显示在页面页脚的上方,紧接在最后一个组页脚或最后页上的主体行之后。

由此可见,报表的每一个节都有其特定的作用,而且按照一定的顺序打印在页面及报表上。报表就是利用其组成部分,从数据库中提取信息,有机地展现在用户的面前。用户对报表所进行的编辑与设计就是围绕着这些组成部分进行的。表 5-1 列出了报表中节的具体位置与作用。

表 5-1　报表中节的具体位置和作用

节		报表中位置	作　用
报表页眉		只出现在报表开始的位置	在报表中显示标题、徽标、图片及其他报表的标识物
页面页眉		位于每页的最上方	显示字段标题、页号、日期和时间
报表主体	组页眉	位于每个字段组的开始处	显示标题和总结性的文字
	主体内容	每个有下划线的记录都有对应的详细内容	显示记录的详细内容
	组页脚	位于每个字段的末端,报表主体之后和页面页脚之前	显示计算和汇总信息
页面页脚		位于每页的最下方	可以是日期、页号、报表标题、其他信息
报表页脚		只出现在报表结束位置	一般为总结性文字

知识 5　报表的分类

在 Microsoft Access 中,报表分为纵栏式报表、表格式报表与标签式报表三种基本类型。

1. 纵栏式报表

纵栏式报表又称为窗体式报表,它通常以垂直的方式在每页上显示一个或多个记录。纵栏式报表像数据输入窗体一样可以显示许多数据,但报表仅严格地用于查看数据的,不能进行数据的输入。

2. 表格式报表

表格式报表又称为分组/汇总报表,它是用行和列来显示数据的报表。表格式报表与窗体和数据工作表不同,它通常用一个或多个已知的值将报表的数据分组,在每组中可以计算并显示数字统计的信息。

3. 标签式报表

标签是用来标识目标的分类或内容,便于查找和定位目标的工具。例如商品价格标签、仪器使用标签、录取通知书、成绩通知单与准考证等都属于标签。在 Access 2010 中,可以通过"创建"选项卡"报表"组中的"标签"按钮来创建标签。

知识 6　报表控件

报表中的控件与窗体控件的作用及使用方法相同,控件按是否绑定数据源分为以下两种。

(1) 绑定控件。该控件与表或查询中的字段相连,主要用于显示数据库中的数据,如文本框等。在绑定控件中,有一种控件称为计算控件。计算机控件以表达式为数据源,表达式中可以使用报表数据源中的字段。

(2) 未绑定控件。没有数据源,主要用来显示说明性信息或装饰元素,如分隔线等。

注意:控件的属性设置与使用方法请参考模块 4 的相关内容,在此不再赘述。

单元 2　报表创建方法

在 Access 2010 中,创建报表是通过报表工具来完成的。

知识 1　报表设计工具

报表设计工具被放置在"设计"选项卡的"报表"组中,如图 5.3 所示。由报表工具创建的报表分 Web 兼容的报表与 Access 客户端报表。如果用户是为 Web 数据库创建报表,使用"报表"  与"空报表" 工具可以创建 Web 兼容的报表,这些报表与"发布到 Access Services"功能相兼容,能在浏览器中呈现。注意,Web 兼容的对象的图标上带有地球符号。用户在桌面数据库中使用"报表"、"报表设计"、"空报表"、"报表向导"与"标签"工具创建的报表属于客户端报表。报表工具的作用与使用方法如表 5-2 所示。

图 5.3　报表工具

表 5-2　报表工具的作用与使用方法

按　钮	工　具	说　　　　明	性　质
	报表	创建简单的表格式报表,其中包含用户在导航窗格中选择的记录源中的所有字段	Web 兼容
	空报表	在布局视图中打开一个空报表,并显示出字段列表任务窗格。Access 在用户将字段从字段列表拖到报表中时创建一个记录源查询	Web 兼容
	报表	创建简单的表格式报表,其中包含用户在导航窗格中选择的记录源中的所有字段	客户端
	报表设计	在设计视图中打开一个空报表,用户可在该报表中只添加所需的字段和控件	客户端
	空报表	在布局视图中打开一个空报表,并显示出字段列表任务窗格。当用户将字段从字段列表拖到报表中时,Access 将创建一个嵌入式查询并将其存储在报表的记录源属性中	客户端
	报表向导	显示一个多步骤向导,允许用户指定字段、分组/排序级别和布局选项	客户端
	标签	显示一个向导,允许用户选择标准或自定义的标签大小、显示字段以及字段排序方式	客户端

知识 2　创建报表

报表的创建是通过报表工具来实现的,在此,以示例介绍每种工具的创建方法。

1. 使用"报表"工具创建

例 5-1　使用"报表"工具为 Access1 的 tNorm 表创建报表,tNorm 表如图 5.4 所示。

ID	产品代码	单位	规格	出厂价	最高储备	最低储备	备注
1	101001	只	220V-15W	.8	6000	600	
2	101002	只	220V-45W	1	60000	600	
3	101003	只	220V-60W	1.2	60000	600	
4	101004	只	220V-100W	1.5	40000	400	
5	101005	只	220V-150W	1.8	40000	400	
6	201001	只	220V-4W	6	10000	100	
7	201002	只	220V-8W	8	10000	100	
8	201003	只	220V-16W	12	10000	100	
9	301001	只	220V-8W	6	10000	100	
10	301002	只	220V-20W	7	10000	100	
11	301003	只	220V-30W	8	10000	100	
12	301004	只	220V-40W	10	10000	100	

图 5.4　tNorm 表

使用“报表”工具创建报表的过程如下。

(1) 打开 Access1 数据库，在导航窗格中选择 tNorm 表作为报表数据源。

(2) 单击功能区中“创建”选项卡“报表”组中的“工具”按钮。此时，就会创建如图 5.5 所示的报表，且在布局视图中显示所创建的报表。

tNorm　2014年3月4日 19:27:42

ID	产品代码	单位	规格	出厂价	最高储备	最低储备	备注
1	101001	只	220V-15W	.8	6000	600	
2	101002	只	220V-45W	1	60000	600	
3	101003	只	220V-60W	1.2	60000	600	
4	101004	只	220V-100W	1.5	40000	400	
5	101005	只	220V-150W	1.8	40000	400	
6	201001	只	220V-4W	6	10000	100	
7	201002	只	220V-8W	8	10000	100	
8	201003	只	220V-16W	12	10000	100	
9	301001	只	220V-8W	6	10000	100	
10	301002	只	220V-20W	7	10000	100	
11	301003	只	220V-30W	8	10000	100	
12	301004	只	220V-40W	10	10000	100	

12

共 1 页，第 1 页

图 5.5　报表工具创建的报表

(3) 单击快速访问工具栏上的“保存”按钮，把报表保存为 tNorm，这样就完成了报表的创建。

与窗体布局视图一样，在报表视图中可以选择字段和标签，拖动边缘直到达到设计所需要的大小，可以选择一个字段及其标签，拖到新位置来移动字段，这些编辑工作在布局视图中完成。

2. 使用“空报表”工具创建

使用空报表工具创建报表与空白窗体工具创建窗体的过程非常相似，操作步骤如下。

(1) 单击“创建”选项卡“报表”组中的“空报表”按钮。此时，Access 将在布局视图中打开一个空白报表，并在报表的右边显示“字段列表”窗格，如图 5.6 所示。

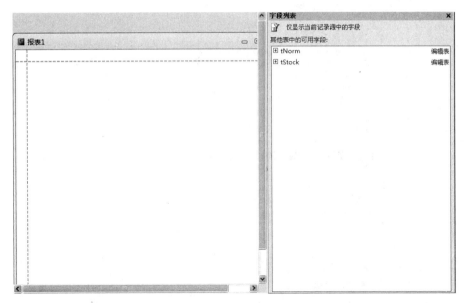

图 5.6　空报表设计界面

（2）在右侧的"字段列表"窗格中，单击要在报表上显示的字段所在的一个或多个表旁边的加号（＋）。

（3）在字段列表中双击要添加的字段，或将要添加的字段拖动到报表上。

说明：空报表工具的数据源只能是表。在向空报表添加第一个字段后，可以一次添加多个字段，方式是在按住 Ctrl 键的同时单击所需的多个字段，然后将它们同时拖动到报表上。"字段列表"窗格中表的顺序可以更改，具体取决于当前选择报表的哪一部分。如果想要添加的字段不可见，尝试选择报表的其他部分，然后再次尝试添加字段。

（4）使用"设计"选项卡"页眉/页脚"组中的工具可向报表添加徽标、标题或日期和时间。

（5）使用"设计"选项卡"控件"组中的工具可向报表添加更多类型的控件。

注意：在设计视图中添加的控件可能与"发布到 Web"功能不兼容。如果打算将报表发布到网站，则只能使用布局视图中可用的功能。

3. 使用报表向导创建

例 5-2　使用"报表向导"工具为 main 数据库创建报表，报表要求按类别名称分类，显示数据为类别名称、报销编号、部门名称、员工姓名、报销金额，且要对报销金额进行汇总。

创建过程如下。

（1）打开 main 数据库，单击"创建"选项卡"报表"组中的"报表向导"工具。系统弹出报表向导"请确认报表上使用哪些字段"对话框，分别从对应用表中选择 mxID、lbmc、bmmc、ygxm 与 bxje5 个字段，如图 5.7 所示。

（2）单击"下一步"按钮，此时系统弹出报表向导"请确定查看数据的方式"对话框，选择通过 tblBxmx 表查看，如图 5.8 所示。

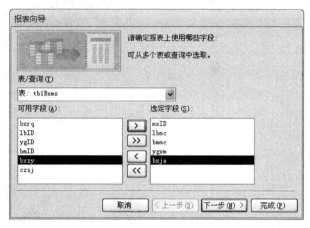

图 5.7 "报表向导"对话框一

图 5.8 "报表向导"对话框二

（3）单击"下一步"按钮，此时系统弹出"是否添加分组级别？"对话框，选择 lbmc 分组，如图 5.9 所示。

图 5.9 "报表向导"对话框三

（4）单击"下一步"按钮，此时系统弹出"请确定明细信息使用的排序次序和汇总信息"对话框，如图 5.10 所示。

图 5.10　"报表向导"对话框四

（5）单击对话框中的"汇总选项"按钮，打开如图 5.11 所示的"汇总选项"对话框，按图完成选项设置，单击"确定"按钮。

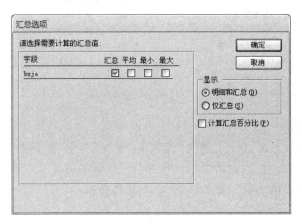

图 5.11　"汇总选项"对话框

（6）系统弹出如图 5.12 所示的"请确定报表的布局方式"对话框，"布局"选择为"递阶"，单击"确定"按钮。

（7）最后，为报表取名为 MxlbTotal 并保存，这样就完成了该报表的创建。

注意：如果用户对生成的报表不太满意，可以在报表的布局视图中对其进行修改。

在使用报表向导创建报表的过程中，用户要认真领会每个对话框的用途及含义，这对于提升设计报表水平非常有帮助。

4. 使用标签工具创建标签

在日常生活与工作中，人们会见到各式各样的标签，如商品价格标签、仪器使用标签、录取通知书、成绩通知单与准考证等都是以标签报表的形式打印的。Microsoft Access 提供了建立标签报表来生成标签。

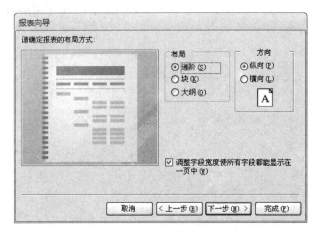

图 5.12 "报表向导"对话框五

例 5-3 利用 main 数据库为员工生成如图 5.13 所示的员工信息卡。

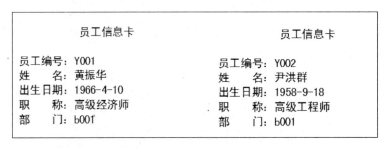

图 5.13 员工信息卡标签

操作过程如下。

（1）打开 main 数据库，单击"创建"选项卡"报表"组中的"标签"工具。系统弹出如图 5.14 所示的对话框。在该对话框中选择或自定义标签的尺寸。该对话框中的"横标签号"是指横向打印标签的个数。此处按图 5.14 选择各项。

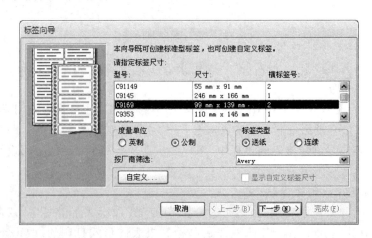

图 5.14 设置标签尺寸

Access 数据库技术与应用（第 3 版）

（2）单击"下一步"按钮打开如图5.15所示的对话框,在该对话框设定标签中的字体属性,如字体、颜色等,按图5.15设定各项。

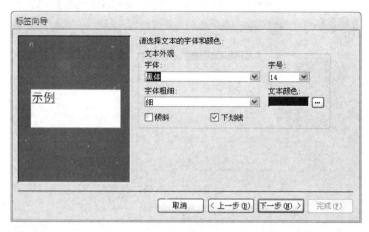

图5.15　设置文本的字体与颜色对话框

（3）单击"下一步"按钮,打开如图5.16所示的标签内容设置对话框,用户可以向标签中添加字段。输入自己的标签样式后,单击"下一步"按钮。

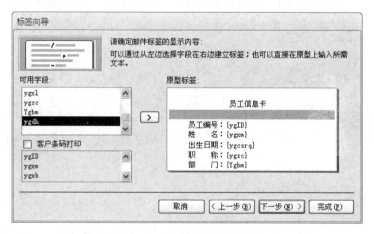

图5.16　标签内容设置对话框

注意：在原型标签文本框中既可以输入标签内容,也可以选择可用字段列表中的字段。

（4）单击"下一步"按钮,弹出设置排序字段对话框。此处选择ygID（员工编号）为排序依据,如图5.17所示。

（5）单击"下一步"按钮,打开如图5.18所示的报表保存对话框。在文本框中输入表名yginforeport,单击"完成"按钮,将会显示如图5.13所示的标签式报表。

通过以上这些步骤的操作,一个标签报表就创建完成了。

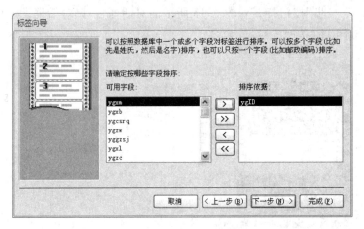

图 5.17 设置标签字段的排列顺序

图 5.18 报表保存对话框

知识 3　设计报表

与报表向导相比,使用设计视图创建报表的优点在于能够让用户随心所欲地设定报表形式、外观及大小等。用户既可以使用设计视图来创建报表,也可以在设计视图中打开已有报表进行编辑、修改与装饰等工作。下面举例说明使用设计视图创建报表的操作过程。

例 5-4　使用设计视图创建高校教师信息管理系统中的教师信息报表,报表的数据源为 TIMS_TeacherInfo 表,报表的效果如图 5.19 所示。

报表的设计要求如下:

(1) 以表格形式显示出高校教师的基本信息;

(2) 报表中的数据行含表格线;

(3) 报表需包含标题、页码与总页码信息。

XX 学院教师信息表

报表时间：2010年10月

教师编号	姓名	性别	出生年月	参加工作时间	学历	专业	联系电话
0001	陈振	男	1966-12-30		研究生	计算机应用	
0002	陈继锋	男	1966-8-7		博士生	计算机应用	
0003	马华	男	1979-9-1		研究生	计算机应用	
0004	梁华	男	1978-7-1		研究生	计算机应用	
0005	高海波	男	1980-7-1		研究生	计算机应用	

图 5.19　报表效果

1. 启动设计视图

（1）启动报表设计视图。打开 TIMS_TeacherInfo 表所在的数据库。

（2）单击"创建"选项卡"报表"组中的"报表设计"工具。打开报表设计视图后，单击"设计"选项卡"工具"组中的"添加现有字段"打开字段列表窗格，如图 5.20 所示。

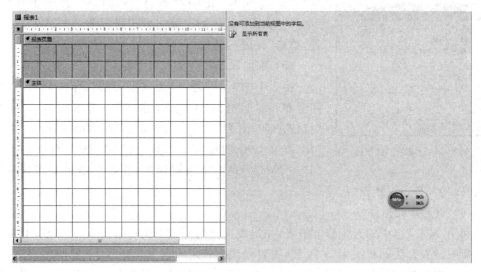

图 5.20　设计视图

报表设计视图与窗体设计视图非常相似，主要由报表设计工作区、工具箱与快捷菜单等组成。如果没有字段列表出现则需单击"设计"选项卡"工具"组中的"添加现有字段"按钮打开字段列表窗格。字段列表列出了数据库中所有的表与表的全部字段。

2. 控件操作

在设计视图中创建报表的过程实际上就是添加和布局控件的过程。现在，根据要求向主体节中添加控件、布局报表，为了提高设计效率，操作前应保持"控件"组中的"控件向导"按钮为按下状态。

（1）添加报表标题

报表的标题只需出现在整个报表的顶端，应放置在工作区的"报表页眉"节中。使用

"控件"组中的标签控件可设置报表标题。

① 单击"控件"组中的"标签控件",松开鼠标左键将光标移入报表页眉区,再按下鼠标左键,拖出一个框。在框中输入"XX 学院教师信息表"。

② 在"XX 学院教师信息表"文字框外任意位置单击,然后单击标签框边界,选中整个标签框,右击弹出"属性"对话框,设置文本颜色、字型与字号等格式。

说明:控件组中其他控件使用方法与标签控件相似,后面操作过程中不再详述。

(2) 添加页面页眉

XX 学院教师信息表以表格形式显示数据,每一页应出现一个表头,即字段标签。页标题应放在"页面页眉"中。页标题也是通过标签控件添加的,过程与添加表标题相似。

(3) 添加字段信息

将要在报表中显示的字段从字段列表中拖入工作区的"主体"节中,并调整字段名的位置。拖入后删除字段名前的标签。

(4) 添加页码信息

页码每页都有,因此必须放在工作区的"页面页脚"节中。添加页码的操作过程是:

图 5.21 "页码"对话框

执行"页眉/页脚"组中的"页码"按钮命令,弹出如图 5.21 所示的"页码"对话框。根据要求选择页码样式和放置位置,单击"完成"按钮。

(5) 添加计算控件

报表中的"制表时间"为该报表的打印或显示时的时间。制表时间就是一个文本框控件,将该文本框控件的"控件来源"设为"="制表时间:" & Year(Date()) & "年"& Month(Date()) & "月" & Day(Date()) & "日"",Date()是一个系统函数,它能求出系统当前日期。输入时,"="是不可缺少的。

(6) 添加修饰控件

利用"控件"组中的直线修饰报表,在报表页眉的标题下画一条直线,在直线的"属性"对话框中设置直线的粗细为"3 磅"。加表格线时注意:记录与记录、字段与字段之间的直线控件应放在主体节中,为保证第一行与最后一行数据上下都有表格线,应在主体节中的"字段名"行上下各放一条直线。

(7) 控件布局

控件添加后,一般需要对其进行布局管理,布局主要包括控件位置移动、大小改变、对齐与设定间距等。布局控件的一般过程如下。

① 选定控件:单击控件,其周边出现 8 个控制柄即为选定(使用 Shift 键可多选)。

② 移动控件:将鼠标指针移动到控件边框上,直到鼠标变为手形状,按住鼠标右键,拖动到新位置。按住左上角的大控制柄移动鼠标,也可移动控件。

③ 缩放控件:将鼠标放到控制柄上(左上角大控制柄除外),直到鼠标变为双箭头,按住鼠标左键,拖动可改变控件大小。

④ 对齐控件:单击"排列"选项卡"调整大小与排列"组中的"对齐"按钮,可对齐选中

的多个控件。

⑤ 控件间距：单击"排列"选项卡"调整大小与排列"组中的"大小/空格"按钮，可改变控件间的间距。

通过上述操作过程，最终的设计视图结果如图 5.22 所示。

图 5.22　报表设计视图结果

注意：为了让读者看清楚控件布局，此处将本设计视图中的网格取消。本报表的纸张方向为"横向"，这项是在"页面设置"中设定的。

（8）保存报表

报表设计完成后，关闭设计视图窗口，把报表命名为 TeacherInfo_Report，并保存该报表。

单元 3　报表编辑

通过单元 2 介绍的方法创建报表时，Access 就会在布局视图中显示所创建的报表。布局视图主要用来修改报表中对象的布局。用布局视图打开报表的方法是在报表对象处右击，执行快捷菜单中的"布局视图"命令，即可在布局视图中打开"报表设置"。如果要对报表的结构（如节）进行调整等，就需要在设计视图中编辑。

知识 1　报表节的基本操作

前面已经介绍过，报表由节组成，页眉、页脚和主体都称为报表的节，所以有必要先了解一下对节的基本操作。

1. 改变节的大小

节的高度和宽带是可以随意调整的。实现方法是在设计视图中打开报表,然后按照如下步骤完成相应的编辑工作。

(1) 若要更改节的高度,将指针放在该节的下边缘上,并向上或向下拖动鼠标。

(2) 若要更改节的宽度,将指针放在该节的右边缘上,并向左或向右拖动鼠标。

(3) 若要同时更改节的高度和宽度,将鼠标指针放在该节的右下角,并沿对角线按任意方向进行拖动。

(4) 更改某一节的高度和宽度将更改整个报表的高度和宽度。

2. 显示/隐藏节

当用户不希望显示节中所包含的信息时,在报表上隐藏节是很有用的。前面介绍了通过快捷菜单来显示或隐藏节。同样,利用"属性"对话框,可以将页眉或页脚单独地显示或隐藏。具体操作步骤如下。

(1) 在设计视图或布局视图中右击需要隐藏的节,在弹出的菜单中单击"属性"命令,打开节的属性对话框。

(2) 单击"格式"选项卡。

图 5.23 属性对话框

(3) 单击"可见性"属性右边的下拉按钮,打开下拉列表框,如图 5.23 所示。菜单中有两个选项:"是"和"否",选择"否"即为隐藏该节。

3. 将同一节的内容保持同页

除页面页眉和页面页脚外,"保持同页"属性对其他所有报表节均有效。具体步骤如下。

(1) 打开节的属性对话框。

(2) 将"保持同页"属性设置为"是"。

注意:如果节比页面的打印区长,将忽略"保持同页"属性的设置。

知识2 设置分页符

在进行报表设计时,可以人为地将报表分页,操作步骤如下。

(1) 在设计视图中打开报表。

(2) 单击"控件"组中的"分页符"工具。

(3) 单击要放置分页符的位置。将分页符放在某个控件之上或之下,以避免拆分该控件中的数据。

知识3 添加分组、排序或汇总

在报表中对一组数据计算其汇总之前,在数据库中必须存在一个对记录的分组,没有分组,将无法完成字段的汇总计算。

组就是指由具有某种相同信息的记录组成的集合。将报表分组之后,不仅同一类型的记录显示在一起,而且还可以为每个组显示概要和汇总信息,这样可以提高报表的可读性和易懂性。

在报表中,用户可以利用数据库中不同类型的字段对记录进行分组。例如,可以按照"日期/时间"字段进行分组,也可以按"文本"、"数字"和"货币"字段分组,但不能按"OLE对象"和"超链接"字段分组。

在报表中添加分组、排序或汇总的最快的方法是在布局视图中右击要对其应用分组、排序或汇总的字段,然后单击快捷菜单上的所需命令。

在布局视图或设计视图中打开报表时,也可使用"组"、"排序"和"汇总"窗格来添加分组、排序或汇总。

(1)如果"组"、"排序"和"汇总"窗格尚未打开,则在"设计"选项卡的"分组和汇总"组中,单击"分组和排序"。

(2)单击"添加组"或"添加排序",选择用户要在其上执行分组或排序的字段。

(3)在分组或排序行上单击"更多"以设置更多选项和添加汇总。

知识4   使用条件格式

条件格式是 Access 2010 用于在报表上突出显示数据的强大工具。条件格式最多允许为每个控件或控件组添加 50 个条件格式规则,在客户端报表中,用户可添加数据栏以比较各记录中的数据。

在报表中添加条件格式的操作如下。

(1)在导航窗格中右击报表,然后单击"布局视图",在布局视图中打开报表。

(2)选择要对其应用条件格式的所有控件。若要选择多个控件,按住 Shift 或 Ctrl 键,然后单击所需控件。

(3)单击"格式"选项卡"控件格式"组中的"条件格式"按钮,打开如图 5.24 所示的"条件格式规则管理器"对话框。

图 5.24   "条件格式规则管理器"对话框

(4)在"条件格式规则管理器"对话框中,单击"新建规则",在"新建格式规则"对话框中,在"选择规则类型"下选择一个值,值的含义如下。

（1）若要创建单独针对每个记录进行评估的规则，则选择"检查当前记录值或使用表达式"。

（2）若要创建使用数据栏互相比较记录的规则，则单击"比较其他记录"。

注意：在 Web 数据库中，无法使用"比较其他记录"选项。

（5）在"编辑规则描述"下，指定规则以确定何时应该应用格式以及在符合规则条件时所需要的格式。

（6）单击"确定"命令按钮以返回"条件格式规则管理器"对话框。

（7）若要为此控件或控件集创建附加规则，则从步骤（4）重复此过程。否则，单击"确定"按钮以关闭该对话框，就能完成条件格式突显设置。

例 5-5　已知 module5 文件夹中的数据库 sample1 中已创建了如图 5.25 所示的 tNorm 报表。为最高储备设置"超过 50000 显示为蓝色"的条件规则，为最低储备设置"小于或等于 100 显示为红色"的条件规则。

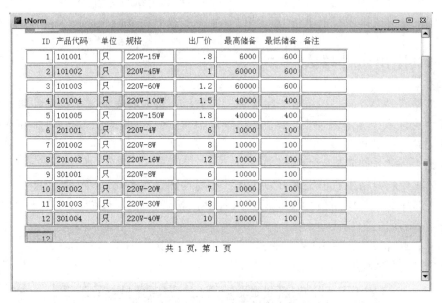

图 5.25　tNorm 报表

实现过程如下。

（1）在布局视图中打开 tNorm 报表。

（2）在主体节中选择文本控件"最高储备"，单击"报表设计工具"选项卡中"格式"选项卡"控件格式"组中的"条件格式"按钮，打开如图 5.24 所示的"条件格式规则管理器"对话框，单击"新建规则"按钮。设置值大于 50000 时，字体显示为"蓝色"。

（3）在主体节中选择文本控件"最低储备"，单击"报表设计工具"选项卡中"格式"选项卡"控件格式"组中的"条件格式"按钮，打开图 5.24 所示的"条件格式规则管理器"对话框，单击"新建规则"按钮。设置值小于或等于 100 时，字体显示为"红色"，如图 5.26所示。

（4）单击"应用"按钮后，单击"确定"按钮关闭管理器。双击导航窗格中的 tNorm 报表,此时会发现报表满足规则的数据变成了蓝色或红色。

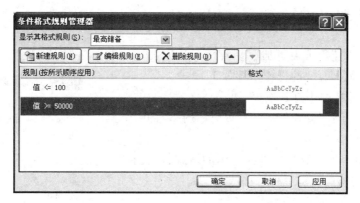

图 5.26 "条件格式规则管理器"对话框

知识 5 添加当前日期或时间

在打印报表时,通常需要在页眉或页脚中加入日期与时间数据,便于以后的查阅。在报表中加入日期与时间数据的步骤如下。

（1）在设计视图中打开报表。

（2）单击"页眉/页脚"组中的"日期和时间"按钮,打开"日期和时间"对话框,如图 5.27 所示。

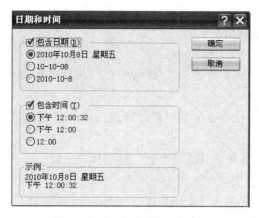

图 5.27 "日期和时间"对话框

（3）若要包含日期,选中"包含日期"复选框。复选框下面的三个选项为日期的格式,单击选择需要的日期格式。同理,若要包含时间,选中"包含时间"复选框,再从下面的三个选项中选择需要的时间格式。

（4）单击"确定"按钮完成设置。

另外,还可以利用函数来显示时间。Access 中提供了 Date 函数和 Now 函数两种方式显示时间。Date 函数显示当前日期;Now 函数显示当前日期和时间。

知识6 添加页号

页码的加入使得报表更加容易管理。添加页号的方法与加入日期与时间的方法类似。在报表中加入页码的操作步骤如下。

（1）在设计视图中打开报表。

（2）单击"页眉/页脚"组中的"页码"按钮,打开"页码"对话框,如图5.28所示。

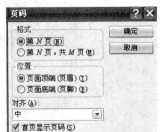

图5.28 "页码"对话框

（3）在"页码"对话框中,选择页码的格式、位置和对齐方式。对于对齐方式,有下列可选选项。

① 左：页码显示在左边缘。

② 中：页码居中,位于左右边距之间。

③ 右：页码显示在右边缘。

④ 内：奇数页页码打印在左侧,偶数页页码打印在右侧。

⑤ 外：偶数页页码打印在左侧,奇数页页码打印在右侧。

如果要在第一页显示页码,将"首页显示页码"复选框选中。另外,也可以在报表的设计视图中为文本框设置控件来源表达式。下面是一些常用的页码表达式。

```
表达式 := [Page]
表达式 := "第" & [Page] & "页"
表达式 := "第" & [Page] & "页,共" & [Pages] & "页"
```

知识7 添加背景图像

为报表添加背景图像主要是为了美化报表。在报表中添加图像背景的操作过程如下。

（1）在导航窗格中,右击要在其中添加背景图像的报表,然后单击"布局视图",使用布局视图打开报表。

（2）单击"格式"选项卡"背景"组中的"背景图像"按钮。

（3）然后执行下列操作之一。

① 使用现有图像。如果需要的图像已位于图库中,则单击它即可将其添加到报表中。

② 上载新图像。单击"浏览",打开"插入图片"对话框。在"插入图片"对话框中,导航到要使用的图像,然后单击"打开"。Access将把选定的图像添加到报表中。

注意：无法在Web兼容的报表中添加背景图像。

知识8 使用主题

用户可对Access数据库应用Office 2010主题,主题功能可帮助用户为所有Office文档创建一致的风格。为报表应用Office 2010主题的操作过程如下。

Access数据库技术与应用（第3版）

（1）在导航窗格中右击某一报表，然后单击"布局视图"，在布局视图中打开该报表。

（2）在"设计"选项卡的"主题"组中，选择需要的主题、颜色或字体，如图 5.29 所示。

图 5.29　主题组

（3）使用"主题"库将颜色和字体同时设置为预先设计的方案，使用"颜色"或"字体"库分别设置颜色或字体。

注意：如果用户选择了某一 Office 主题、字体或颜色，它们将应用到数据库中的所有窗体和报表，而不只是正在处理的窗体和报表。

单元 4　报 表 打 印

虽然窗体或其他的 Access 组件都可以进行打印输出，但与报表相比，其意义和作用都不是那么重要。在 Access 中，设计好的报表必定要通过一定方式进行输出，虽然现在可以通过网络进行数据的传送，但目前采用的主要方法仍是打印输出。在此介绍有关报表打印的设置和操作。

知识 1　页面设置

对于已经创建完毕的报表，它的输出格式主要与打印的页面设置有关。页面设置包括"页面大小"组与"页面布局"组，如图 5.30 所示。页面大小的设置包括"纸张大小"、"页边距"设置及"显示边距"与"仅打印数据"两个选项。页面布局包括"纵向"、"横向"、"列"与"页面设置"4 项。

当然，一些页面设置属性可以在"页面设置"对话框中进行设置，也可以利用修改系统的默认值来加以改变，"页面设置"对话框如图 5.31 所示。

图 5.30　页面设置选项卡

图 5.31　"页面设置"对话框

知识 2 打印报表

在 Access 2010 中创建了报表之后,用户就可以把 Access 2010 报表打印出来以便阅读,在第一次打印报表之前,需要仔细检查目前所设置的页边距、页方向和其他页面设置的选项。完成这些设置与检查后就可以打印报表了。

在 Access 2010 中打印报表的过程如下。

(1) 在 Access 2010 的"设计视图"、"打印预览"或"布局视图"中打开相应的报表。

(2) 单击"文件"按钮,在 Backstage 视图中选择"打印"命令,则出现"打印"对话框,如图 5.32 所示。

图 5.32 "打印"对话框

(3) 在"打印"对话框中进行以下设置。

① 在"打印机"选项的名称中指定打印机的型号。

② 在"打印范围"中指定打印所有页或者确定打印页的范围。

③ 在"打印份数"中指定复制的份数及是否需要对其进行分页。

如果使用的计算机没有真正安装打印机,则可以在该对话框中选择"打印到文件"复选框,将输出报表打印到. prn 文件中,之后再利用输出的文件在其他地方进行打印。

最后,单击"确定"按钮,完成打印。

说明:如果不是非打印不可,建议还是不要打印出来,一来是为了节约纸张,环保;二来是因为在计算机中看 Access 2010 可以随意放大缩小,而打印出来就只能看设定好的大小。

知识小结

- 报表将数据库中的数据以格式化的形式显示或打印输出。
- 报表的数据源可以是已有的数据表、查询或 SQL 语句。
- Access 为报表操作提供了"报表视图"、"版面预览"、"布局视图"与"设计视图"4

种视图。

- 报表由报表页眉、报表页脚、页面页眉、页面页脚与报表主体 5 个节组成。其中报表主体还可包括组页眉与组页脚。
- 设计报表可以采用报表工具、空报表工具、报表向导工具、标签工具与报表设计工具来设计报表。
- 报表中的控件与窗体控件的作用与使用方法相同。
- 报表中可用的控件有绑定控件、未绑定控件与计算控件三类。
- 报表可以设计、编辑与打印。

任务 1 习题

一、选择题

(1) 在报表设计工具栏中,用于修饰版面以达到更好显示效果的控件是_____。

    A. 直线和矩形　　　　　　　　　　B. 直线和圆形

    C. 直线和多边形　　　　　　　　　D. 矩形和圆形

(2) 在关于报表数据源设置的叙述中,以下正确的是_____。

    A. 可以是任意对象　　　　　　　　B. 只能是表对象

    C. 只能是查询对象　　　　　　　　D. 可以是表对象或查询对象

(3) 如图 5.33 所示是某个报表的设计视图。根据视图内容,可以判断出分组字段是_____。

图 5.33　学生选课成绩汇总报表

    A. 编号和姓名　　　B. 编号　　　　　C. 姓名　　　　　　D. 无分组字段

(4) 要实现报表的分组统计,其操作区域是_____。

A. 报表页眉或报表页脚区域　　　　　　B. 页面页眉或页面页脚区域

C. 主体区域　　　　　　　　　　　　　D. 组页眉或组页脚区域

(5) 要设计出带表格线的报表,需要向报表中添加＿＿＿＿＿＿＿控件完成表格线的显示。

A. 文本框　　　　　B. 标签　　　　　C. 复选框　　　　　D. 直线或矩形

(6) 报表可以＿＿＿＿＿＿＿数据源中的数据。

A. 编辑　　　　　　B. 显示　　　　　C. 修改　　　　　　D. 删除

(7) 计算控件的控件来源属性一般设置为以＿＿＿＿＿＿开头的计算表达式。

A. 字母　　　　　　B. 等号(＝)　　　C. 括号　　　　　　D. 双引号

(8) 报表页脚的内容只在报表的＿＿＿＿＿＿＿打印输出。

A. 第一页顶部　　　　　　　　　　　　B. 每页顶部

C. 最后一页数据末尾　　　　　　　　　D. 每页底部

(9) 要在报表上显示格式为"4/总 15"的页码,则计算控件的控件来源应设置为＿＿＿＿＿＿＿。

A. =[Page] & "/总" & [Pages]　　　　　B. [Page] & "/总" & [Pages]

C. =[Page]/总[Pages]　　　　　　　　　D. [Page]/总[Pages]

(10) 要实现报表按某字段分组统计输出,需要设置＿＿＿＿＿＿＿。

A. 报表页脚　　　　　　　　　　　　　B. 该字段组页脚

C. 主体　　　　　　　　　　　　　　　D. 页面页脚

(11) 要设置在报表每一页的底部都输出的信息,需要设置＿＿＿＿＿＿＿。

A. 报表页眉　　　　B. 报表页脚　　　C. 页面页眉　　　　D. 页面页脚

(12) 要实现报表的分组统计,其操作区域是＿＿＿＿＿＿＿。

A. 报表页眉或报表页脚区域　　　　　　B. 页面页眉或页面页脚区域

C. 主体区域　　　　　　　　　　　　　D. 组页眉或组页脚区域

(13) 如果设置报表上某个文件框的控件来源属性为"＝2＊3＋1",则打开报表视图时,该文本框显示信息是＿＿＿＿＿＿＿。

A. 未绑定　　　　　B. 7　　　　　　　C. 2＊3＋1　　　　　D. 出错

(14) 要设置只在报表最后一页主体内容之后输出的信息,需要设置＿＿＿＿＿＿＿。

A. 报表页眉　　　　B. 报表页脚　　　C. 页面页眉　　　　D. 页面页脚

(15) 要设置在报表每一页的底部都输出的信息,需要设置的区域是＿＿＿＿＿＿＿。

A. 报表页眉　　　　B. 报表页脚　　　C. 页面页眉　　　　D. 页面页脚

(16) 要显示格式为"页码/总页数"的页码,应当设置文本框控件的控件来源属性为＿＿＿＿＿＿＿。

A. [Page]/[Pages]　　　　　　　　　　B. =[Page]/[Pages]

C. [Page]&"/"&[Pages]　　　　　　　　D. =[Page]&"/"&[Pages]

(17) 如果设置报表上某个文本框的控件来源属性为"＝7 Mod 4",则在打印预览视图中,该文本框显示的信息为＿＿＿＿＿＿＿。

A. 未绑定　　　　　B. 3　　　　　　　C. 7 Mod 4　　　　　D. 出错

(18) 在报表设计时,如果只在报表最后一页的主体内容之后输出规定的内容,则需要设置的是_____。

    A. 报表页眉   B. 报表页脚   C. 页面页眉   D. 页面页脚

（19）可作为报表记录源的是_____。

    A. 表   B. 查询   C. SELECT 语句   D. 以上都可以

（20）在报表中，要计算"数学"字段的最高分，应将控件的"控件来源"属性设置为_____。

    A. ＝Max（［数学］）   B. Max（数学）   C. ＝Max［数学］   D. ＝Max（数学）

（21）如果要在整个报表的最后输出信息，需要设置_____。

    A. 页面页脚   B. 报表页脚   C. 页面页眉   D. 报表页眉

（22）Access 报表对象的数据源可以是_____。

    A. 表、查询和窗体   B. 表和查询

    C. 表、查询和 SQL 命令   D. 表、查询和报表

（23）要实现报表按某字段分组统计输出，需要设置的是_____。

    A. 报表页脚   B. 该字段的组页脚

    C. 主体   D. 页面页脚

（24）下列关于报表的叙述中，正确的是_____。

    A. 报表只能输入数据   B. 报表只能输出数据

    C. 报表可以输入和输出数据   D. 报表不能输入和输出数据

（25）以下叙述正确的是_____。

    A. 报表只能输入数据   B. 报表只能输出数据

    C. 报表可以输入和输出数据   D. 报表不能输入和输出数据

（26）在报表设计中，以下可以做绑定控件显示字段数据的是_____。

    A. 文本框   B. 标签   C. 命令按钮   D. 图像

（27）关于报表数据源设置，以下说法正确的是_____。

    A. 可以是任意对象   B. 只能是表对象

    C. 只能是查询对象   D. 只能是表对象或查询对象

（28）要设置在报表每一页的顶部都输出的信息，需要设置_____。

    A. 报表页眉   B. 报表页脚   C. 页面页脚   D. 页面页眉

（29）下列叙述正确的是（   ）。

    A. 设计视图只能用于创建报表结构

    B. 在报表的设计视图中可以对已有的报表进行设计和修改

    C. 设计视图可以浏览记录

    D. 设计视图只能对未创建的报表进行设计

（30）主要用在封面的是（   ）。

    A. 页面页眉节   B. 页面页脚节   C. 组页眉节   D. 报表页眉节

二、填空题

（1）报表记录分组操作时，首先要选定分组字段，在这些字段上值_____的记录数据归为同一组。

（2）完整报表设计通常由报表页眉、报表页脚、页面页眉、页面页脚、_____、组页眉和组页脚 7 个部分组成。

（3）报表页眉的内容只在报表的_____打印输出。

（4）报表数据输出不可缺少的内容是_____的内容。

（5）目前比较流行的报表有 4 种，它们是纵栏式报表、表格式报表、_____和标签报表。

（6）页面页脚的内容在报表的_____打印输出。

（7）Access 中，"自动创建报表"向导分为纵栏式和_____两种。

（8）在报表设计中，可以通过在组页眉或组页脚中创建_____来显示记录的分组汇总数据。

（9）在报表设计中，可以通过添加_____控件来控制另起一页输出显示。

（10）报表中大部分内容是从基表、_____或 SQL 语句中获得的。

任务 2　实验

一、实验目的
（1）掌握 Access 2010 数据库报表的创建与设计方法。

（2）建立小型销售企业费用报销管理数据库所要求的报表。

二、实验要求
完成小型销售企业费用报销管理数据库的各种报表的建立。

三、实验学时
2 课时

四、实验内容与提示
（1）为 main 数据库创建如下报表。

① 参考例 5-2，为 main 数据库创建报表，报表要求按类别名称分类，显示数据为类别名称、报销编号、部门名称、员工姓名、报销金额，且要对报销金额进行汇总。

② 参考例 5-4 为 main 数据库设计费用报销明细报表与员工信息报表。

（2）已知 module5 文件夹中 resource 下的 sampl3 数据库里面已经设计好表对象 tBook、tDetail、tEmp 和 tOrder，查询对象 qSell，窗体对象 fEmp。同时还设计出以 qSell 为数据源的报表对象 rSell。在此基础上按照以下要求补充 rSell 报表的设计。

① 将 rSell 报表标题栏上的显示文本设置为"销售报表"；

② 对报表中名称为 txtNum 的文本框控件进行适当的设置，使其显示每本书的售出数量；

③ 在报表适当位置添加一个计算控件（控件名称为 txtC2），计算各出版社所售图书的平均单价。

说明：报表适当位置指报表页脚、页面页脚或组页脚。

要求：计算出的平均单价使用函数保留两位小数。

模块 6 宏

前面已经介绍了 Access 2010 数据库表、查询、窗体与报表 4 个对象,这些对象是数据库各种功能得以实现的基础。宏也是数据库的对象之一,是 Office 中一个或多个操作命令构成的集合,宏中的每个操作能够自动地实现一些特定的功能。本模块将介绍 Access 中宏的有关知识,主要学习宏对象的创建、编辑、运行、调试与应用。

主要学习内容

- 宏的基础知识;
- 宏的创建;
- 宏的编辑;
- 宏的运行与调试;
- 宏的应用。

单元 1 宏的基础知识

知识 1 宏的概念与功能

宏是由一个或多个操作命令组成的集合,其中的每个操作命令都能自动执行,并实现特定的功能。在 Access 中,可以在宏中定义各种操作,如打开或关闭窗体、显示及隐藏工具栏、预览或打印报表等,通过直接执行宏,或者使用包含宏的用户界面,可以完成许多复杂的操作。在创建宏时,可以为宏的命令设置操作参数。宏的优点在于无须编程即可完成对数据库对象的各种操作。用户在使用宏时,只需给出操作的名称、条件和参数,就可以自动完成指定的操作。在利用 Access 完成实际工作时,可以通过创建宏来执行重复的或复杂的任务,确保工作的一致性,提高工作效率。宏的基本功能如下。

(1) 显示和隐藏工具栏;

(2) 打开或者关闭数据表、窗体、打印报表和执行查询;

(3) 设置窗体或报表中控件的值;

(4) 弹出提示信息框,显示提示与警告信息;

(5) 实现数据的输入和输出;

（6）在数据库启动时执行操作；

（7）筛选、过滤与查找数据记录。

用户通过选择宏操作，定义宏的参数建立宏来实现上述功能。

知识 2　宏的分类

在 Access 2010 中，宏可以分为用户界面宏与数据宏两大类。

1. 用户界面宏

用户界面宏也称为 UI（User Interface）宏。在 Microsoft Access 2010 中，凡是附加到用户界面对象（如命令按钮、文本框、窗体和报表）的宏被称为用户界面宏。使用用户界面宏可以自动完成一系列操作，例如打开另一个对象、应用筛选器、启动导出操作以及许多其他任务。用户界面宏又可分为独立的宏与嵌入的宏，独立的宏是数据库的一个独立对象，在数据库导航窗口中是可见的；嵌入的宏是指嵌入在窗体、报表或控件的事件属性中，成为所嵌入到的对象或控件的一部分，嵌入的宏在数据库对象的导航窗口中是不可见的。

2. 数据宏

数据宏是 Access 2010 中新增的一项功能，该功能允许用户在表事件（如添加、更新或删除数据等）中添加逻辑，它类似于 Microsoft SQL Server 中的"触发器"。在数据表视图中查看表时，通过"表"选项卡来管理数据宏。如图 6.1 所示，数据宏不显示在数据库导航窗格的宏对象中。用户可以使用数据宏验证和确保表数据的准确性。在 Access 2010 中，有由表事件触发的数据宏与为响应按名称调用而运行的数据宏。由表事件触发的数据宏也称为事件驱动数据宏；为响应按名称调用而运行的数据宏也称为已命名的数据宏。

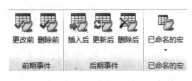

图 6.1　数据宏

知识 3　宏设计器

Access 2010 具有一个改进了的宏设计器，使用该设计器，用户可以更轻松地创建、编辑和自动化数据库逻辑，可以更高效地工作、减少编码错误，并轻松地整合更复杂的逻辑以创建功能强大的应用程序，也可使用数据宏将逻辑附加到用户的数据中来增加代码的可维护性，从而实现源表逻辑的集中化。宏设计器是主要用于创建、编辑和运行宏的工具。

打开宏设计器的方法是在打开数据库后，单击"创建"选项卡"宏与代码"组中的"宏"按钮，弹出如图 6.2 所示的"宏设计"窗口。当然，如果用户要为表创建或编辑数据宏可在数据表视图中进行，可从如图 6.1 所示的"表"选项卡中的"前期事件"、"后期事件"与"已命名的宏"组中单击相应的按钮打开窗口。

　Access 数据库技术与应用（第 3 版）

图 6.2　"宏设计"窗口

此窗口分为两部分,左侧窗格为宏编辑窗口,右侧窗格为"操作目录"窗口,用于程序流程与操作的选择。该窗口有如下优点。

(1) 在右侧的"操作目录"窗口中提供操作目录,宏操作按类型组织。在操作目录窗口的上方通过搜索栏可以搜索相应的操作。

(2) 提供智能感知。当用户在宏设计器中输入表达式时,智能感知会提示可能的值,让用户做选择。

(3) 能使用注释行和操作组创建可读性更高的宏。

(4) 能使用条件语句创建与编辑更复杂的逻辑宏,且支持嵌套的 If…Else…Else If。

(5) 在操作目录中显示用户已创建的其他宏,让用户能够将它们复制到正在使用的宏中。

(6) 能进行宏的复制。在 Access 2010 中,用户可以以 XML 格式将其粘贴到电子邮件、新闻组文章、博客或代码示例网站中,以实现更轻松的共享。

"宏设计"选项卡的命令组如图 6.3 所示,在这些命令组中提供了宏编辑、调试与运行时需要的工具与操作。

知识 4　宏操作命令

操作是构成宏的各个命令。Access 2010 提供了 80 多个宏操作,分为窗口管理、宏命令、筛选/查询/搜索、数据导入/导出、数据库对象、数据输入操作、系统命令与用户界面命令 8 类。这些命令以目录树形式组织在宏设计器的操作目录窗格中,每个操作按其功能命名,例如 FindRecord 或 CloseDatabase,如图 6.4 所示。每类常用操作命令的名称、功能及

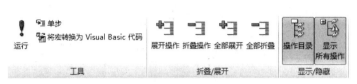

图 6.3　"宏设计"选项卡　　　　　　　　　　图 6.4　宏操作目录树

说明如表 6-1～表 6-8 所示。

表 6-1　窗口管理操作命令

命 令 名 称	功　　能	说　　明
CloseWindows	关闭指定的窗口,如果未指定则关闭当前窗口	关闭的窗口由设置的参数决定
MaximizeWindows	最大化激活窗口	
MinimizeWindows	最小化激活窗口	
MoveAndSizeWindows	移动并调整当前窗口	
RestoreWindows	将最大化或最小化窗口恢复为原来大小	

表 6-2　宏操作命令

命 令 名 称	功　　能	说　　明
CancelEvent	取消导致该宏(包含操作)运行的 Access 事件	
ClearMacroError	清除 MacroError 的上一个错误	
OnError	定义错误处理行为	行为宏由用户在宏中定义
RemoveAllTempVars	删除所有临时变量	
RemoveTempVar	删除一个临时变量	
RunCode	执行 Visual Basic Function 过程	过程必须已创建
RunDataMacro	运行数据宏	
RunMacro	运行已定义的宏	
RunMenuCommand	执行 Microsoft Access 的菜单命令	
SetLocalVar	将本地变量设定为给定值	给定值在参数框中设置
SetTempVar	将临时变量设定为给定值	给定值在参数框中设置
SingleStep	暂停宏的运行并打开"单步执行"对话框	
StopAllMacro	终止所有正在运行的宏	
StopMacro	终止当前正在运行的宏	

表 6-3　筛选/查询/搜索操作命令

命令名称	功能	说明
ApplyFilter	用于筛选、查询或将 SQL 的 Where 子句应用到表、窗体或报表中,以限制或排序记录	Where 子句在参数框中设置
FindRecord	查找符合指定条件的第 1 条记录	
FindNextRecord	查找符合指定条件的下一条记录	
OpenQuery	打开选择查询或交叉表查询,或者执行动作查询	视图由设置的参数框确定
Refresh	刷新视图中的数据	
RefreshRecord	刷新当前记录	
RemoveFilterSort	删除当前筛选	
Requery	在激活的对象上实施指定控件的重新查询,如果指定控件,则实施对象的重新查询	如果不是基于表与查询,则使控件重新计算
SearchForRecord	基于条件在对象中搜索记录	
SetFilter	为表、查询或窗体设置过滤条件	条件在参数框中设置
SetOrderBy	对来源的数据实施排序	排序依据在参数框中设置
ShowAllRecords	从激活的表、查询或窗体中删除所有已应用的筛选,显示所有记录	

表 6-4　数据导入/导出操作命令

命令名称	功能	说明
EMailDatabaseObject	将指定数据库对象中的数据输出为 Microsoft Excel、txt 等格式的文件	
WordMailMerge	执行邮件合并操作	与 Office Word 2010 过程相似

表 6-5　数据库对象操作命令

命令名称	功能	说明
GoToControl	将焦点移到激活数据表或窗体上指定的字段或控件上	焦点是控件接收用户鼠标或键盘操作的能力
GoToPage	将焦点移到激活窗体指定页的第一个控件上	对象具有焦点时,可接收用户的操作
GoToRecord	指定记录成为当前记录	
OpenForm	在窗体视图、窗体设计视图、打印预览或数据表视图中打开窗体	打开的窗体在参数框中设置
OpenReport	在打印、设计或打印预览视图中打开报表	打开的报表在参数框中设置
OpenTable	在数据表视图、设计视图或打印预览中打开表	打开的表在参数框中设置
PrintObject	打印当前对象	
PrintPreview	当前对象的打印预览	
SelectObject	选择指定的数据库对象,然后可以对此对象进行某些操作	
SetProperty	设置控件属性	

表 6-6　数据输入操作命令

命　令　名　称	功　　能	说　　明
DeleteRecord	删除当前记录	
EditListItems	编辑查阅列表中的项	
SaveRecord	保存当前记录	

表 6-7　系统操作命令

命　令　名　称	功　　能	说　　明
Beep	控制计算机的扬声器发声	
CloseDatabase	关闭当前数据库	
DisplayHourGalssPointer	当宏执行时,将正常光标变为沙漏形状或选定的其他图标。宏完成后恢复正常光标	其他图标在参数框中设定
QuitAccess	退出 Access	

表 6-8　用户界面操作命令

命　令　名　称	功　　能	说　　明
AddMenu	为窗体或报表菜单添加自定义菜单栏	菜单栏中的每个菜单都需要一个独立的 AddMenu
LockNavigationpane	用于锁定或解除锁定导航窗格	
MessageBox	显示一个含有提示或警告消息的消息框	
NavigateTo	定位到指定的"导航窗格"组和类别	
Redo	重复用户的最近操作	
SetDisplayedCategories	用于指定要在导航窗格中显示的类别	
SetMenuItem	为激活窗口设置自定义菜单上菜单项的状态,如启用或禁止、选中或不选中	
UndoRecord	撤销最近的用户操作	

　　大多数宏操作都至少需要一个参数。当用户选择一个操作后,如果需要设置操作命令的参数,系统就会弹出一个"参数设置"对话框。用户将指针移至参数上,可以查看到每个参数的说明。如果有很多参数,可从下拉列表中选择一个值。如果参数要求用户输入表达式,IntelliSense 将在用户输入时提示可能的值来帮助用户输入表达式,如图 6.5 所示为 OpenForm 操作命令的参数设置对话框。

　　说明:宏的类型中包含了每种操作的名称,该名称是由系统提供的,用户在选择操作命令时,宏名称不能更改。一个宏中的多个操作命令在运行时按先后次序顺序执行,如果设计了条件宏,操作则会根据对应设置的条件决定是否执行相应的宏。

图 6.5　OpenForm 操作命令的参数设置对话框

单元 2　宏的创建方法

在 Access 中,宏可分为用户界面宏与数据宏,在此介绍这两类宏的创建方法。

知识 1　创建事件驱动的数据宏

每当在表中添加、更新或删除数据时都会发生表事件。用户可以编写一个数据宏程序,使其在发生这三种事件中的任何一种事件之后,或发生删除或更改事件之前立即运行。用户可以通过以下过程创建事件驱动的数据宏附加到表事件之中。创建事件驱动的数据宏的过程如下。

(1) 在导航窗格中,双击要向其中添加数据宏的表。

(2) 在"表"选项卡的"前期事件"组或"后期事件"组中,单击要向其中添加宏的事件。

(3) Access 2010 将打开"宏生成器",用户可以在该生成器中添加需要宏执行的操作。

(4) 保存并关闭宏,完成事件驱动的数据宏的创建。

注意:如果一个事件已具有与其关联的宏,则该事件的图标将在功能区上突出显示。

知识 2　创建已命名的数据宏

已命名的或"独立的"数据宏与特定表有关,但不是与特定事件相关。用户可以从任何其他数据宏或标准宏中调用已命名的数据宏。创建已命名的数据宏的过程如下。

(1) 在导航窗格中,双击要向其中添加数据宏的表。

(2) 在"表"选项卡的"已命名的宏"组中,单击"已命名的宏",然后单击"创建已命名的宏"。

(3) Access 打开"宏生成器",用户可以在宏生成器中添加操作。

(4) 保存并关闭宏,完成已命名的数据宏的创建。

知识 3 创建独立的宏

独立的宏对象会显示在导航窗格中的"宏"对象中。在 Access 数据库中,如果用户希望在应用程序的很多位置重复使用宏,则创建独立的宏是非常有意义的。创建独立的宏后,用户只要通过其他宏调用独立宏即可,这样可以避免在多个位置重复相同的代码。创建独立宏的过程如下。

(1) 打开数据库,在"创建"选项卡的"宏与代码"组中,单击"宏"。Access 2010 将打开"宏生成器"。

(2) 根据要求向宏中添加相应的操作。

(3) 操作添加完成后,单击快速访问工具栏上的"保存"按钮,在"另存为"对话框中,为宏输入一个名称,单击"确定"就完成了独立的宏的创建。

知识 4 创建嵌入的宏

嵌入的宏不会显示在数据库的导航窗格中,但可从一些事件(例如 OnLoad 或 On-Click)调用该类宏。由于嵌入的宏会成为窗体或报表对象的一部分,因此,建议用户使用嵌入的宏来自动执行特定的窗体或报表任务。创建嵌入的宏的过程如下。

(1) 在导航窗格中,右击将包含宏的窗体或报表,然后单击"布局视图"。如果属性表未显示,按 F4 功能键或单击功能区相应的按钮以显示它。

(2) 单击包含要在其中嵌入该宏的事件属性的控件或节,也可以使用属性表顶部的"所选内容的类型"下拉列表选择该控件或节(或者整个窗体或报表)。

(3) 在"属性表"任务窗格中,单击"事件"选项卡。

(4) 单击要为其触发宏的事件的属性框。例如,对于一个命令按钮,如果用户希望在单击该按钮时运行宏,则单击"单击"属性框。

说明:如果属性框包含"[嵌入的宏]"字样,则意味着已为此事件创建了宏。用户可继续完成本过程的剩余步骤对宏进行编辑。

如果属性框包含"[事件过程]"字样,则意味着已为此事件创建了 VBA 过程。在能够将宏嵌入到事件中之前,需要删除该过程。用户可通过删除"[事件过程]"字样来完成此操作,但应首先检查事件过程,以确保删除此过程不会破坏数据库中的必需功能。在某些情况下,可以使用嵌入的宏重新创建 VBA 过程的功能。

(5) 单击"生成"按钮,将出现"选择生成器"对话框,在其中选择"宏生成器",然后单击"确定"。

(6) Access 2010 将打开"宏生成器",此时用户就可以向宏中添加操作,完成嵌入的宏的创建。

创建 Access 宏是一件轻松而有趣的工作,它不同于 VBA 的编程,用户不必涉及宏的编程代码,也不需要掌握太多的语法,用户所要做的就是在宏的操作设计列表中做一些简单的选择与设置。

例 6-1　为 SysFrmFunction 窗体的"部门信息录入"命令按钮创建嵌入的宏,单击该按钮时能关闭 SysFrmFunction 窗体、打开 SysFrmbmInput 窗体。为 SysFrmFunction 窗体的"退出系统"按钮创建嵌入的宏,单击该命令按钮能退出 Access 2010 系统。

创建方法如下。

(1) 利用设计视图打开 SysFrmFunction 窗体,右击"部门信息录入"命令按钮弹出快捷菜单,执行"事件生成器",在打开的对话框中选择宏生成器。

(2) 在宏设计器中添加 CloseWindows 与 OpenForm 操作即可,操作参数设置如图 6.6 所示。

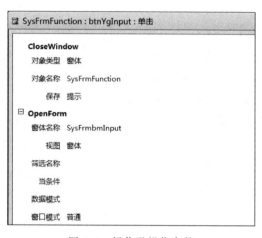

图 6.6　操作及操作参数

(3) 右击"退出系统"命令按钮,使用同样的方法打开宏设计器,为该宏添加 QuitAccess 操作。

(4) 关闭宏设计器,再关闭 SysFrmFunction 窗体即完成了两个命令按钮的嵌入宏的创建。

(5) 运行 SysFrmFunction 窗体,再分别单击这两个命令按钮进行测试,观察效果。

知识 5　宏的结构与流程控制

1. 宏操作分组

在宏的创建与编辑过程中,用户可以将相关的操作命令分为一组,并为该组指定一个有意义的名称,以此来提高宏的可读性。例如,用户可以将打开和筛选窗体的多个操作分为一组,并将该组命名为"打开和筛选窗体"。这使用户可以更轻松地了解哪些操作是相关的。在宏设计器中,操作命令的分组是通过 Group 块来实现的。Group 不会影响操作的执行方式,也不能单独调用或运行。分组的主要目的是标识一组操作,帮助用户一目了然地了解宏的功能。此外,在编辑大型宏时,用户可以将每个分组块向下折叠为单行,从而减少界面的滚动操作。

对宏的操作命令分组是通过 Group 块来实现的。如果分组的操作命令已在宏中,用户可以通过以下过程将操作命令分组。

(1) 选择要分组的操作,右击所选的操作,然后单击"生成分组程序块"。

(2) 在 Group 块顶部的名称框中输入组的名称。

如果操作尚不存在,创建操作命令块的过程如下。

(1) 从设计器右边的操作目录将 Group 块拖动到宏窗格中。

(2) 在 Group 块顶部的名称框中,输入组的名称。

(3) 然后将宏操作命令从操作目录拖动到 Group 块中,或从显示在该块中的"添加新操作"列表中选择操作即可。

注意:Group 块可以包含其他 Group 块,最多不超过 9 级嵌套。

2. If 块

在宏中,如果操作要在条件为 True 时才执行,可以使用 If 块来实现。在 If 块中可以使用 ElseIf 和 Else 块来扩展 If 块,类似于 VBA 等其他序列编程语言中的 If 语句。在 Access 2010 中,使用 If 块取代早期版本中的"条件"列。为了让初学者理解 If 块的执行,先来看 If 语句的格式。If 语句分为简单分支与选择分支。

(1) 简单分支	(2)选择分支	(3) 多路分支
`If<条件>Then`	`If<条件>Then`	`If<条件 1>Then`
`   <操作序列>`	`   <操作序列 1>`	`   <操作序列 1>`
`EndIf`	`Else`	`Else If<条件 2>Then`
	`   <操作序列 2>`	`   <操作序列>`
	`EndIf`	`Else`
		`   <操作序列 2>`
		`EndIf`

(1) 简单分支的执行过程是判断条件真假,如果是 True 就执行 Then 后的操作序列,如果为 False 就直接跳至 EndIf 后的执行操作。

(2) 选择分支的执行过程是判断条件真假,如果是 True 就执行 Then 后的操作序列 1,之后跳至 EndIf 后执行操作;如果是 False 就执行操作序列 2,之后再执行 EndIf 后的操作。

(3) 多路分支的执行过程是判断条件 1 的真假,如果是 True 就执行 Then 后的操作序列 1,之后跳至 EndIf 后执行操作;如果是 False 就再判断条件 2 的真假,按上一步重复执行……如果之前的条件都为 False,则执行 Else 后的操作序列。执行流程图如图 6.7 所示。

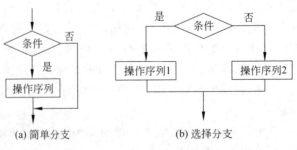

(a) 简单分支　　　　　　(b) 选择分支

图 6.7　流程图

宏中的 If 块的执行过程与 If 语句一样。向宏中添加 If 块的操作过程如下。

（1）从"添加新操作"下拉列表中选择 If，或将其从"操作目录"窗格拖动到宏窗格中。

（2）在 If 块顶部的框中，输入一个决定何时执行该块的表达式，该表达式必须为逻辑表达式。

（3）向 If 块添加操作，方法是从显示在该块中的"添加新操作"下拉列表中选择操作，或将操作从"操作目录"窗格拖动到 If 块中。

向 If 块添加 Else 或 ElseIf 块的操作过程如下。

（1）选择 If 块，然后在该块的右下角单击"添加 Else"或"添加 ElseIf"。

（2）然后为 ElseIf 块输一个决定何时执行该块的逻辑表达式。

（3）向 ElseIf 或 Else 块添加操作，方法是从显示在该块中的"添加新操作"下拉列表中选择操作，或将操作从"操作目录"窗格拖动到该块中。

说明：右击宏操作时，将出现一个快捷菜单，该菜单上提供添加 If、ElseIf 和 Else 块的命令。If 块最多可以嵌套 10 级。

例 6-2 如图 6.8 所示为登录窗体，要求用条件宏实现系统登录，为窗体的"登录"按钮编辑一个条件宏，宏的要求是：

如果输入的用户名与密码为空则弹出提示信息框，提示信息为"请输入用户名与密码！"；如果输入的用户名为"lets go"，密码为"1234"，则打开 SysFrmFunction 窗体，同时关闭登录窗体；如果用户名或密码错误就弹出消息框，提示信息为"用户名或密码错误"。

编写的过程在设计视图中打开如图 6.8 所示的窗体，为"确定"按钮按如下过程创建嵌入宏。

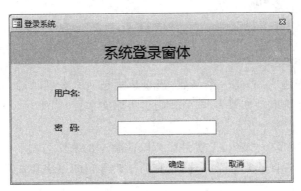

图 6.8　系统登录窗体

（1）首先单击"添加新操作"列表框，从中选择 If，然后在条件框中输入"Nz（[username]）="" Or Nz（[PassWord]）="""作为条件。

（2）在 Then 后添加 MessageBox 操作，为该操作设置如下参数。

消息：用户账号或密码不能为空！
发嘟嘟声：是
类型：警告
标题：注意

（3）在 MessageBox 操作后添加 ElseIf，为 If 后的条件框中输入"[username]="lets go" And [password]="1234""。

（4）在添加新操作列表框中选择 OpenForm 操作，指定打开窗体名为 SysFrmFunction。

（5）然后再添加 CloseWindows 操作，在该操作参数的类型中选择"窗体"，对象名称为 SysFrmLogin 窗体。

（6）添加 Else 操作，完成该操作后再添加 MessageBox 操作，为该操作设置如下参数。

消息：用户账号或密码错误！
发嘟嘟声：是
类型：警告
标题：登录错误

（7）最后，关闭宏设计器与关闭窗体进行测试，观察效果。宏的折叠图如图 6.9 所示。

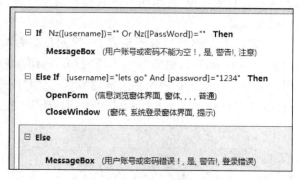

图 6.9　条件宏

说明：Nz(<表达式>)是一个函数，当表达式是文本类型时，如果表达式为 Null 时会转化为""（即空字符串），如果为非 Null 则仍为原文本。

3. 子宏

每个宏可以包含多个子宏。子宏是代替以前版本的宏组，即同一宏名称下存储多个子宏，每个子宏均有各自的宏标识。这样，有助于改善宏的组织和管理。在宏中添加子宏的操作方法如下。

（1）通过与添加宏操作相同的方式将 Submacro 块添加到宏。添加 Submacro 块之后，用户可将宏操作拖动到该块中，或者从显示在该块中的"添加新操作"列表中选择操作添加到该块中。

（2）选择一个或多个操作，右击它们，选择"生成子宏程序块"也可以创建 Submacro 块。

说明：子宏必须始终是宏中最后的块；不能在子宏后添加任何操作（除非有更多子宏）。如果运行的宏包含多个子宏，但没有专门指定要运行的子宏，宏在运行时仅会运行第一个子宏。若要在事件属性中，使用 RunMacro 操作或 OnError 操作调用子宏，调用的

Access 数据库技术与应用（第 3 版）

格式是 macroname. submacroname。

例 6-3　为 main 数据的功能窗体创建一个宏组,宏名为 FunctionWindowsMacro。宏组中每个子宏名与功能如表 6-9 所示。

表 6-9　**FunctionWindowsMacro 宏组中的子宏**

子 宏 名	功 能
Open_SysFrmbmInput	打开 SysFrmbmInput 窗体
Open_SysFrmLbInput	打开 SysFrmLbInput 窗体
Open_SysFrmmxInput	打开 SysFrmmxInput 窗体
Open_SysFrmYgInput	打开 SysFrmYgInput 窗体
Open_ Bxmxbmzy_Inquire_Frm	打开 Bxmxbmzy_Inquire_Frm 窗体
Open_ Bxmxlbzy_Inquire_Frm	打开 Bxmxlbzy_Inquire_Frm 窗体
Open_ Bxmxygzy_Inquire_Frm	打开 Bxmxygzy_Inquire_Frm 窗体
Open_ BmInfo_Browse_Frm	打开 BmInfo_Browse_Frm 窗体
Open_ LbInfo_Browse_Frm	打开 LbInfo_Browse_Frm 窗体
Open_YgInfo_Browse_Frm	打开 YgInfo_Browse_Frm 窗体
Open_BxmxInfo_ Browse_Frm	打开 BxmxInfo_ Browse_Frm 窗体
Open_ BxZe_Frm	打开 BxZe_Frm 窗体

操作过程如下。

(1) 单击"创建"选项卡"宏与模块"组中的"宏"按钮,打开宏设计窗口。

(2) 把 SubMacro 子宏从操作目录窗格中拖到"添加新操作"列表框上。

(3) 为子宏输入名称"Open_SysFrmbmInput",为该子宏添加 OpenFrom 操作,设置打开的窗体为 SysFrmbmInput,如图 6.10 所示。

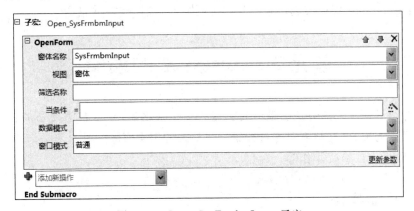

图 6.10　Open_SysFrmbmInput 子宏

(4) 重复操作(2)与操作(3)完成其他子宏的定义,如图 6.11 所示。

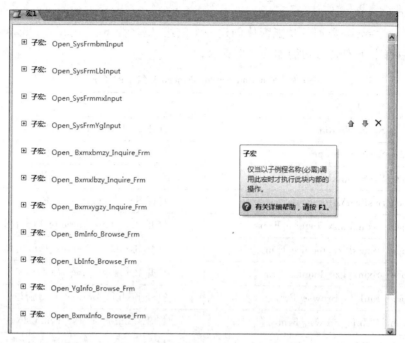

图 6.11 FunctionWindowsMacro 中的子宏

（5）单击快速访问工具栏中的"保存"按钮，把该宏组保存为 FunctionWindows-Macro。这样就创建了一个宏组。

4. 注释

注释是对宏操作、宏块与子宏等的功能说明，使用它的目的是增强宏的可读性。在宏中添加注释是通过 Comment 操作来实现的。操作方法是打开宏的设计视图，从"操作目录"窗格，把 Comment 拖放在"添加新操作"上面或者"添加新操作"列表中选择 Comment。然后在 Comment 框中输入注释文本即可。

说明：Comment 操作仅起注释作用，宏在执行时该操作将被忽略。

单元 3 Access 宏的编辑

前面介绍了创建宏的方法。但有时创建好一个宏之后，还常常需要添加新的操作或修改以往操作的不足，这就需对宏进行编辑。对宏的编辑实际上是对宏操作的修改，如添加操作、删除操作或修改操作等。

知识 1 移动操作

宏中的操作是按从上到下的顺序执行的。若要在宏中上下移动操作，可使用下列方法之一。

（1）上下拖动操作，使其到达用户需要的位置。

（2）选择操作，按 Ctrl ＋上箭头或 Ctrl ＋下箭头移动。

（3）选择操作，单击宏窗格右侧的"上移"或"下移"箭头来移动。

知识 2　删除操作

若要删除某个宏操作，操作的方法是选择该操作，然后按 Delete 键。也可单击宏窗格右侧的"删除"按钮。

说明：如果删除了某个操作块，例如 If 块或 Group 块，则该块中的所有操作也会被自动删除。删除操作也可以使用快捷菜单，方法是右击宏操作，系统将弹出一个快捷菜单，执行菜单上的"删除"命令。该菜单也提供"上移"与"下移"命令。

知识 3　复制和粘贴宏操作

如果需要重复添加到宏已有的操作，用户可以"复制"和"粘贴"现有操作。粘贴操作时，这些操作将会插入到当前选定的操作之下。如果选择了某个块，则这些操作将会粘贴到该块的内部。

若要快速复制所选操作，则按住 Ctrl 键，然后将操作拖动到要在宏中复制操作的位置。

说明：将宏操作复制到剪贴板时，这些操作能够以 XML（eXtensible Markup Language，可扩展标记语言）格式粘贴到接受文本的任何应用程序中。这使用户能够通过电子邮件将宏发送给同事，或将宏发布到论坛、博客或其他网站上。接收者可以复制 XML 文件，并将其粘贴到他们的 Access 2010 宏生成器中。

知识 4　展开和折叠宏操作或块

创建新宏时，宏生成器将显示所有宏操作，而且所有参数都是可见的。根据宏的大小，用户在编辑宏时可能要折叠一部分或全部宏操作（以及操作块）。这使用户可以更加轻松全面地了解宏的结构。用户可以根据需要展开一部分或全部操作，对它们进行编辑。

展开或折叠单个宏操作或块的方法是单击宏名称或块名称左侧的加号（＋）或减号（－）。或者按上箭头或下箭头键选择操作或块，然后按左箭头或右箭头键折叠或展开它。

展开或折叠所有宏操作（但不展开或折叠块）的过程是在"设计"选项卡的"折叠/展开"组中，单击"展开操作"或"折叠操作"。

展开或折叠所有的宏操作或块方法是在"设计"选项卡的"折叠/展开"组中，单击"全部展开"或"全部折叠"。

说明：如果操作是折叠的，用户只需将指针移至操作上，即可"透视"已折叠的操作。Access 在工具提示中显示操作参数。

知识 5   将宏转换为 VBA 代码

宏提供了 VBA 编程语言中的一部分命令。如果宏提供的功能无法满足用户的需求,用户可以将独立的宏对象转换为 VBA 代码,然后利用 VBA 提供的扩展功能集进行功能扩展,当然这就要求用户具有 VBA 编程的能力。但要记住,该 VBA 代码将不会在浏览器中运行,只有当数据库在 Access 中打开时,添加到 Web 数据库的任何 VBA 代码才能被运行。

若要将宏转换为 VBA 代码,可执行下列操作。

(1) 在导航窗格中,右击宏对象,然后单击"设计"视图。

(2) 在"设计"选项卡"工具"组中,单击"将宏转换为 Visual Basic 代码"。

(3) 在"转换宏"对话框中,指定是否要将错误处理代码和注释添加到 VBA 模块,然后单击"转换"。

(4) Access 确认宏已转换,并打开 Visual Basic 编辑器。在"项目"窗格中双击被转换的宏,以查看和编辑模块。

注意:"将宏转换为 Visual Basic 代码"无法转换嵌入的宏。

单元 4   宏的运行和调试

在 Access 2010 中运行宏的方法很多,可以直接调用宏,也可以通过窗体或报表上的控件运行宏,还可以通过使用功能区中的运行工具以及从一个宏调用另一个宏。宏在运行时,Access 将从宏的起始点启动,并执行宏中的所有操作,一直执行到宏组中另一个宏或者到宏的结束点为止。

知识 1   宏的运行

在 Access 2010 中,创建好一个宏后就可以使用以下方法来运行宏。

(1) 在导航窗格中双击宏。

(2) 在宏设计器中,单击"设计"选项卡"工具"组中的"运行"按钮 ▣。

(3) 使用 RunMacro 或 OnError 宏操作调用宏。

(4) 在对象的事件属性中输入宏名称,宏将在该事件触发时运行。

如果创建的是独立的宏,且取名为 Autoexec,当该宏所属的数据库被打开时,宏 Autoexec 会自动运行。宏 Autoexec 就是特殊的自动启动宏,它会在数据库文件被打开时自动运行。

注意:每个 Access 数据库中有且最多只能有一个 Autoexec 自动启动宏。在打开数据库时,如果按 Shift 键,自动宏将不再自动运行。

知识 2 宏的调试

在使用宏之前首先需要对宏进行调试,然后再运行,以保证宏的正确性。如果一个宏存在问题,用户通过对宏的调试找出错误,且处理好宏存在的问题。通常可以使用以下几种工具对宏进行调试,找出原因。

1. 向宏添加错误处理操作

在创建宏时,用户应该养成向每个宏添加错误处理操作的习惯,将错误处理操作永久保留在宏中。如果使用此方法,在出现错误时,Access 就会显示错误说明。这些错误说明可以帮助用户了解操作的错误,以便能够更快地纠正错误。使用以下过程可将错误处理子宏添加到宏中。

(1)在"设计"视图中打开宏。

(2)在宏的底部,从"添加新操作"下拉列表中选择"子宏"。在"子宏"字样右侧的框中输入子宏的名称,如 ErrorHandler。

(3)从显示在 Submacro 块中的"添加新操作"下拉菜单中,选择 MessageBox 宏操作。在"消息"框中,输入文本"=[MacroError].[Description]"。

(4)在宏的底部,从"添加新操作"下拉列表中选择 OnError,将"转至"参数设置为"宏名"。

(5)在"宏名称"框中,输入错误处理子宏的名称,如 ErrorHandler。

(6)将 OnError 宏操作拖动到宏的顶部。

如图 6.9 所示显示了一个宏,该宏包含 OnError 操作,还包含一个名为 ErrorHandler 的子宏。

说明:OnError 宏操作位于宏的顶部,在发生错误的情况下它会调用 ErrorHandler 子宏。只有在由 OnError 操作调用时,ErrorHandler 子宏才会运行,并显示一个对错误进行说明的消息框。

2. 使用单步执行命令

单步执行是一种宏调试模式,可用于每次执行一个宏操作。执行每个操作后,将出现如图 6.13 所示的对话框,在该对话框中显示了操作的信息以及由于执行操作而出现的错误代码。

图 6.12　错误处理宏的样例

图 6.13　"单步执行宏"对话框

由于“单步执行宏”对话框中没有错误的说明，因此，建议用户使用前一部分所述的错误处理子宏方法。若要启动单步执行模式，则执行以下操作。

（1）在“设计”视图中打开宏。单击“设计”选项卡“工具”组中的“单步”按钮。

（2）保存并关闭宏。

这样，再运行宏时，将出现“单步执行宏”对话框。该对话框显示关于每个操作的信息，如宏名称、条件（对于 If 块）、操作名称、参数与错误号（错误号 0 表示没有发生错误）。

执行这些操作时，单击对话框中的三个按钮中的某一个即可。在此，对三个按钮的操作进行如下说明。

（1）若要查看关于宏中的下一个操作的信息，单击“单步执行”。

（2）若要停止当前正在运行的所有宏，单击“停止所有宏”。下一次运行宏时，单步执行模式仍然有效。

（3）若要退出单步执行模式并继续运行宏，单击“继续”。

说明：如果在宏中最后一个操作之后单击“单步执行”，则在下一次运行宏时，单步执行模式仍然有效。若要在运行宏时进入单步执行模式，可按 Ctrl＋Break 组合键。若要在宏中的某个特定点进入单步执行模式，可在该点添加 SingleStep 宏操作。单步执行模式在 Web 数据库中是不可用的。

单元 5　宏 的 应 用

宏的应用主要体现在如下几方面：一是作为窗体或报表控件的事件，当控件产生动作时对事件进行响应，例如可以将某个宏附加到窗体中的命令按钮上，这样在用户单击按钮时就会执行相应的宏；二是可以创建执行宏的自定义菜单命令或工具栏按钮，单击宏键可以完成一定的操作。

知识 1　创建表事件数据宏

Access 2007 以及以前的版本都不支持触发器，如果要实现触发功能只能在窗体中编程解决。但如果用户直接通过编程或者其他方式更改数据表，则无法触发在窗体中定义的事件，这对 Access 开发者来说是一个欠缺。Access 2010 弥补这一点，提供了一个新的“表事件”功能，该功能就是通过数据宏来实现的。

例 6-4　已知一个数据库有一个“员工表”与“员工变更日志”表，“员工变更日志”表用于记录对“员工表”信息的变更记录。“员工表”的结构如图 6.14 所示，“员工变更日志”表的结构如图 6.15 所示。为员工表创建“后期事件”，如果用户对“员工”表进行了信息变更，系统能自动把变更日志写入“员工变更日志”表中。

其操作过程如下。

（1）在 Access 2010 中打开该数据库，在数据库导航空格中打开“员工”表。

Access 数据库技术与应用（第 3 版）

字段名称	数据类型
ID	自动编号
工号	文本
员工姓名	文本
部门	文本
合同日期	日期/时间

图 6.14　员工信息表的字段

字段名称	数据类型
ID	自动编号
变更日期	日期/时间
员工表ID	文本
员工姓名	文本
变更项目	文本
原始值	文本
新值	文本
操作	文本

图 6.15　员工变更日志表

（2）单击"表格工具"选项卡的"表"子选项卡的"后期事件"组中的"更新后"按钮,打开"宏设计器"。

说明:表事件分为添加后触发、更新后触发、删除后触发、删除前的有效性验证与更改前的有效性验证。这里介绍的是使用更新后触发来实现日志的功能。

（3）在宏设计窗口中按图 6.16 所示编写宏。这里仅显示了对部门进行变更的宏操作。对"员工"表中其他字段修改宏的操作相同,仅存在操作参数不同而已,请读者自己完成。

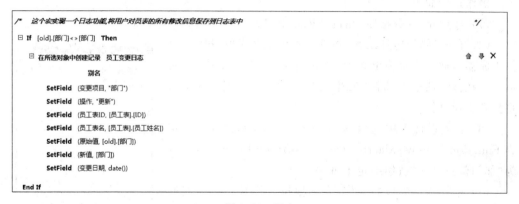

图 6.16　If宏

（4）关闭宏窗口。这样,一个数据更新宏就创建完成了。

此时,如果用户对"员工"表进行数据修改,修改日志就会自动登记在"员工变更日志"表中。

知识2　UI 宏触发事件

在 Microsoft Access 2010 中,凡是附加到用户界面对象（如命令按钮、文本框、窗体和报表）的宏都被称为用户界面宏。在应用系统设计与开发中,命令按钮是附加界面宏的主要控件之一,在此举例介绍 UI 宏的使用方法。

例 6-5　在如图 6.17 所示的 SysFrmFunction 窗体中,为其中的命令按钮控件设定宏事件。

在前面子宏的内容中已创建了宏组 FunctionWindowsMacro。在此介绍为该窗体的命令按钮设定相对应的宏事件。

图 6.17　用宏来触发窗体控件

操作过程如下。

（1）打开 main 数据库，在设计视图中打开 SysFrmFunction 窗体。

（2）右击"部门信息录入"按钮，弹出快捷菜单，执行"事件生成器"，此时系统弹出如图 6.18 所示的"选择生成器"对话框。在该对话框中选择"宏生成器"。单击"确定"按钮后将打开宏设计器。

图 6.18　"选择生成器"对话框

（3）在宏设计器中选择 RunMacro 操作，为运行宏指定为 FunctionWindowsMacro. Open_SysFrmbmInput。这样就为"部门信息录入"按钮绑定了事件宏。

（4）重复（3）与（4）的操作，为其他按钮设置相应的宏操作，命令按钮与 FunctionWindowsMacro 宏中子宏的对应关系如表 6-10 所示。

表 6-10　功能窗体中命令按钮与子宏对应关系表

命 令 按 钮	子　宏
部门信息录入	FunctionWindowsMacro. Open_SysFrmbmInput
类别信息录入	FunctionWindowsMacro. Open_SysFrmLbInput
员工信息录入	FunctionWindowsMacro. Open_SysFrmYgInput
明细信息录入	FunctionWindowsMacro. Open_SysFrmmxInput
部门报销总额	FunctionWindowsMacro. Open_ BxZe_Frm
类别报销总额	
员工报销总额	
浏览部门信息	FunctionWindowsMacro. Open_ BmInfo_Browse_Frm

命 令 按 钮	子 宏
浏览类别信息	FunctionWindowsMacro. Open_ LbInfo_Browse_Frm
浏览员工信息	FunctionWindowsMacro. Open_YgInfo_Browse_Frm
浏览明细信息	FunctionWindowsMacro. Open_BxmxInfo_ Browse_Frm
费用报销明细	FunctionWindowsMacro. Open_bxmxInfo_Report
员工信息表	FunctionWindowsMacro. Open_YgInfo_Report

（5）关闭宏设计器，然后关闭窗体就完成了 UI 宏触发事件的设计。

完成后运行 SysFrmFunction 窗体，单击窗体中绑定了事件的按钮进行测试。

知识 3　创建自动运行宏

在 Access 2010 中，如果创建的是独立的宏，且取名为 Autoexec，当该宏所属的数据库被打开时，宏 Autoexec 都会自动运行。宏 Autoexec 就是特殊的自动启动宏，它会在数据库文件被打开时自动运行。

例 6-6　为 main 数据库创建自动运行宏，要求是在打开 main 数据库时自动打开系统登录窗口。

在模块 4 中已经知道，main 数据库的登录窗体为 SysFrmLogin。创建该宏的操作过程如下。

（1）单击"创建"选项卡"宏与模块"组中的"宏按钮"，打开宏设计窗口。

（2）在宏设计窗口中添加如图 6.19 所示的打开窗体操作即可。

图 6.19　打开窗口操作的参数

（3）单击"快速访问"工具栏中的"保存"按钮，把该宏保存为 Autoexec 宏。

（4）创建好该宏后关闭 main 数据库，然后再打开数据库观察情况。此时就会发现数据库打开后弹出了数据库登录窗体。

在打开数据库时，如果按 Shift 键，自动宏将不会运行。

知识 4　热键触发宏

热键即快捷键,就是键盘上某个键或几个键的组合完成一项特定任务。例如在 Windows 中按 Del+Ctrl+Alt 组合键就可以打开 Windows 任务管理器。在 Access 中也可以通过宏来定义热键。要为一个操作或操作集指定快捷键或组合键,可以创建一个名为 AutoKeys 的宏组。在按下特定的按键或组合键时,系统就会执行相应的操作。

例 6-7　为 main 数据库创建 AutoKeys 宏组,当用户打开数据库后,按 Ctrl+F 键可打开 tb1codeyg 表,按 Ctrl+Q 键可打开 tb1Bxmx 表。打开时的视图为"数据表"视图,数据模式为"只读"。

其操作过程如下:

(1) 打开 main 数据库,单击"创建"选项卡"宏与代码"组中的"宏",打开宏设计器。

(2) 在宏设计窗口中创建"^P"与"^F"两个子宏,如图 6.20 所示。

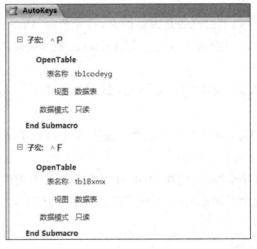

图 6.20　AutoKeys 宏组

(3) 单击快速访问工具栏中的"保存"按钮,把该宏组保存为 AutoKeys。

说明:

(1) 当创建好该宏后,打开该数据库,按 Ctrl+P 键将打开 main 数据库的 tb1codeyg 表,按 Ctrl+F 键将打开 main 数据库的 tb1Bxmx 表。

(2) 热键触发宏组名必须是 AutoKeys,且只能有一个这样的宏。

知识小结

- 宏是由一个或多个操作命令组成的集合。
- 在 Access 2010 中,宏可以分为用户界面宏与数据宏两大类。

Access 数据库技术与应用(第 3 版)

- 凡是附加到用户界面对象的宏均称为用户界面宏。
- 宏设计器是用于创建、编辑和运行宏的工具。
- 对宏的操作命令分组是通过 Group 块来实现的。
- 在宏中，如果操作要在条件为 True 时才执行可以使用 If 块来实现。
- 每个宏可以包含多个子宏，每个子宏均有各自的宏标识。
- 注释是对宏操作、宏块与子宏等功能的说明，使用的目的是增强宏的可读性。
- Access 2010 提供 80 了多个宏操作命令，分为 8 类操作。
- 在 Access 2010 中，宏 Autoexec 在打开包含该宏的数据库时会自动运行。
- 要为一个操作或操作集指定快捷键或组合键，可以创建一个名为 AutoKeys 的宏组。

任务 1　习题

一、选择题

(1) 宏是一个或多个_____的集合。

    A. 事件　　　　　　B. 操作　　　　　　C. 关系　　　　　　D. 记录

(2) 在一个宏的操作序列中，如果既包含带条件的操作，又包含无条件的操作，则带条件的操作是否执行取决于条件式的真假，而没有指定条件的操作则会_____。

    A. 无条件执行　　B. 有条件执行　　C. 不执行　　　　D. 出错

(3) 定义_____有利于对数据库中宏对象的管理。

    A. 宏　　　　　　　B. 宏组　　　　　　C. 数组　　　　　　D. 窗体

(4) 要限制宏操作的操作范围，可以在创建宏时定义_____。

    A. 宏操作对象　　　　　　　　　　　B. 宏条件表达式

    C. 窗体或报表控件属性　　　　　　　D. 宏操作目标

(5) 有关宏操作，以下叙述错误的是_____。

    A. 宏的条件表达式中不能引用窗体或报表的控件值

    B. 所有宏操作都可以转化为相应的模块代码

    C. 使用宏可以启动其他应用程序

    D. 可以利用宏组来管理相关的一系列宏

(6) 在条件宏设计时，对于连续重复的条件，可以代替的符号是_____。

    A. ...　　　　　　　B. =　　　　　　　C. ,　　　　　　　D. ;

(7) 下列命令中，属于通知或警告用户的命令是_____。

    A. Restore　　　　B. Requery　　　　C. MessageBox　　D. RunApp

(8) 为窗体或报表上的控件设置属性值的宏命令是_____。

    A. Echo　　　　　B. MsgBox　　　　C. Beep　　　　　D. SetValue

(9) 某窗体中有一命令按钮，在窗体视图中单击此命令按钮打开另一个窗体，需要执行的宏操作是_____。

    A. OpenQuery　　　　　　　　　　　B. OpenReport

C. OpenWindow   D. OpenForm

(10) 打开查询的宏操作是_____。

  A. OpenForm   B. OpenQuery

  C. OpenTable   D. OpenModule

(11) VBA 的自动运行宏,应当命名为_____。

  A. AutoExec   B. AutoExe

  C. Auto   D. AutoExec. bat

(12) 能够创建宏的设计器是_____。

  A. 窗体设计器 B. 报表设计器 C. 表设计器   D. 宏设计器

(13) 由多个操作构成的宏,执行时是按_____依次执行的。

  A. 排列次序 B. 输入顺序 C. 从后往前   D. 打开顺序

(14) 下列不属于打开或关闭数据库对象的命令是_____。

  A. OpenForm B. OpenReport C. Close   D. RunSQL

(15) 在宏的表达式中还可能引用到窗体或报表上控件的值。引用窗体控件的值可以用表达式_____。

  A. Forms!窗体名!控件名   B. Forms!控件名

  C. Forms!窗体名   D. 窗体名!控件名

(16) 在宏的表达式中要引用报表 test 上控件 txtName 的值,可以使用引用式_____。

  A. txtName   B. test!txtName

  C. Reports!test!txtName   D. Reports!txtName

(17) 在 Access 中,自动启动宏的名称是_____。

  A. AutoExec   B. Auto

  C. Auto. bat   D. AutoExec. bat

(18) 在宏的条件表达式中,要引用 rptT 报表上名为 txtName 的控件的值,可以使用的引用表达式是_____。

  A. Reports!rptT!txtName   B. Report!txtName

  C. rptT!txtName   D. txtName

(19) 在一个数据库中已经设置了自动宏 AutoExec,如果在打开数据库的时候不想执行这个自动宏,正确的操作是_____。

  A. 用 Enter 键打开数据库   B. 打开数据库时按住 Alt 键

  C. 打开数据库时按住 Ctrl 键   D. 打开数据库时按住 Shift 键

(20) 假设某数据库已建有宏对象"宏 1","宏 1"中只有一个宏操作 SetValue,其中第一个参数项目为"[Label0].[Caption]",第二个参数表达式为"[Text0]"。窗体 fmTest 中有一个标签 Label0 和一个文本框 Text0,现设置控件 Text0 的"更新后"事件为运行"宏 1",则结果是_____。

  A. 将文本框清空

  B. 将标签清空

C. 将文本框中的内容复制给标签的标题,使二者显示相同的内容

D. 将标签的标题复制到文本框,使二者显示相同的内容

(21) 宏操作 SetValue 可以设置_____。

A. 窗体或报表控件的属性　　　　B. 刷新控件数据

C. 字段的值　　　　　　　　　　D. 当前系统的时间

(22) 不能够使用宏的数据库对象是_____。

A. 数据表　　　B. 窗体　　　　C. 宏　　　　D. 报表

(23) 在下列关于宏和模块的叙述中,正确的是_____。

A. 模块是能够被程序调用的函数

B. 通过定义宏可以选择或更新数据

C. 宏或模块都不能是窗体或报表上的事件代码

D. 宏可以是独立的数据库对象,可以提供独立的操作动作

(24) 要限制宏命令的操作范围,可以在创建宏时定义_____。

A. 宏操作对象　　　　　　　　　B. 宏条件表达式

C. 窗体或报表控件属性　　　　　D. 宏操作目标

(25) 在运行宏的过程中,宏不能修改的是_____。

A. 窗体　　　　B. 宏本身　　　C. 表　　　　D. 数据库

(26) 宏操作 Quit Access 的功能是_____。

A. 关闭表　　　　　　　　　　　B. 退出宏

C. 退出查询　　　　　　　　　　D. 退出 Access

二、填空题

(1) 宏是一个或多个_____的集合。

(2) 如果希望按是否满足指定条件执行宏中的一个或多个操作,这类宏称为_____。

(3) 用于执行指定 SQL 语句的宏操作是_____。

(4) 打开一个表应该使用的宏操作是_____。

(5) 如果要引用宏组中的宏名,采用的语法是_____。

(6) 定义_____有利于数据库中宏对象的管理。

(7) VBA 的自动运行宏必须命名为_____。

任务 2　实验

一、实验目的

构造 main 数据库的宏,熟悉用户界面宏与数据宏的创建过程。

二、实验要求

按照要求设计宏。

三、实验学时

4 课时。

四、实验内容与提示

（1）参照例 6-1 为 main 数据的功能窗体创建嵌入宏。

（2）参照例 6-2 为如图 6.8 所示的登录窗体中的"确定"按钮创建条件宏实现系统登录。

（3）参照例 6-3 为 main 数据库的功能窗体创建一个宏组，宏名为 FunctionWindowsMacro。

（4）参照例 6-4 为 SysFrmFunction 窗体中的每个命令按钮设定宏事件。

（5）参照例 6-5 为 main 数据库创建自动运行宏。

模块 **7** VBA 与模块

VBA(Visual Basic for Application)是 Microsoft Office 系列软件的内置编程语言。在 VBA 中,工程(也称项目)由模块构成,模块由声明语句与过程组成,而过程由根据 VBA 规则书写的语句块组成。整个程序包含语句、变量、运算符、函数、数据库对象与事件等要素。模块是 Access 2010 数据库的重要对象之一,是程序代码的容器,用于书写 VBA 代码。本模块学习 VBA 与模块的编程知识。

主要学习内容
- VBA 简介;
- VBA 程序设计基础;
- VBA 过程;
- VBA 程序错误处理;
- VBA 程序调试。

单元 1 VBA 简介

VBA 是一种面向对象由事件驱动的编程语言。对象是指构成应用的窗体、报表或控件等,事件是指操作 Access 的某个对象时发生的特定动作。用户在操作计算机时,单击鼠标、按下键盘上的一个键或打开一个窗体等操作都是一个事件,当这些事件发生时,VBA 调用 Windows 操作系统的功能去实现模块中所编写语句的功能。

知识 1 VBA 的特点

VBA 是 Access 数据库应用的开发语言,其语法与 Visual Basic 编程语言相互兼容,使用 VBA 可以像编写 VB 语言程序一样编写 VBA 程序。VBA 的特点如下。

(1)操作简单

Access 为 VBA 提供了一种典型的 Windows 风格的集成开发环境 VBE(Visual Basic Editor,VB 编辑器),用户通过使用该编辑器的菜单、工具和各种子窗口,可以方便地编辑、编译、调试和运行程序。

（2）面向对象

程序设计语言主要分为面向对象和结构化编程两大类。VBA 是一种面向对象的程序设计语言,对象是 VBA 程序设计语言的核心。对象在数据库编程中无处不在,数据库中的窗体与报表以及控件等都是对象。

（3）事件驱动

Access 事件是指操作 Access 的某个对象时发生的特定动作,Access 的对象可以识别这些动作(事件)。Access 可以通过两种方式来处理事件响应,一是使用宏对象来响应,二是为某个事件编写 VBA 代码来完成相应的响应,这种 VBA 代码被称为事件过程。在 Access 中,事件可分为焦点、鼠标、键盘、窗体、打印、数据、筛选和系统环境等 8 类。VBA 采用事件来驱动程序,即当某个控件或对象相关的事件发生时,就会自动运行相应的程序。

知识 2　VBA 编辑器

Access 所提供的 VBA 开发工具是 VBE,VBE 为 VBA 程序的开发提供了完整的开发环境与调试工具。VBE 是 VBA 程序的代码编辑器,利用该编辑器可以编辑 VBA 代码,创建各种模块与过程。

1. VBE 的启动

在 Access 中,要进行 VBA 编程前需要启动 VBE。启动 VBE 的方法有如下几种。

（1）打开 Access 2010 数据库后,单击"创建"选项卡中的"模块"或"类模块"会启动 VBE,并直接在其中创建一个模块或类模块,如图 7.1 所示。

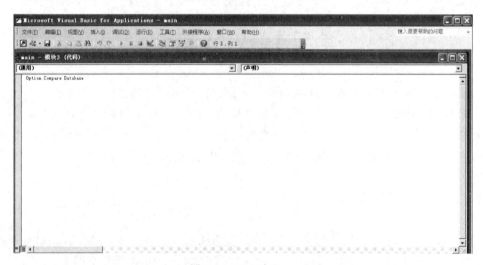

图 7.1　VBE 窗口一

（2）通过为窗体或报表的控件设定事件打开 VBE。方法是在设计视图或布局视图中打开窗体或报表,右击控件弹出快捷菜单,执行"事件生成器",弹出"事件生成器"对话框,选择"代码生成器"也会启动 VBE。

（3）打开 Access 2010 数据库后，单击"创建"选项卡中的 Visual Basic 按钮，也会启动 VBE，然后再单击"插入"菜单中的相应选项，即可以进行"模块"、"类模块"或"过程"的编写。

（4）如果已经创建了标准模块，双击数据库导航窗格中的模块名，此时，Access 会打开 VBE 窗口并显示该模块的代码。

2. VBE 界面组成及作用

VBE 窗口由窗口菜单、标准工具栏、帮助搜索、工程窗口、属性窗口和代码窗口 6 部分组成，如图 7.2 所示。另外，VBE 窗口中还有对象窗口、对象浏览器、立即窗口、本地窗口和监视窗口等，这些窗口可以通过"视图"菜单中的相应选项选择显示。

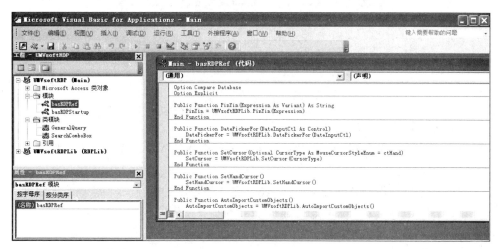

图 7.2　VBE 窗口二

（1）菜单

VBE 共有文件、编辑、视图、插入、调试、运行、工具、外接程序、窗口和帮助 10 个菜单。各个菜单的功能如表 7-1 所示。

表 7-1　菜单及其功能说明

菜　单	说　　明
文件	提供文件的保存、导入、导出等基本操作
编辑	提供基本的编辑命令
视图	控制 VBE 的视图
插入	实现过程、模块、类或文件的插入
调试	提供调试程序的基本命令，包括监视与设置断点等
运行	提供运行程序的基本命令，如运行与中断等命令
工具	用来管理 VB 的类库等的引用、宏以及 VBE 编辑器的选项
外接程序	管理外接程序
窗口	设置各个窗口的显示方式
帮助	用来获得 Microsoft Visual Basic 的链接帮助以及网络帮助资源

（2）标准工具栏

标准工具栏中包括创建模块时常用的命令按钮，用户可通过选中或撤销"视图"菜单中"工具栏"菜单中的"标准"按钮来确定显示或隐藏标准工具栏。标准工具栏及其上的按钮如图 7.3 所示。

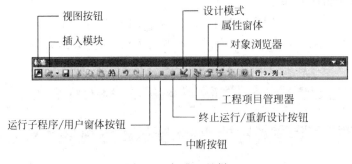

图 7.3　标准工具栏

（3）帮助搜索

用户在帮助搜索文本框中输入搜索的关键词就会激活 Visual Basic 的帮助。

（4）工程窗口

工程窗口又叫工程资源管理器窗口，位于窗口左上方，用于显示与管理当前数据库的工程。在打开 VBE 时，系统会自动创建一个与当前数据库同名的工程，用户可以在其中创建模块。一个 Access 数据库可以对应多个工程，一个工程可以包含多个模块。如图 7.2所示的工程窗口中显示了工程中的类对象、模块、类模块与引用等。工程窗口标题栏下面有三个按钮，从左至右分别为"查看代码"、"查看对象"与"切换文件夹"按钮，用户通过它们可以控制代码窗口、对象窗口以及对象文件夹的显示。双击工程窗口上的模块或类，相应的代码就会在代码窗口中显示出来。

（5）属性窗口

该窗口用于显示或修改所选对象的属性，可"按字母序"和"按分类序"查看并编辑这些对象的属性，这种修改对象属性的方法属于"静态"设置方法。还可以在代码窗口中使用 VBA 代码编辑对象的属性，这种方法属于"动态"设置方法。

（6）代码窗口

该窗口用于输入和编辑 VBA 代码。在 Access 中，用户可以打开多个代码窗口来查看各个模块的代码。在代码窗口中，关键字和普通代码的颜色是不同的，可以很容易地区分。VBE 的代码窗口嵌入了一个成熟的开发和调试系统，程序的开发与调试依靠该系统实现。在代码窗口的顶部有两个组合框，左边是对象组合框，右边是过程组合框。对象组合框中列出的是所有可用的对象名称，选择某一对象后，在过程组合框中将列出该对象所有的事件过程。在工程资源管理器窗口中双击任何 Access 类或模块对象都可以在代码窗口中打开相应的代码，然后就可以对它进行检查与编辑。另外，VBE 继承了 VB 编辑器的众多功能，例如自动显示快速信息、快捷的上下文关联帮助及快速访问子过程等功能。代码窗口如图 7.4 所示。

　　　　Access 数据库技术与应用（第 3 版）

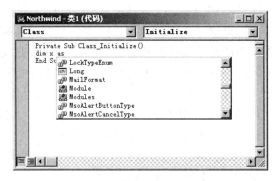

图 7.4　VBE 代码窗口

知识 3　模块

模块是 Access 系统中的重要对象之一,它是以 VBA 语言为基础编写、以函数过程(Function)或子过程(Sub)为单元的集合方式存储的 VBA 程序。模块是由声明语句和过程组成的集合,是一个以命名的单元存储在一起的程序。在 Access 中,模块分为标准模块和类模块。

1. 标准模块

标准模块简称"模块"或称为"一般模块"。在数据库中,大多数模块都属于标准模块。标准模块包含的代码与特定的数据库对象无关联,当数据库中的对象被移动时,模块在原数据库中保持不动。标准模块一般用于存放供其他 Access 数据库对象使用的公共过程,主要定义一些公共变量与过程供类模块中的过程调用。在标准模块内部也可以定义私有变量和私有过程供本模块内部使用。

标准模块中的公共变量和公共过程具有全局特性,其作用范围为整个应用程序,生命周期伴随着应用程序的运行而开始,也随着应用程序的结束而结束。

例 7-1

```
Public Sub Swap(a As Integer, b As Integer)    '定义一个过程交换两个数据
    Dim temp As Integer                         '定义一个临时变量
    temp=a                                       '把 a 的值赋给临时变量
    a=b                                          '把 b 的值赋给变量 a
    b=temp                                       '把临时变量的值赋给变量 b
End Sub
```

FirstOfNextMonth 过程是:

```
Function FirstOfNextMoth()                      '定义一个函数,返回下一个月的第一天
    FirstOfNextMoth=DateSerial(Year(Now), Month(Now)+1, 1)
End Function
```

该示例包含 Swap 与 FirstOfNextMoth 两个过程。Swap 的功能是定义一个过程交换两个数据;FirstOfNextMoth 是定义一个函数,返回下一个月的第一天。

2. 类模块

类模块是为对象定义的模块。在 VBA 中,一个类的每个实例都要新建一个对象,在类模块中定义的过程就成为该对象的属性和方法。类模块通常与窗体或报表一起存放,其中包含在指定窗体或其他控件上事件发生时触发的所有事件过程的代码,过程的运行用于响应窗体或报表上的事件。在 Access 2010 中,当对应的窗体或报表被移动到另一个数据库时,类模块和其中的代码也被移到另一个数据库中。

窗体模块和报表模块中的过程可以调用标准模块中已经定义好的过程。窗体模块和报表模块具有局部特性,其作用范围局限在所属窗体或报表内部,而生命周期则伴随着应用程序的运行而开始,也随着应用程序的结束而终结。

注意:标准模块与数据库其他对象一样在数据库的导航窗格中是可见的,而类模块是不可见的。

例 7-2 在例 7-1 的基础上,为数据库创建如图 7.5 所示的窗体,文本框的名称分别为 Text0 与 Text1,命令按钮的名称为 Command1,标签与命令按钮的标题如图 7.5 所示。

图 7.5　交换数据窗体

为交换按钮的单击事件输入如下代码。

```
Private Sub Command1_Click()
    Dim x As Integer
    Dim y As Integer
    x=Text0              '把文本框 Text0 的值赋给变量 x
    y=Text1              '把文本框 Text1 的值赋给变量 y
    Call Swap(x, y)      '调用例 8-1 标准模块中的 Swap 过程,可以使用 Swap x,y 的格式
    Text0=x              '把交换后的 x 值赋给文本框 Text0
    Text1=y              '把交换后的 y 值赋给文本框 Text1
End Sub
```

创建好窗体后,右击"交换"按钮,在弹出的快捷菜单中选择"事件生成器",打开类模块编辑器,输入上述代码,如图 7.6 所示。

切换到"窗体视图",在文本框中分别输入 3 与 5,单击"交换",会发现两个文本框中的数据进行了交换。从本例可以看出,类模块是隶属于窗体或报表的。

注意:Option Compare 语句用于声明字符串比较时所用的缺省比较方法,在模块级别中使用。语句格式为:Option Compare〈Binary ｜ Text ｜ Database〉。Option Compare Binary 是根据字符的内部二进制表示而导出的一种排序顺序来进行字符串比较。在

—————————————— Access 数据库技术与应用(第 3 版)

Microsoft Windows 中，排序顺序由代码页确定。典型的二进制排序顺序为：A<B<E<Z<a<b<e<z。

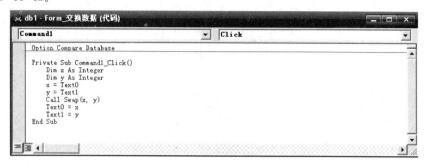

图 7.6 类模块编辑器

Option Compare Text 根据由国别 ID 确定的一种不区分大小写的文本排序级别来进行字符串比较。当使用 Option Compare Text 对相同字符排序时，会产生下述文本排序级别：（A=a）<（B=b）<（E=e）<（Z=z）。

Option Compare Database 只能在 Microsoft Access 中使用。当需要字符串比较时，将根据数据库的国别 ID 确定的排序级别进行比较。

单元 2 VBA 程序设计基础

知识 1 VBA 数据类型

VBA 同其他的编程语言一样，也要对数据进行操作。为了适合不同数据的操作要求，VBA 构造了多种数据类型，用于存放不同类型的数据。表 7-2 列出了 VBA 程序中主要的数据类型，以及它们所要求的存储空间和取值范围。

表 7-2 VBA 支持的数据类型

数据类型	类型名称	存储空间	取 值 范 围
Byte	字节型	1 字节	0～255
Boolean	布尔型	2 字节	True 或 False
Integer	整型	2 字节	−32768～32767
Long	长整型	4 字节	−2 147 483 648～2 147 483 647
Single	单精度浮点型	4 字节	负数：−3.402823E38～−1.40898E−45 正数：1.40898E−45～3.402823E38
Double	双精度浮点型	8 字节	负数：−1.79769313486232E308～−4.9406564584847E−324 正数：4.9406564584847E−324～1.79769313486232E308
Currency	货币型	8 字节	−922 337 203 685 477.5808～922 337 203 685 477.5807

数据类型	类型名称	存储空间	取 值 范 围
Decimal	十进制小数型	14 字节	无小数点时：+/－79 228 162 514 264 337 593 543 950 335 有小数点又有 28 位数时：+/－7.9228162514264433759354395 0335；最小的非零值：+/－0.0000000000000 0 0000000000001 Decimal 数据类型只能在 Variant 中使用
Date	日期型	8 字节	100 年 1 月 1 日～9999 年 8 月 31 日
Object	对象	4 字节	任何对象引用
String (fixed)	定长字符串	10 字节＋字符串长	0～大约 20 亿
String (variable)	变长字符串	字符串长	1～大约 65 400
Variant (数字)	变体数字型	16 字节	任何数字值,最大可达 Double 的范围
Variant (字符)	变体字符型	22 字节＋字符串长	与变长 String 有相同的范围
Type	自定义类型	所有元素所需数目	每个元素的范围与它本身的数据类型的范围相同

在表 7-2 中的 Variant 数据类型是所有没被显式声明变量的数据类型。Variant 是一种特殊的数据类型,除了定长 String 数据及用户自定义类型外,可以包含任何种类的数据,也可以包含如 Empty、Error、Nothing 及 Null 等特殊值。Empty 值用来标记尚未初始化的 Variant 变量。包含 Empty 的 Variant 在数值的上下文中表示 0,如果是用在字符串的上下文中则表示零长度的字符串。Null 表示 Variant 变量含有一个无效数据,Error 是用来指示在过程中出现错误时的特殊值。

和其他的语言一样,VBA 可以使用 Type 语句自定义数据类型。用户自定义类型可包含一个或多个某种数据类型的数据元素、数组或一个先前定义的用户自定义类型。Type 语句的语法如下:

```
Type TypeName
    定义语句
End Type
```

例 7-3 下面的 Type 语句,定义了 MyType 数据类型,它由 MyFirstName、MyLastName、MyBirthDate 和 MySex 组成。

```
Type MyType
    MyFirstName As String   '定义字符串变量存储名字
    MyLastName As String    '定义字符串变量存储姓
    MyBirthDate As Date     '定义日期变量存储出生日期
    MySex As Integer        '定义整型变量存储性别
End Type
```

知识 2 变量与常量

VBA 代码中通过声明和使用指定的常量或变量来临时存储数值、计算结果或数据库中的对象。

1. 变量

变量是指程序运行过程中,其值可以发生变化的量,其主要作用是存取数据。变量可以是任意 VBA 所支持的数据类型。变量使用变量名来标识,变量命名要注意以下两点。

(1) 变量名的有效性。变量以字母开头,中间可以出现数字和一些标点符号,除下划线(_)作为连字符外,变量名称不能有空格、加号(＋)、减号(一)、逗号(,)、句点(.)等符号。

(2) VBA 不区分大小写,最多可以包含 254 个字符。但在变量命名时,最好体现该变量的作用,不要使用 VBA 中的关键字作为变量,在变量名中也不能有特殊类型的声明字符(如♯、$、％、&、! 等)。

在 VBA 中使用变量前必须先声明变量,声明变量主要解决三个方面的问题,一是指定变量的数据类型,二是指定变量的适用范围,三是为变量分配内存空间。VBA 应用程序并不要求在过程中使用变量之前明确声明变量。如果在过程内使用一个没有明确声明的变量,VBA 会默认地将它声明为 Variant 数据类型。虽然采用默认的声明很方便,但可能会在程序代码中导致一些严重的错误。因此,在使用前声明变量是一个很好的编程习惯。在 VBA 中可以强制要求在过程中使用变量前必须进行声明,方法是在模块通用节中引入一条 Option Explicit 语句。该语句要求在模块级别中强制对模块中的所有变量进行显式声明。

简单变量的声明可以使用如下方法:

(1) Dim <变量名> As <数据类型>

(2) Private <变量名> As <数据类型>

(3) Public <变量名> As <数据类型>

(4) Static<变量名>As<数据类型>

这些语句的功能是声明变量并为其分配存储空间。

Public 和 Private 一般用于定义全局变量,也可以在类中使用。两者的区别是 Public 定义的是公共变量,如果在一个模块当中使用,那么整个应用程序都能使用它所定义的变量,如果在类中使用,那么它就是一个公共属性。Private 定义的是私有变量,如果在一个模块中使用,那么只有这个模块才能访问到它所定义的变量,如果在类中使用,那么它就是一个私有属性。

Dim 和 Static 一般在过程内部使用,它们所定义的变量都只能在过程内部被访问。Dim 定义的是动态变量,过程一旦结束,该变量所占有的内存就会被系统回收,而变量所存储的数据就会被破坏。Static 定义的是静态变量,这意味着在过程结束后这个变量所占有的内存不会被回收,数据当然也不会被破坏了,这样当下次再调用该过程的时候,数据就依然存在。如果用户想清除静态变量的值,采用的方法是单击"运行"→"重新设置"命令即可。

相比之下，Public 和 Static 都有保留数据不被破坏的作用，但是，前者适合于那些所有过程都可能访问到的变量，而后者则把变量的作用范围缩在最小（只在该过程内能被访问）。

例如，Dim MyName As String 语句声明了字符串变量 MyName。变量声明后，用户就可以通过表达式给它赋值。例如 MyName＝"Alice"。VBA 中有种变量被称为对象变量，对象变量的赋值是用 Set 语句来实现的。格式为：

```
Set variable=object
```

在 VBA 中，可以在同一行内声明多个变量。

例如：

```
Dim Var1,Var2 As Integer,Var3 As String
```

其中，Var1 的类型为 Variant，因为声明时没有指定它的类型，Var2 为整型，Var3 为字符串型。

注意：在模块级别中用 Dim 声明的变量，对该模块中的所有过程都是可用的。在过程级别中声明的变量，只在过程内可用。在如下代码中，Private Sub cmdMod 过程的两个变量（it 和 strSQL）只在 cmdMod 过程有效。而在 Option Compare DatabaseOption 下方声明的 frmName 变量则在整个窗体模块中都是有效的。

```
Option Compare Database
Dim frmName As String              '这个变量在整个窗口模块中通用
Private Sub cmdMod_Click()
Dim i As Integer                   '将 i 声明为数字(整型)变量
Dim strSQL As String               '将 strSQL 声明为文本型变量
strSQL="select * from tblSale"
MsgBox strSQL, vbInformation, frmName
End Sub
Private Sub Form_Load()
frmNamc-"销售订单录入"              '窗体一加载时,给变量 frmName 赋一个值
End Sub
Private Sub cmdChild_Click()
Me.Caption=frmName                 '窗体标题显示窗体的名称 frmName
End Sub
Private Sub cmdClose_Click()       '关闭窗体
DoCmd.Close
End Sub
```

注意：Access 中的数据库对象、窗体与报表中的控件及其属性都可以作为 VBA 程序代码中的变量及其指定的值来加以引用。Me 关键字是一个隐含的对象，在窗体对象编程中常见，它代表当前窗体自己。

Access 中窗体对象的引用格式为：Forms!窗体名称!控件名称.属性名称。

Access 中报表对象的引用格式为：Reports!报表名称!控件名称.属性名称。

关键字 Forms 与 Reports 分别表示窗体或报表对象的集合。"!"把对象名称与控件

名称分隔。例如,Form1. Caption＝"我的窗口"就是把窗体标题设为"我的窗口"。

2. 常量

VBA 的常量的有关知识在模块 1 中已做介绍,请参见 1.4.2 节。VBA 的常量分为直接常量与符号常量两种。符号常量可以看作一种特殊的变量,它的值一经确定就不能够更改或重新赋值。对于程序中经常出现的常数值,以及难以记忆且无明确意义的数值,使用声明常量可使代码更容易读取与维护。在 VBA 中,声明常量是通过 Const 命令来实现的,使用 Const 语句来声明常量的语句格式如下:

```
Const Const_Name=expression
```

例如,下面的语句声明了一个常量 PI:

```
Const PI=3.1415926
```

注意:在 Access 中,符号常量有系统常量与内部常量之分。系统常量是指系统启动时建立的常量,有 True、False、Yes、No、On、Off 以及 Null 等,用户在编写代码时可以直接使用。内部常量是 VBA 提供的一些预定义常量,它们在 Access 系统启动后就建立,主要作为 DoCmd 命令语句的参数。内部常量以 ac 开头,如 acCmdDocMinimize 是最小化 Access 子窗体常量,acCmdAppMinimize 是最小化 Access 窗体常量。

知识 3　数组

数组是在有规则的结构中包含一种数据类型的一组数据,通常被称为数组元素变量。数组中元素的数据类型相同而且连续可索引,并且每个元素具有唯一的索引号,更改其中的一个元素的值不影响其他元素。数组元素变量采用数组名和数组下标来标识。其中,数组名用于标识数组元素变量属于同一个数组,下标为索引号,用于标识同一个数组中的不同数组元素。

数组的声明方式与前面介绍的变量声明方法一样,可以使用 Dim 声明,同样也可用 Static、Private 或 Public 等关键字声明其作用域。数组是有大小的,若数组的大小被指定,则称为固定大小数组。在 VBA 中,数组的大小是可以被改变的,若数组大小可改变,则称为动态数组。数组的起始元素的标识可根据 Option Base 语句的设置而定,如 Option Base 1 声明数组索引从 1 开始。如果 Option Base 没有指定,则数组索引从 0 开始。

例如:Dim Arraya(10) As String 语句声明了数组 Arraya,大小为 11。

Dim Arrayb(1 To 10，1 To 20) As String 定义了 Arrayb,数组的第一个元素为 Arrayb(1,1),它是一个 10×20 的二维数组。

若声明为动态数组,则可以在执行代码时改变数组大小。利用 Static、Dim、Private 或 Public 语句来声明数组,并使括号内为空。

例如:Dim Arrayc() As String 语句声明了一个动态数组 Arrayc。

在程序中引用数组变量的某个元素时,只需引用该数组名并在其后的括号中赋以相应的索引即可。

注意:当不需要动态数组包含的元素时,可以使用 ReDim 语句将其设为 0 个元素来释放数组占用的内存空间。

知识 4　程序的基本结构

VBA 中的程序按其语句执行的先后顺序可分为顺序程序结构、条件判断结构和循环程序结构。程序的结构可以采用传统的流程图来描述。传统流程图中的基本符号如图 7.7 所示。

图 7.7　流程图的基本符号

1. 顺序结构

顺序结构是指程序按照程序中语句排列的先后顺序执行，程序的执行流程如图 7.8 所示。

例 7-4　创建一个窗体，在窗体上设置一个"建立教师简单信息"的按钮，如图 7.9 所示。单击该按钮，能以 TIMS_TeacherInfo 建立一个 Teacherjdinfo 表。

图 7.8　顺序结构程序流程　　　　图 7.9　建立教师简单信息窗体

实现步骤如下。

（1）选择对象中的"窗体"按钮，单击新建一个窗体，在新窗体中选择工具箱中的"按钮"控件创建一个按钮，右击该按钮，在出现的快捷菜单中选择"属性"，打开如图 7.10 所示的对话框，在该对话框中选择"事件"中的"单击"事件。打开如图 7.11 所示的程序编辑器。

图 7.10　命令按钮属性对话框

图 7.11　程序代码编辑器

（2）在 Private Sub command_Click()与 End Sub 之间输入如下代码：

```
'声明 strsql 变量
Dim strsql As String
strsql=" SELECT TIMS _ TeacherInfo. Name, TIMS _ TeacherInfo. Sex, TIMS _
TeacherInfo. Birth _ Day, TIMS _ TeacherInfo. Telephone INTO Teacherjdinfo
FROM TIMS_TeacherInfo;"          '这是一条 SQL 语句
DoCmd.RunSQL strsql             '执行 SQL 代码
MsgBox "新表创建成功!", vbInformation, "提示成功"
```

（3）然后保存新窗体，输入新窗体的窗体名 frmExp，关闭窗体设计页面，回到主页面。

（4）双击刚才新建的窗体，单击窗体中的按钮 Command0 出现如图 7.12 所示的提示框。表示表已创建完成。

上述程序段就是顺序结构代码，除了其中的注释语句不执行外，其他语句是按语句排列的先后顺序执行的。

说明：在上述 VBA 代码中，对于 SQL 代码不熟练的用户来说，写 SQL 语句有一定的困难。这不要紧，初学者可以使用模块 3 中建立生成表查询，从 SQL 视图中把 SQL 代码复制过来。在 Access 的 VBA 代码中，经常会执行一些 SQL 代码来更新表中的数据或是生成表，对于对 SQL 代码不熟练的 Access 开发人员，利用 Access 的查询建立查询，然后查看 SQL 代码不失为一种高效的获得 SQL 代码的方法。

2. 选择结构

选择程序结构用于判断给定的条件，根据判断结果的真或假（True 或 False）来控制程序的流程。使用选择结构语句时，要用条件表达式来描述条件。在 VBA 中，选择结构通过 If 语句与 Select Case 语句来实现。

（1）If 语句

If 语句根据测试条件的结果来选择执行其中的语句。If 有简单分支、选择与复合分支三种。

简单分支语句的格式为：

```
If<条件>Then
  <语句>
End If
```

语句的执行方式如图 7.13 所示。

图 7.12　MsgBox 命令提示框

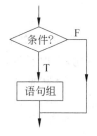

图 7.13　简单分支程序流程

例 7-5 已知两个数 x 和 y，比较它们的大小，且确保 x 大于 y。程序段的代码为：

```
If x<y Then
    t=x: x=y: y=t            '交换变量 x 与 y 的值
End If
```

选择分支语句的格式为：

```
If <条件>Then
    <语句>
Else
    <语句>
End If
```

该语句根据条件的成立与否选择执行相应的语句。若"条件"为 True，则执行 Then 后面的语句；否则，执行 Else 后面的语句。程序流程如图 7.14 所示。

例 7-6 判断如果 UpdateFlag 的值为 True，则显示一条消息"Update Successfully"，否则显示一条信息"Update Failed!"。程序代码如下：

```
If UpdateFlag Then
    MsgBox "Update Successfully"
Else
    MsgBox " Update Failed"
End If
```

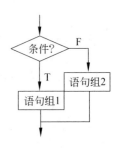

图 7.14　选择分支程序流程

如果要从三种或三种以上的条件中选择一种，则要使用 If…Then…ElseIf…Else 复合语句，语句的格式为：

```
IF <条件 1>Then
    <语句 1>
ElseIf <条件 2>Then
    <语句 2>
ElseIf <条件 3>Then
    <语句 3>
    …
Else
    <语句>
End If
```

若"条件 1"为 True，则执行 Then 后的语句；否则，再判断"条件 2"，条件 2 为 True 时，执行其后的语句，以次类推，如果所有的条件都不满足，则执行 Else 块的语句。

例 7-7 输入一学生成绩，评定其等级。等级评论方法是：$90\sim100$ 分为"优秀"，$80\sim89$ 分为"良好"，$60\sim79$ 分为"及格"，60 分以为"不合格"。程序代码如下：

```
If x>=90 then
    Debug.Print "优秀"
```

```
ElseIf x>=80 Then
    Debug.Print "良好"
ElseIf x>=60 Then
    Debug.Print "及格"
Else
    Debug.Print "不及格"
End If
```

（2）Select Case 语句

从 If 语句可看出,如果条件太多,分支较复杂,使用 If 语句就会显得累赘,而且程序易读性会变差。这时可使用 Select Case 语句来写出结构清晰的程序。

Select Case 语句是根据表达式的求值结果,选择执行几个分支中的一个。其语法如下：

```
Select Case<变量或表达式>
Case<表达式列表 1 >
    <语句组 1>
Case<表达式列表 2>
    <语句组 2>
    ...
Case<表达式列表 n>
    <语句组 n>
Case Else
    <语句组>
End Select
```

程序执行流程如图 7.15 所示。

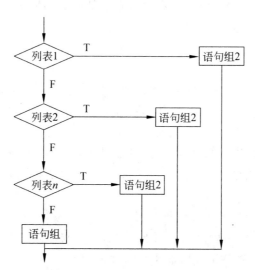

图 7.15　Select Case 语句执行流程

Select Case 语句的 Select Case 后的表达式是必选参数,可为任何数值表达式或字符串表达式;在每个 Case 后出现表达式列表是多个"比较元素"的列表。表达式列表可有下面 4 种形式之一,如表 7-3 所示。

表 7-3　表达式列表形式与示例

表达式列表形式	举　例
表达式	A ＋5
一组枚举表达式(用逗号分隔)	2，4，6，8
表达式 1 To 表达式 2	60 to 100
Is 关系运算符表达式	Is＜60

程序按照 Select…Case 结构中表达式出现的顺序,将表达式的值和 Case 语句中的值进行比较。如果发现一个匹配项或一条 Case Else 语句,则执行相应的语句块。在任何情况下,都会将控制转移到 End Select 语句后面的语句。

例 7-8　设计一个窗体,如图 7.16 所示,使用 Select…Case 语句来实现例 7-7 的成绩等级评定。

图 7.16　成绩等级评论窗体

该窗体有两个标签、两个文框,文本框名称分别为 Text1 与 Text2,两个命令按钮,名称分别为 Command1 与 Command2。

为 Command1 单击事件编写如图 7.17 所示的代码。

3. 循环结构

循环结构主要用来描述重复执行算法的问题,它是程序设计中最能发挥计算机特长的程序结构。循环结构类似于一个条件判断语句和一个转向语句的组合。循环结构有三个基本要素,它们分别是循环变量、循环体和循环终止条件,循环结构在程序框图中利用判断框来表示,判断框内写上条件,两个出口分别对应着条件成立和条件不成立时所执行的语句,其中一个要指向循环体,然后再从循环体回到判断框的入口处,另一个出口是循环结束的出口。

(1) Do…Loop 语句

该语句通过 Do 来执行循环,有 4 种形式,形式一与形式二为当型循环,形式三与形式四为直到型循环。其中 While 是条件为真时执行循环体,Until 是条件为假时执行循环体。

当型循环的程充流程如图 7.18 所示,直到型循环的程序流程如图 7.19 所示。

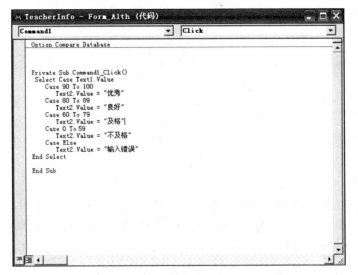

图 7.17　事件代码窗口

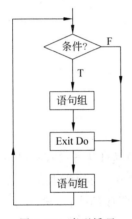

图 7.18　当型循环

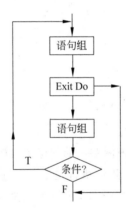

图 7.19　直到型循环

形式一：

```
Do While <条件>
    语句组
    [Exit Do]
    语句组
Loop
```

形式二：

```
Do Until <条件>
    语句组
    [Exit Do]
    语句组
Loop
```

形式三：

```
Do
    语句组
    [Exit Do]
    语句组
Loop While <条件>
```

形式四：

```
Do
    语句组
    [Exit Do]
    语句组
Loop Until <条件>
```

例 7-9 针对下面两个程序,分析程序执行后 I 的值。

```
Sub Command1.Click()            Sub Command1.Click()
    Dim I As Integer                Dim I As Integer
    I=1                             I=1
    Do While I<=20                  Do Until I<=20
      Debug.Print I                   Debug.Print I
      I=I+1                           I=I+1
    Loop                            Loop
End Sub                         End Sub
```

分析:该例左边的程序 I 的初值为 1,循环结束条件为 I 大于 20,该程序的输出为 1,2,…,20。程序执行后 I 的值为 21。右边的程序 I 的初值也为 1,循环结束条件为 I 小于或等于 20,该程序的循环体不得执行,没有输出,整个程序执行完后 I 的值仍为 1。

例 7-10 针对下面两个程序,分析程序执行后 I 的值。

```
Sub Command1.Click()            Sub Command1.Click()
    Dim I As Integer                Dim I As Integer
    I=1                             I=1
    Do                              Do
      Debug.Print I                   Debug.Print I
      I=I+1                           I=I+1
    Loop While I<=20                Loop Until I<=20
End Sub                         End Sub
```

分析:该例左边的程序 I 的初值为 1,循环结束条件为 I 大于 20,该程序的输出也为 1,2,…,20。程序执行完后 I 的值为 21。该例右边的程序 I 的初值也为 1,循环结束条件为 I 小于或等于 20,该程序先执行循环体一次,再结束程序的执行,输出为 1。程序执行后 I 的值为 2。

(2) While…Wend 循环结构

语句形式为:

```
While <条件>
    <语句组>
Wend
```

说明:该语句的功能与 Do While <条件>…Loop 实现的循环完全相同。区别在于该语句中不能出现 Exit 语句。

(3) For 循环语句

For 循环一般用于循环次数已知的循环。语句形式为:

```
For 循环变量=初值 to 终值 [Step 步长]
    <语句组>
    [Exit For]
```

<语句组>

Next <循环变量>

该循环结构执行过程如图 7.20 所示。

循环执行的条件为：

当步长＞0 时，初值≤终值；

当步长＜0 时，初值≥终值。

例 7-11 已知如下程序，该程循环了多少次？输出结果是什么？

```
Sub Command1.Click()
Dim I As Integer
For I=2 To 13 Step 3
    Debug.Print I
Next I
End Sub
```

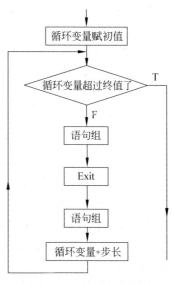

图 7.20　For 循环流程

通过程序分析可知，当 I 的值为 2、5、8、11 时程序循环，因此程序循环 4 次，输出的值为：2,5,8,11。

（4）循环的嵌套——多重循环结构

如果在一个循环内完整地包含另一个循环结构，则称为多重循环，或循环嵌套，嵌套的层数可以根据需要而定。

对于循环的嵌套，要注意以下几点。

① 内循环变量与外循环变量不能同名；

② 外循环必须完全包含内循环，不能交叉；

③ 不能从循环体外转向循环体内，也不能从外循环转向内循环。

下面 4 种嵌套循环都是正确的。

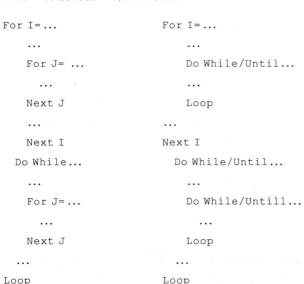

```
For I=...                    For I=...
    ...                          ...
    For J= ...                   Do While/Until...
       ...                          ...
    Next J                       Loop
    ...                          ...
    Next I                   Next I
    Do While...                  Do While/Until...
       ...                          ...
    For J=...                    Do While/Untill...
       ...                           ...
    Next J                       Loop
    ...                          ...
Loop                         Loop
```

4. 其他语句

(1) Goto 语句

语句形式：GoTo{标号|行号}，它的作用是无条件地转移到标号或行号指定的那行语句。由于 Goto 语句破坏了程序的逻辑顺序，一般不赞成使用。

```
If Number=1 Then GoTo Line1 Else GoTo Line2
    Line1:                    ' 标号 1
            MyString="Number equals 1"
    Line2:                    ' 标号 2
            MyString="Number equals 2"
```

(2) Exit 语句

Exit 语句用于退出 Do…Loop、For…Next、Function 或 Sub 代码块。对应的使用格式为：Exit Do、Exit For、Exit Function、Exit Sub，分别表示退出 Do 循环、For 循环、函数过程、子过程。

例 7-12 使用 Exit 语句退出 For…Next 循环、Do…Loop 循环及子过程。程序代码如下：

```
Private Sub Form_Click()
Dim I%, Num%
  Do                          '建立无穷循环
    For I=1 To 100            '循环 100 次。
      Num=Int(Rnd * 100)      '生成一个 0~99 的随机数
      Select Case Num
        Case 10: Exit For      '退出 For…Next 循环
        Case 50: Exit Do       '退出 Do…Loop 循环
        Case 64: Exit Sub      ' 退出子过程
      End Select
    Next I
  Loop
End Sub
```

(3) With…End With 语句

With 语句可以对某个对象执行一系列的语句，而不用重复指出对象的名称。例如，要改变一个对象的多个属性，可以在 With 控制结构中加上属性的赋值语句，这样只是引用对象一次而不是在每个属性赋值时都要引用它，给代码的简化编写带来好处。它的语法格式如下：

```
With <对象>
    <语句>
End With
```

例 7-13 把标签 MyLabel 的高度设为 2000，宽度设为 2000，标题设为"This is MyLabel"。

```
With MyLabel
    .Height=2000
    .Width=2000
    .Caption="This is MyLabel"
End With
```

一旦程序进入 With 块,对象就不能改变。因此不能用一个 With 语句来设置多个不同的对象。可以将一个 With 块放在另一个之中,而产生嵌套的 With 语句。但是,由于外层 With 块成员会在内层的 With 块中被屏蔽,所以必须在内层的 With 块中,使用完整的对象引用来指出在外层的 With 块中的对象成员。

知识 5　面向对象程序设计

VBA 不仅支持结构化的编程,也支持面向对象的编程(Object Oriented Programming, OOP)。面向对象的程序设计方法以对象为核心,以事件为驱动为手段,大大提高了程序的设计效率。

1. 对象

一个对象可以是一个真实存在的物体,也可以是一个抽象的事物。但不管它是真实物体还是抽象事物,它总通过静态特征和动态特征来描述。静态特征是像物体的颜色、大小等可以用某种具体的数据来描述的特征;动态特征是对象所能表现出来的行为和所具有的功能等特征。

与真实物体类似,在程序设计中所用到的对象也可以用静态特征和动态特征来描述。静态特征称为属性,动态特征称为方法,属性和方法的集合就构成了一个对象。对象是软件系统中用来描述事物的一个基本单位。面向对象的程序设计方法将数据和程序封装到封闭的对象中,这样就使得设计、组织和使用这些复杂的数据结构和由那些数据所完成的功能变得很简单。应用程序中的每一个对象都包含了程序代码和数据,并合成了一个简单的项。大部分应用程序中都包含了很多种不同类型的对象。在 Access 中,窗体、报表是对象,标签、命令按钮等都属于对象。

2. 属性

属性是对象的静态特征。例如,要描述一个人,总是通过如高矮、胖瘦、美丑等一系列特征来进行,所有这些特征就可以认为是对象的属性。属性决定了一个对象的外观和行为,要改变一个对象的外观和行为,可以直接通过改变对象的属性来实现。例如,要改变一个命令按钮对象上的文字,可以通过对命令按钮的 Caption 属性的赋值来实现。通过属性不仅能改变对象的行为,还能查看对象当前的状态。例如要想知道命令按钮的名称,可以直接访问它的 Name 属性。任何对象都有属性,用来描述或设置对象的特征。设置与引用属性时,应将对象和属性组合在一起,中间用句点分隔。具体格式为<对象>.<属性><参数>。例如,Command1. Caption="确定"是为 Command1 对象的 Caption 属性赋值。关于窗体与控件的属性,本书在模块 4 中已列出窗体与控件的常用属性,请参见相关内容。对象属性设置的方法有两种:一种是在设计模式下,通过属性窗口直接设

置。二是在程序的代码中通过赋值命令来实现,其格式为:

对象名.属性名=属性值

例如,执行 Label10.Caption＝＂显示＂语句,标签对象 Label10 的标题被设置为
"显示"。

3. 方法

方法是指在对象上可操作的过程,是 VBA 系统提供的一种特殊的过程和函数。方法可以改变对象的属性值,也可以对存储在对象中的数据实施某些操作。方法很像 VBA 编程中的过程,但它属于某个对象,只是必须通过特定的对象才能访问。虽然相同类型的对象能够共享它们的方法代码,但是当用户访问某个特定的对象时,该方法只能作用于调用该方法的对象。任何对象都有方法,一个方法就是在对象上执行的某个动作。为对象指定方法时,应将对象和方法组合在一起,中间用句点分隔,具体格式为<对象>.<方法>.<参数>。例如,Debug.print "过程二"是引用 Debug 对象的 Print 方法。命令 Debug.print "欢迎您使用 Access "将在立即窗口中输出文字"欢迎您使用 Access"。

4. 事件及事件过程

事件是指可被对象识别的动作,如窗体打开(FormOpen)、按钮的单击(Click)与双击(DbClick)等。事件过程是指附在该对象上的程序代码,是事件触发后处理的程序。事件过程的形式如下:

```
Sub   对象名_事件过程名 [(参数列表)]
      …   (事件过程代码)
End Sub
```

例如:

```
Sub  cmdOk_Click()
    cmdOk.Visible=False      '设置命令按钮的可见性为不可见
End Sub
```

5. 类

在面向对象程序设计方法中,类是具有相同的属性和方法的一组对象的集合。它为属于该类的全部对象提供了抽象的描述,其内部包括属性和方法两个主要部分。类与对象的关系犹如模具与铸件的关系一样,类包含新对象的定义,通过创建类的新实例,可以创建新对象,而类中定义的过程就成为该对象的属性和方法。

实际上整个 VBA 的对象体是一个分层结构。对象分层结构的概念意味着对象可以包含其他对象,而其他对象又可以包含别的对象。这种"包含"是通过一种名叫"集合"的特殊类型的对象来实现的。集合对象的唯一目的是用来包含其他对象。被给定集合包含的对象都是同一类型的。

在 Access 中,用户可以通过单击工具栏中的"对象浏览器"🐾,打开"对象浏览器"窗口查看各个库中的类,以及这些类创建的对象的属性、方法和事件。"对象浏览器"窗口如图 7.21 所示。在窗口中可以查看各个库中的类的列表,在列表框右侧的窗格中显示在类

中定义的对象的属性、方法和事件。其中 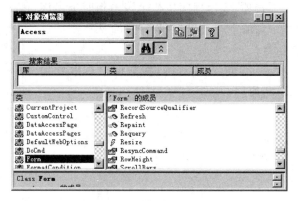 标志的是属性，标志的是方法，而 标志的则是事件。对于选中的属性、方法和事件，在窗口的最下方会有简单的说明。

图 7.21　"对象浏览器"窗口

单元 3　VBA 过程

在 Access 中，模块以 VBA 语言为基础，由声明和过程两部分组成。过程是构成模块的基本单元，是 VBA 程序代码的容器，是程序中的逻辑部件。过程可分为 Sub 子过程和 Function 函数过程，这两类过程都是可以获取参数、执行一系列语句以及改变其参数值的独立过程。

知识 1　子过程

子过程是由 Sub 和 End Sub 语句包含起来的 VBA 语句集合，其格式如下：

```
[Private|Public|Friend| Static] Sub 子过程名(参数列表)
    <子过程语句>
[Exit Sub]
    <子过程语句>
End Sub
```

修饰词 Private、Public、Static 与 Friend 用来定义过程的作用范围。其作用与意义如下。

（1）Private。可选项，表示只有在包含其声明的模块中的其他过程可以调用该过程。

（2）Public。可选项，表示所有模块的所有其他过程都可调用该过程。如果在包含 Option Private Module 的模块中使用，这个过程在该工程外是不可使用的。

（3）Static 可选项，表示在调用时保留 Sub 过程的局部变量的值，局部变量在下次调用这个过程时仍然保持它原来的值。Static 属性对在 Sub 外声明的变量不会产生影响，即使过程中也使用了这些变量。

(4) Friend 可选项。只能在类模块中使用,表示该 Sub 过程在整个工程中都是可见的,但对对象实例的控制者是不可见的。

其中,Exit Sub 为可选项,表示程序执行至该语句时退出该过程,返回调用该过程语句的下一条语句,程序接着从调用该过程语句的下一条语句执行。

例 7-14　有如下模块,运行 try1 过程,在立即窗口里看到如图 7.22 的结果,试分析原因。

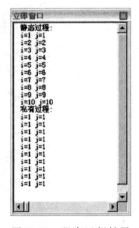

图 7.22　程序运行结果

```
Static Sub m1()
    Dim i  As Integer
    Dim j  As Integer
    i=i+1
    j=j+1
    Debug.Print "i=" & i & " j=" & j
End Sub
Private Sub m2()
    Dim i As Integer
    Dim j As Integer
    i=i+1
    j=j+1
    Debug.Print "i=" & i & " j=" & j
End Sub
Sub try1()
    Dim i As Integer
    Debug.Print "静态过程:"
    For i=1 To 10
        Call m1
    Next i
    Debug.Print "私有过程:"
    For i=1 To 10
        Call m2
    Next i
End Sub
```

注意:Debug. Print 的作用是将常量、变量或表达式的值显示在 VBA 的立即窗口中。

分析:子过程 try1 调用静态过程 m1 时,下次调用这个过程时 i 与 j 仍然保持它原来的值,所以输出 i,j 时,其值是变化的。采用 Call m2 调用私有过程时,由于 i 与 j 的值不能保存,所以每次输出同样值。

2. 参数的定义与传替

在子过程中,参数的定义形式为[ByVal|ByRef]变量名[( )][As 类型][,…],其中 ByVal 表示当该过程被调用时参数是按值传递的;ByRef(为默认值)表示当该过程被调用时参数是按地址传递的。

过程之间参数的传递指主调过程的实参(调用时已有确定值和内存地址的参数)传递

给被调过程的形参,参数的传递有按值传递与按地址传递两种方式,形参前加 ByVal 关键字的是按值传递,缺省或加 ByRef 关键字的为按地址传递。如果形参得到的是实参的地址,当形参值改变时,同时也改变实参的值(形变实也变)。如果形参得到的是实参的值,形参值的改变就不会影响实参的值(形变实不变)。

注意:形式参数是指在定义通用过程时,出现在 Sub 或 Function 语句中的变量名后面及括号内的数,用来接收传送给子过程的数据,形参表中的各个变量之间用逗号分隔。

实际参数是指在调用 Sub 或 Function 过程时,写入子过程名或函数名后括号内的参数,其作用是将它们的数据(数值或地址)传送给 Sub 或 Function 过程与其对应的形参变量。实参可由常量、表达式、有效的变量名、数组名组成,实参表中各参数用逗号分隔。

例7-15 新建一个窗体,在窗体中添加一个名称为 Command1 的命令按钮,然后为命令按钮编写如图 7.23 的事件。

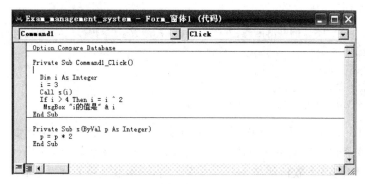

图　7.23

运行该窗体,单击 Command1 命令按钮,程序的输出如图 7.24 所示。如果把 Private Sub s(ByVal p As Integer)中的 ByVal 省略或改为 ByRef,程序的输出如图 7.25 所示。

图　7.24

图　7.25

分析:采用 ByVal 时,调用时把实参 i 的值传给形参 p,虽然采用 call(i)调用了子过程,p 值发生了变化,变成了 6,由于实参 i 的值不随形参 p 的值的变化而改变,因此,返回时 i 的值仍为 3,所以输出 i 的值为 3。而采用 ByRef 时,调用时把实参 i 的地址传给形参 p,调用子过程后,p 值发生了变化,变成了 6,由于实参 i 的值随形参 p 的值的变化而改变。因此返回时 i 的值变为 6,所以输出 i 的值为 36。

3. 过程调用

过程的调用方法是在该子过程之外用 Call 调用,调用的具体格式为 Call 子过程名(参数1,参数2,…)。当然,也可以直接引用子过程名来调用该子过程。

调用过程要注意如下参数的使用方法。

（1）参数列表称为实参或实元，它必须与形参保持个数相同，位置与类型一一对应。

（2）调用时把实参值传递给对应的形参。其中值传递时实参的值不随形参的值的变化而改变（形变实不变）。而地址传递时实参的值随形参值的改变而改变（形变实也变）。

（3）当参数是数组时，形参与实参在参数声明时应省略其维数，但括号不能省。

（4）调用子过程的形式有两种，用 Call 关键字时，实参必须加圆括号括起，反之则实参不用加括号括起。

知识 2　函数过程

函数过程简称为函数，是由 Function 和 End Function 语句包含起来的 VBA 语句集，其格式如下：

```
[Private|Public|Friend|Static]Function 函数名(参数行)[As 数据类型]
    <函数语句>
[Exit  Function]
    <函数语句>
End Function
```

其中，Exit Function 为可选项，与 Exit Sub 一样表示程序执行至该语句时退出该函数，返回调用该函数语句的下一条语句，程序接着从调用该函数语句的下一条语句执行。函数的作用范围定义、参数传替与 Sub 子过程相同，对函数过程的调用是通过直接引用函数过程名来实现的，如 x＝myFuntion(参数)是调用 myFunction 函数，且把函数值赋给变量 x。

知识 3　事件过程

在 VBA 中，事件过程绑定在对象的事件上，在 Access 中，不同的对象可触发不同的事件。但总体来说，Access 中的事件主要有键盘事件、鼠标事件、对象事件、窗口事件和操作事件等。

（1）键盘事件

键盘事件是操作键盘所引发的事件。键盘事件主要有 KeyDown（按下）、KeyPress（击键）与 KeyUp（释放）等。

（2）鼠标事件

鼠标事件即操作鼠标所引发的事件。鼠标事件主要有 Click（单击）、DbClick（双击）、MouseDown（鼠标按下）、MouseMove（鼠标移动）与 MouseUp（鼠标释放）事件等。

（3）对象事件

常用的对象事件有 Enter（进入）、Exit（退出）、GotFocus（获得焦点）与 LostFocus（失去焦点）等事件。一个控件从同一窗体的另一个控件实际接收到焦点之前，发生 Enter 事件，同一窗体中的一个控件即将把焦点转移到另一个控件之前，Exit 事件发生。

（4）窗口事件

窗口事件是指操作窗口时所引发的事件。常用的窗口事件有 Open（打开）、Close（关闭)和 Load(加载)等。

(5) 操作事件

操作事件是指与操作数据有关的事件。常用的操作事件有 AfterUpdate(更新后)、BeforeUpdate(更新前)与 Change(更改)事件等。

在程序设计中,窗体事件与窗体控件事件是非常重要的事件之一。窗体的事件很多,如 Initialize(初始化)事件、Load(加载)、Unload(卸载)事件和 Terminate(终结)等事件。Initialize 事件在创建对象的时候发生,用来设置对象属性的缺省值等;Load 事件在窗体被加载到内存中时发生,用户可以将程序的初始化操作放在此事件中。对于不使用的窗体,用户可以将其从内存中卸载,以释放内存空间。当卸载一个窗体时,将会依次发生 Unload 事件和 Terminate 等事件。

窗体事件的语法如下:

```
Private Sub Form_事件名(参数列表)
    <语句组>
End Sub
```

例 7-16　编写一个窗体加载事件,该事件要求窗体启动时对文本编辑框控件进行清空和对用来监控文本内容是否改变的变量 IsChange 进行初始化。

```
Private  Sub Form_Load()
  Text.Text=""
  IsChange=1
End Sub
```

控件事件的语法如下:

```
Private Sub 控件名_事件名(参数列表)
  <语句组>
End Sub
```

例 7-17　若窗体中已有一个名为 Command1 的命令按钮、一个名为 Lable1 的标签和一个名为 Text1 的文本框,且文本框的内容为空,编写如图 7.26 所示的事件代码。

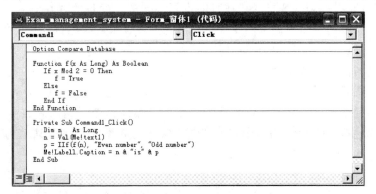

图 7.26　事件代码

窗体运行后,在文本框中输入 21,单击命令按钮,则标签显示内容为"21 is Odd number"。

分析:当在文本框中输入 21,单击命令按钮后,程序把文本 21 转化为数值 21,传给子过程后返回 f(n)值为假,p 值为"Odd number",因此标签的 Caption 属性为"21 is Odd number"。

知识 4 变量的作用域与生存周期

在本模块中,前面已讲到变量的定义方法,也讲了变量的作用范围。变量的作用域与生存周期对程序开发者来说非常重要,在此再次做一介绍。

1. 变量作用域

在编程过程中,程序要使用到很多变量,这些变量在使用前需要定义。变量定义的位置不同,其作用的范围是不同的。变量的作用范围就是变量的作用域,根据变量的作用域的不同可将变量分为局部变量、模块变量和全局变量。

(1) 局部变量

局域变量是定义在模块过程内部的变量,在子过程与函数过程内定义的或不用 Dim <变量名>As<数据类型>命令定义而直接使用的变量都属于局部变量。其作用范围仅限于变量定义的过程与函数,其他位置是不可见的。

(2) 模块变量

模块变量是定义在模块的起始位置或所有过程之外的变量。程序运行时在模块所包含的子过程和函数过程中都可见,在该模块的所有过程中都可以使用该变量,用 Dim<变量名>As<数据类型>定义的变量就是模块变量。

(3) 全局变量

全局变量是在标准模块的所有过程之外的起始位置定义的变量,运行时在所有类模块与标准模块的所有子过程和函数过程中都是可见的。在标准模块的变量定义区域,通常使用 Public <变量名> As <数据类型>的命令定义全局变量。

2. 变量生命周期

定义变量的方法不同,变量的存在时间也是不同的。变量的存在时间称为持续时间或生命周期。变量的生命周期是从变量定义所在的过程第一次运行到程序代码执行完毕并将控制权交给调用它的过程为止的时间。按照变量的生命周期,可以将局部变量分为动态局部变量与静态局部变量。

(1) 动态局部变量

动态局部变量是以 Dim<变量名>As<数据类型>命令说明的局域变量,每次子过程或函数过程被调用时,该变量会被设定为默认值。数值数据类型默认值为 0,字符串变量默认值则为空字符串。

(2) 静态局域变量

静态局域变量是以 Static<变量名>As<数据类型>定义的静态变量。静态变量意味着在过程结束后这个变量所占有的内存不会被回收,数据当然也不会被破坏了。这样,

Access 数据库技术与应用(第 3 版)

当下次再调用该过程的时候，数据就依然存在。如果用户想清除静态变量的值，采用的方法是单击"运行"→"重新设置"命令。

单元 4　VBA 程序错误处理

程序员在开发程序的时候难免会发生错误。程序的错误大致可分为语法错误、逻辑错误与执行时期错误三大类。语法错误是指程序员在撰写程序时没有按照规定的语法书写而产生的错误，这种错误常发生在初学者身上，例如关键词拼错、用 If 却忘了加 Then、字符串没有用双引号括起来等，都会引发语法错误。这一类错误会随着对程序语言的熟练度而渐渐减少。逻辑错误指程序执行时产生的结果是非预期的，这种错误一般是程序的逻辑出错造成的，因此称为逻辑错误。这种错误通常是由于程序员编写思路的不正确造成的，这对于一个较熟悉编程的人员来说不容易出现。程序在执行时所发生错误即为执行时期错误，例如以 0 作为除数导致程序无法继续执行，这就是程序执行错误。如果一个程序要打开一个窗体，而这个窗体并不存在，就会产生执行错误。当然，即使再小心的程序设计员也不可能完全避免程序出错。因此如何避免错误、找出错误便成了程序设计中不可缺少的一环。如何尽量避免错误出现、发现错误，同样是 VBA 要解决的问题。对于语法错误与逻辑错误来说，只有通过努力提高编程能力来解决。

知识 1　程序执行错误的处理

无论怎样为程序代码做彻底的测试与排错，程序错误仍可能出现。VBA 提供 On Error GoTo 语句来控制当有错误发生时程序的处理方法。

On Error GoTo 指令的一般语法如下：

```
On Error GoTo 标号
On Error Resume Next
On Error GoTo 0
```

On Error GoTo 标号语句在遇到错误发生时程序转移到标号所指位置代码执行。一般在标号之后安排错误处理程序，例如如下错误处理过程 ErrorProc 调用位置：

```
On Error GoTo ErrHandler    '发生错误，跳转至 ErrHandler 位置执行
…
ErrHandler:
Call ErrorProc
…
```

这里，On Error GoTo 指令会使程序流程转移到 ErrHandler 标号位置。一般来说，错误处理的程序代码会在程序的最后。

On Error Resume Next 语句在遇到错误发生时不会考虑错误，并继续执行下一条

语句。

On Error GoTo 0 语句用于关闭错误处理。

如果没有用 On Error GoTo 语句捕捉错误，或者用 On Error GoTo 0 关闭了错误处理，则在错误发生后会出现一个对话框，显示相应的出错信息。

在 VBA 编程语言中，除提供 On Error…语句结构来处理错误外，还提供了一个对象（Err）、一个函数（Error$()）和一个语句（Error）来帮助了解错误信息。其中，Err 对象的 number 属性返回错误代码；而 Error$()函数则可以根据错误代码返回错误名称；Error 语句的作用是模拟产生错误，以检查错误处理语句的正确性。

例 7-18　错误处理应用。

```
Private Sub test_Click()          '定义一事件过程
    On Error GoTo ErrHandle       '监控错误,安排错误处理至标号 ErrHandle 位置
    Error11                       '模拟产生代码为 11 的错误
    Msgbox "no error!"            '没有错误,显示"no error!"信息
    Exit Sub                      '正常结束过程
    ErrHandle:                    '标号 ErrHandle
    MsgBox Err.Number             '显示错误代码(显示为 11)
    MsgBox Error$ (Err.Number)    '显示错误名称(显示为"除数为零")
End Sub
```

Err 对象还提供其他一些属性（如 Source、Description 等）和方法（Raise、Clear）来处理错误发生。

在实际编程当中，需要对程序可能发生的错误进行了解和判断，充分利用上述错误处理机制可快速、准确地找到错误原因并加以处理，从而编写出健壮的程序代码来。

知识 2　VBA 编程规范

为了避免不必要的语法错误与逻辑错误，应该保持良好的编程风格。通常应遵循以下几条原则。

（1）合理缩进

一般来说，代码的缩进应该为 4 个空格。在 VBA IDE 中选中自动缩进，并设置为 4 个字符。一个过程的语句要比过程名称缩进 4 个空格，在循环、判断语句，With 语句之后也要同样缩进。例如：

```
If strText =" " Then
    NoZeroLengthString =Null
Else
```

（2）注意行的长度

通常一个语句写在一行，但一行最多允许 255 个字符，建议一行代码的最大长度不要超过 80 个字符，在 VBA 中，可以使用续行符"－"将长的代码行分为数行，后续行应该缩进以表示与前行的关系。

（3）使用空行

一个模块内部的过程之间要使用空行隔开，模块的变量定义和过程之间也应该空一行，过程内部、变量定义和代码应该空一行，在一组操作和另一组操作之间也应该空一行显示其逻辑关系。空行能有效地提高程序的可读性。

注意：空行不是必须遵守的规则，其使用目的就是要显示程序的逻辑关系。

（4）书写注释

通常，一个好的程序一般都有注释语句。这对程序的维护及代码的共享都有极其重要的意义。在 VBA 程序中，注释可以通过使用 Rem 语句或用""号实现。例如下面的代码中分别使用了这两种方式进行代码注释。

```
Rem 声明两个变量
Dim MyStr1, MyStr2 As String
MyStr1 ="Hello": Rem MyStr1 赋值为 Hello
MyStr2 ="World"     ' MyStr2MyStr1 赋值为 World
```

其中 Rem 注释在语句之后要用冒号隔开，因为注释在代码窗口中通常以绿色显示，因此可以避免书写错误。

（5）注意大小写

VBA 源程序不分大小写，英文字母的大小写是等价的（字符串除外）。但是为了提高程序的可读性，VBA 编译器对不同的程序部分都有默认的书写规则，当程序书写不符合这些规则时，编译器会自动进行转换。例如，关键字默认首字母大写，其他字母小写。

（6）模块化

除了一些定义全局变量的语句及其他的说明性语句之外，具有独立作用的非说明性语句和其他代码，都要尽量放在 Sub 过程或 Function 过程中，以保持程序的简洁性，清晰明了地按功能来划分模块。

（7）变量显式声明

在每个模块中加入 Option Explicit 语句，强制对模块中的所有变量进行显式声明。之所以强烈推荐使用强制声明，主要就体现在：如果不使用强制声明，当编程者在某个地方把前面的变量名写错了，编译器只会把它当成一个新的变量，而不会报错。

（8）良好的命名思路

为了方便地使用变量，变量的命名应采用统一的格式，尽量做到能够"顾名思义"。

（9）少用变体类型

在声明对象变量或其他变量时，应尽量使用确定的对象类型或数据类型，少用 Object 和 Variant。这样可加快代码的运行，且可避免出现错误。

单元 5　　VBA 程序调试

程序调试是查找和解决 VBA 程序代码错误的过程。由于人类的大脑更擅长的是创造性、模糊性思维，而不可能做到像计算机一样精确，因此，不管是编程初学者还是高明的程序员,在写代码时也难免会犯错。在讨论当代码出错时该如何调试以排除错误之前,大家应当有一个正确的认识,最好的排错方式就是事先尽可能地考虑到所有能考虑到的情况,并对这些可能的错误加以处理。

知识 1　VBA 调试工具栏及功能

VBE 提供了"调试"菜单和"调试"工具栏,"调试"工具栏如图 7.27 所示。打开调试工具的方法是:单击"视图"→"工具栏"→"调试"命令,即可弹出"调试"工具栏。

图 7.27　"调试"工具栏

"调试"工具栏上各个按钮的功能说明如表 7-4 所示。

表 7-4　"调试"工具栏命令按钮说明

命令按钮	按 钮 名 称	功 能 说 明
	设计模式按钮	打开或关闭设计模式
	运行子窗体/用户窗体按钮	如果光标在过程中则运行当前过程,如果用户窗体处于激活状态,则运行用户窗体,否则将运行宏
	中断按钮	终止程序的执行并切换到中断模式
	重新设置按钮	清除执行堆栈和模块级变量并重新设置工程
	切换断点按钮	在当前行设置或清除断点
	逐语句按钮	一次执行一句代码
	逐过程按钮	在代码窗口中一次执行一个过程或一条语句代码
	跳出按钮	执行当前执行点处的过程的其余行
	本地窗口按钮	显示本地窗口
	立即窗口按钮	显示立即窗口
	监视窗口按钮	显示监视窗口
	快速监视按钮	显示所选表达式的当前值的"快速监视"对话框
	调用堆栈按钮	显示"调用堆栈"对话框,列出当前活动过程调用

知识 2　程序调试方法

开始进行程序调试前,应当首先对程序进行编译,让编译器先检查一遍有没有语法错误。编译方法是单击菜单调试——"编译 XXX"(这里的 XXX 是创建的数据库文件的工程名)。如果该菜单不可用,说明其已经处于编译状态,如图 7.28 所示。

由于程序调试的方式和方法很多,在这里介绍一些最常用的方法。

图 7.28 "调试"中的"编译"命令

1. 中止程序运行

该功能主要用于循环程序的条件判定出错,如果程序出现了死循环,或程序处理的相关计算量太大,超出了预期,就可以使用 Ctrl＋Break 组合键来中止程序的运行。虽然 VBE 窗口中的工具栏上也有"中止"按钮,不过出现这种情况时,连 VBE 窗口都会处于假死状态,工具栏根本就没用,所以只能使用快捷键来中止。在某些极端的情况下,连使用 Ctrl＋Break 组合键都不能中止程序运行的情况下,只能打开任务管理器,通过结束任务或中止进程的方式来强制中止了。

注意:Access 在任务管理器中的进程名称是 MSACCESS. EXE。

2. 取消程序的运行

当出现错误程序被挂起时,如果不想再继续运行下面的代码,可以通过单击工具栏上的"重新设置"按钮来取消程序的继续运行。

3. 逐语句运行

如果希望逐语句执行每一行代码,包括被调用的过程或函数中的代码,就可以使用此功能。在执行该命令后,VBA 运行当前语句,并自动转到下一条语句,同时将程序挂起。有时,在一行中有多条语句,它们之间用冒号隔开,在使用逐语句运行命令时,将逐个执行该行中的每条语句。此方法在代码较复杂且分支较多时最常用到,对应的快捷键是 F8。通过逐语句运行可以看到所有代码语句的运行顺序,这样,可以更清晰地了解程序的逻辑和流程。另外,在每运行一行代码后也可以清楚地看到该行代码运行后的效果。

4. 逐过程运行

逐过程运行和前面的逐语句运行类似,都是每次执行一行代码,不同之处在于,在代码中调用了其他自定义过程或函数时,逐过程运行会把该调用当做一行来处理,而逐语句运行则会在运行该行调用代码时跳转到调用的自定义过程或函数中。其对应的快捷键是 Shift＋F8。

5. 使用 Debug. Print 方法

Debug. Print 方法一般用来简单地监视对象或变量在程序运行过程中的变化。如果对窗体以及控件的事件不熟悉,用户可以在每个想要了解的事件过程中使用 Debug. Print 方法输出相应的标识性内容,如图 7.29 所示。这样就可以帮助编程者了解事件发生的先后顺序了。"立即窗口"可以通过单击菜单栏→"视图"→"监视窗口"调出来(默认不显示),也可以通过快捷键 Ctrl＋G 调出来。

Debug. Print 方法的另外一个特别有用的地方就是在使用包含变量的动态 SQL 语句时。例如,在代码中使用了复杂的表达式语句来组合成动态的 SQL 语句字符串,如果出现了问题,查起来就很费事。这时就可以使用 Debug. Print 语句把生成的 SQL 语句字

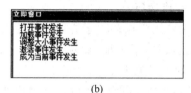

(a)   (b)

图 7.29　调试中的 Debug.Print 方法的使用

符串输出到"立即窗口"中,这样就可以看到实际运行过程中的 SQL 语句了,如图 7.30 所示。另外如果 SQL 语句比较复杂,而在 VBA 编译器中不能检测出 SQL 语句的语法错误,这时可以把 SQL 语句复制到查询设计的 SQL 视图,通过查询设计器的语法检测功能来帮助进行检查,这样,就能够很容易地找出其中的错误。

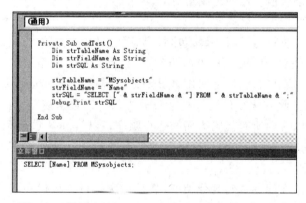

图 7.30　调用 Debug.Print 方法显示执行的 SQL 语句

6. 设置断点

断点的作用就是程序运行到设置了断点的那一行时会中止运行,直到用户继续。断点可以设置任意多个,另外断点只能设置于可以执行的代码行,如变量声明、常量声明之类的行是不能设置断点的。通过断点可以阶段性地监视代码运行结果。通过单击代码窗口左边的边界标识条,或者使用快捷键 F9 来设置/清除断点,如图 7.31 所示。

7. 使用监视窗口

要监视某个变量、表达式或属性的值,使用监视窗口特别有效。监视窗口和立即窗口相比的优点在于,监视窗口可以在过程运行之前设置,并可以在过程中进行连续的跟踪监视,还可以根据监视得到的值中断过程。由于监视窗口中显示的值是根据代码的运行动态改变的,所以应当和逐语句执行功能配合使用。通过单击菜单栏→"视图"→"监视窗

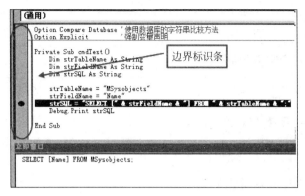

图 7.31 设置与清除断点

口",就可以把它调出来(默认不显示),如图 7.32 所示。图 7.33 显示了具体监视内容的设置方法,图 7.34 显示了程序表达式监视后的执行情况。

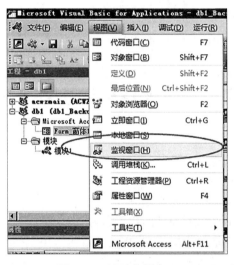

图 7.32 显示监视窗口

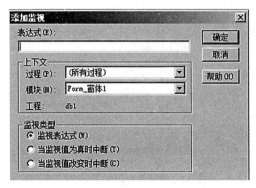

图 7.33 监视设置

图 7.34　设置监视窗口后程序执行情况

　　调试程序代码时,要灵活应用上面讲到的各种方法,以达到最好的程序调试效果。当然,也要养成一个良好的习惯,写程序代码要有耐心,更要细心,想问题时尽量全面、周到,确保写出的程序本身错误较少。

知识小结

- 同类型的变量用于存放同类型的数据。
- 变量声明是指定变量的数据类型、指定变量的适用范围与为变量分配存储空间。
- 模块分为类模块和标准模块两种类型。
- 按其语句代码执行的先后顺序,VBA 程序可分为顺序程序结构、条件判断结构和循环程序结构。
- 事件过程是指附在该对象上的程序代码,是事件触发后处理的程序。
- 类是具有相同的属性和方法的一组对象的集合。
- 过程是构成模块的基本单元,是 VBA 程序代码的容器,是程序中的逻辑部件。
- ByVal 表示参数是按值传递的,ByRef(为默认值)表示参数是按地址传递的。
- 事件过程绑定在对象的事件上。
- 在 VBA 中引用 Access 对象的方法为 Forms(或 Reports)!窗体(或报表)名称!控件名称.属性名。
- 属性用来描述和反映对象特征的参数,事件是指可被对象识别的动作。
- 程序调试是查找和解决 VBA 程序代码错误的过程,是查找程序语法错误和逻辑错误的基础。

任务 1 习题

一、选择题

（1）在 VBA 代码调试过程中，能够显示出所有在当前过程中变量声明及变量值信息的是_____。

    A. 快速监视窗口   B. 监视窗口   C. 立即窗口   D. 本地窗口

（2）在 VBA 中，下列关于过程的描述中正确的是_____。

    A. 过程的定义可以嵌套，但过程的调用不能嵌套

    B. 过程的定义不可以嵌套，但过程的调用可以嵌套

    C. 过程的定义和过程的调用均可以嵌套

    D. 过程的定义和过程的调用均不能嵌套

（3）定义了二维数组 B(2 to 6,4)，则该数组的元素个数为_____。

    A. 25   B. 36   C. 20   D. 24

（4）以下可以得到结果 2 * 5＝10 的 VBA 表达式为_____。

    A. "2 * 5" & "=" & 2 * 5   B. "2 * 5" ＋ "=" ＋ 2 * 5

    C. 2 * 5 & "=" & 2 * 5   D. 2 * 5 ＋ "=" ＋ 2 * 5

（5）设 a＝6，则执行语句 x＝IIF(a>5,−1,0)后，x 的值为_____。

    A. 6   B. 5   C. 0   D. −1

（6）在 VBA 中不能进行错误处理的语句结构是_____。

    A. On Error Then 标号   B. On Error Goto 标号

    C. On Error Resume Next   D. On Error Goto 0

（7）使用 VBA 的逻辑值进行算术运算时，True 值被处理为_____。

    A. −1   B. 0   C. 1   D. 任意值

（8）InputBox 函数的返回值的类型是_____。

    A. 数值

    B. 字符串

    C. 变体

    D. 数值或字符串（视输入的数据而定）

（9）在 VBA 中定义符号常量可以用关键字_____。

    A. Const   B. Dim   C. Public   D. Static

（10）以下内容中不属于 VBA 提供的数据验证函数的是_____。

    A. IsText   B. IsDate   C. IsNumeric   D. IsNull

（11）VBA 定时操作中，需要设置窗体的"计时器间隔（TimerInterval）"属性值，其计量单位是_____。

    A. 微秒   B. 毫秒   C. 秒   D. 分钟

（12）能被对象所识别的动作和对象可执行的活动分别称为对象的_____。

    A. 方法和事件   B. 事件和方法   C. 事件和属性   D. 过程和方法

(13) 下列不属于窗口事件的是_____。

    A. 打开   B. 关闭   C. 删除   D. 加载

(14) 在 VBA 中要打开名为"学生信息录入"的窗体,应使用的语句是_____。

    A. DoCmd. OpenForm "学生信息录入"

    B. OpenForm "学生信息录入"

    C. DoCmd. OpenWindow "学生信息录入"

    D. OpenWindow "学生信息录入"

(15) 假定有以下循环结构:

```
Do  Until  条件
    循环体
Loop
```

则正确的叙述是_____。

    A. 如果"条件"值为 0,则一次循环体也不执行

    B. 如果"条件"值为 0,则至少执行一次循环体

    C. 如果"条件"值不为 0,则至少执行一次循环体

    D. 不论"条件"是否为"真",至少执行一次循环体

(16) 假定有以下程序段:

```
n=0
for i=1 to 3
    for j=-4 to -1
        n=n+1
    next j
next i
```

运行完毕后,n 的值是_____。

    A. 0   B. 3   C. 4   D. 12

(17) 以下程序运行后,消息框的输出结果是_____。

```
a=sqr(3)
b=sqr(2)
c=a>b
Msgbox c+2
```

    A. −1   B. 1   C. 2   D. 出错

(18) 执行下面的程序段后,x 的值为_____。

```
x=5
For I=1 To 20 Step 2
    x=x+I \ 5
Next I
```

    A. 21   B. 22   C. 23   D. 24

(19) 设有如下过程：

```
x=1
Do
  x=x+2
Loop Until _____
```

运行程序，要求循环体执行三次后结束循环，空白处应填入的语句是_____。

A. x<=7　　　　　B. x<7　　　　　C. x>=7　　　　　D. x>7

(20) 如下程序段定义了学生成绩的记录类型，由学号、姓名和三门课程成绩（百分制）组成。

```
Type  Stud
   no   As  Integer
   name As  String
   score(1 to 3)  As  Single
End  Type
```

若对某个学生的各个数据项进行赋值，下列程序段中正确的是_____。

A.　Dim S As Stud
　　Stud.no=1001
　　Stud.name="舒宜"
　　Stud.score=78,88,96

B.　Dim S As Stud
　　S.no=1001
　　S.name="舒宜"
　　S.score=78,88,96

C.　Dim S As Stud
　　Stud.no=1001
　　Stud.name="舒宜"
　　Stud.score(1)=78
　　Stud.score(2)=88
　　Stud.score(3)=96

D.　Dim S As Stud
　　S.no=1001
　　S.name="舒宜"
　　S.score(1)=78
　　S.score(2)=88
　　S.score(3)=96

(21) 设有如下窗体单击事件过程：

```
Private Sub Form_Click( )
```

```
        a =1
        For  i=1 To 3
           Select Case i
             Case 1,3
               a=a+1
             Case 2,4
               a =a+2
           End Select
        Next i
        MsgBox  a
End Sub
```

打开窗体运行后,单击窗体,则消息框的输出结果是_____。

    A. 3   B. 4   C. 5   D. 6

(22)设有如下程序:

```
Private Sub Command1_Click()
   Dim sum As Double,  x As Double
   sum =0
   n =0
   For  i=1  To  5
     x =n / i
     n =n+1
     sum =sum+x
   Next  i
End Sub
```

该程序通过 For 循环来计算一个表达式的值,这个表达式是_____。

    A. $1+1/2+2/3+3/4+4/5$ B. $1+1/2+1/3+1/4+1/5$

    C. $1/2+2/3+3/4+4/5$ D. $1/2+1/3+1/4+1/5$

(23)下列 Case 语句中错误的是_____。

    A. Case 0 To 10   B. Case Is>10

    C. Case Is>10 And Is<50   D. Case 3,5,Is>10

(24)下列不是分支结构语句的是_____。

    A. If…Then…EndIf   B. While…Wend

    C. If…Then…Else…EndIf   D. Select…Case…End Select

(25)在 Access 中,如果要处理具有复杂条件或循环结构的操作,则应该使用的对象是_____。

    A. 窗体   B. 模块   C. 宏   D. 报表

(26)语句 Dim NewArray(10) As Integer 的含义是_____。

    A. 定义了一个整型变量且初值为 10

    B. 定义了 10 个整数构成的数组

    C. 定义了 11 个整数构成的数组

D. 将数组的第 10 个元素设置为整型

(27) VBA 程序流程控制的方式是_____。

A. 顺序控制和分支控制　　　　B. 顺序控制和循环控制

C. 循环控制和分支控制　　　　D. 顺序、分支和循环控制

(28) 下列 4 种形式的循环设计中,循环次数最少的是_____。

A. a＝5：b＝8

　　Do

　　　　a＝a＋1

　　Loop While a＜b

B. a＝5：b＝8

　　Do

　　　　a＝a＋1

　　Loop Until a＜b

C. a＝5：b＝8

　　Do Until a＜b

　　　　b＝b＋1

　　Loop

D. a＝5：b＝8

　　Do Until a＞b

　　　　a＝a＋1

　　Loop

(29) 在 VBA 中,下列循环结构错误的是_____。

A. Do While 条件式

　　　　循环体

　　Loop

B. Do Until 条件式

　　　　循环体

　　Loop

C. Do Until

　　　　循环体

　　Loop 条件式

D. Do

　　　　循环体

　　Loop While 条件式

(30) 假定有以下两个过程:

```
Sub S1(ByVal x As Integer, ByVal y As Integer)
    Dim t As Integer
    t =x
```

```
    x = y
    y = t
End Sub
Sub S2(x As Integer, y As Integer)
    Dim t As Integer
    t = x
    x = y
    y = t
End Sub
```

则以下说法中正确的是_____。

    A. 用过程 S1 可以实现交换两个变量的值的操作,S2 不能实现

    B. 用过程 S2 可以实现交换两个变量的值的操作,S1 不能实现

    C. 用过程 S1 和 S2 都可以实现交换两个变量的值的操作

    D. 用过程 S1 和 S2 都不能实现交换两个变量的值的操作

(31) 在有参函数设计时,要想实现某个参数的双向传递,就应当说明该形参为传址调用形式。其设置选项是_____。

    A. ByVal   B. ByRef

    C. Optional   D. ParamArray

(32) VBA 中用实际参数 a 和 b 调用有参过程 Area(m,n) 的正确形式是_____。

    A. Area m,n   B. Area a,b

    C. Call Area(m,n)   D. Call Area a,b

(33) 在 VBA 中,如果没有显式声明或用符号来定义变量的数据类型,变量的默认数据类型为_____。

    A. Boolean   B. Int   C. String   D. Variant

(34) On Error Goto 0 语句的含义是_____。

    A. 忽略错误并执行下一条语句   B. 取消错误处理

    C. 遇到错误执行定义的错误   D. 退出系统

(35) 在过程定义中有语句:

```
Private Sub GetData(ByRef f As Integer)
```

其中 ByRef 的含义是_____。

    A. 传值调用   B. 传址调用   C. 形式参数   D. 实际参数

(36) 使用 Function 语句定义一个函数过程,其返回值的类型_____。

    A. 只能是符号常量   B. 是除数组之外的简单数据类型

    C. 可在调用时由运行过程决定   D. 由函数定义时 As 子句声明

(37) 若要在子过程 Procl 调用后返回两个变量的结果,下列过程定义语句中有效的是_____。

    A. Sub Procl(n, m)   B. Sub Procl(ByVal n, m)

    C. Sub Procl(n, ByVal m)   D. Sub Procl(ByVal n, ByVal m)

(38) 在 Access 中,如果变量定义在模块的过程内部,当过程代码执行时才可见,则这种变量的作用域为_____。

    A. 程序范围　　　　B. 全局范围　　　　C. 模块范围　　　　D. 局部范围

二、填空题

(1) 退出 Access 应用程序的 VBA 代码是_____。

(2) Access 的窗体或报表事件可以有两种方法来响应:宏对象和_____。

(3) 直接在属性窗口设置对象的属性,属于静态设置方法,在代码窗口中由 VBA 代码设置对象的属性叫做_____设置方法。

(4) Access 的窗体或报表事件可以有两种方法来响应:宏对象和_____。

(5) VBA 的自动运行宏,必须命名为_____。

(6) 在 VBA 中,双精度的类型标识是_____。

(7) 在 VBA 中,变体类型的类型标识是_____。

(8) 模块包含了一个声明区域和一个或多个子过程(Sub 开头)或函数过程(以_____开头)。

(9) 假定当前日期为 2002 年 8 月 25 日、星期日,则执行以下语句后,a、b、c 和 d 的值分别是 25、8、2002、_____。

```
a =day(now)
b =month(now)
c =year(now)
d =weekday(now)
```

(10) 建立了一个窗体,窗体中有一命令按钮,单击此按钮,将打开一个查询,查询名为 qT,如果采用 VBA 代码完成,应使用的语句是_____。

(11) 分支结构在程序执行时,根据_____选择执行不同的程序语句。

(12) 以下程序段的输出结果是_____。

```
num=0
While num<=5
    num=num+1
Wend
Msgbox num
```

(13) 执行下面的程序,消息框里显示的结果是_____。

```
Private Sub Form_Click()
  Dim Str As String,k As Integer
  Str="ab"
  For k=Len(Str) To 1 Step - 1
    Str=Str & Chr(Asc(Mid(Str,k,1))+ k)
  Next k
  MsgBox Str
End Sub
```

(14) 执行下面的程序段后，b 的值为_____。

```
a=5
b=7
a=a+b
b=a-b
a=a-b
```

(15) 下面程序的功能是计算折旧年限。假设一台机器的原价为 100 万元，如果每年的折旧率为 4%，多少年后它的价值不足 50 万元。请填空。

```
y=0
p=100
x=0.04
Do
  p=p * (1-x)
  y=y+1
Loop Until p<_____
MsgBox y
```

(16) 在名为 Form1 的窗体上添加三个文本框和一个命令按钮，其名称分别为 Text1、Text2、Text3 和 Command1，然后编写如下两个事件过程：

```
Private Sub Command1_Click()
  Text3=Text1+ Text2
End Sub
Private Sub Form1_Load()
  Text1=""
  Text2=""
  Text3=""
End Sub
```

打开窗体 Form1 后，在第一个文本框(Text1)和第二个文本框(Text2)中分别输入 5 和 7，然后单击命令按钮 Command1，则文本框(Text3)中显示的内容为_____。

任务 2 实验

一、实验目的
熟悉模块的编辑、调试与运行。
二、实验要求
按照内容要求，编辑、调试与运行模块。
三、实验学时
4 课时

四、实验内容与提示

（1）打开 module7 文件夹中 resource 文件夹中的矩形计算.accdb，完成如下操作。

① 建立矩形计算标准模块，模块内容如下：

```
Public Function Rect_Per(x As Long, y As Long)
    Rect_Per=2 * (x+y)
End Function
Public Function Rect_area(x As Long, y As Long)
    Rect_area=x * y
End Function
```

② 打开矩形计算窗体，为 Command1 与 Command2 分别写如下单击事件：

```
Private Sub Command1_Click()
Dim a As Long
Dim b As Long
  a=Me!Text0
  b=Me!Text1
  MsgBox "矩形的周长为：" & Rect_Per(a, b) & "!", vbInformation, "通告"
End Sub
Private Sub Command2_Click()
Dim a As Long
Dim b As Long
  a=Me!Text0
  b=Me!Text1
  MsgBox "矩形的面积为：" & Rect_area(a, b) & "!", vbInformation, "通告"
End Sub
```

③ 打开矩形计算窗体，测试程序的正确性。

（2）按例 7.23 新建一个窗体，在窗体中添加一个名称为 Command1 的命令按钮，然后为命令按钮编写如图 7.23 事件运行该窗体，单击 Command1 命令按钮，测试程序的输出。如果把 Private Sub s(ByVal p As Integer)中的 ByVal 省略或改为 ByRef，那么程序的输出是什么。请解释输出不同的原因。

（3）打开 module7 文件夹中 resource 文件夹中的 ADO 数据库，为员工编码窗体编程实现打开该窗体时，不允许子窗体新增数据，不允许子窗体修改数据，不允许子窗体删除数据。

说明：这些功能是通过为窗体编写 Form_load 事件来实现的。代码如下：

```
Private Sub InForm_Load()
    '不允许子窗体新增数据
    Me.frmChild.Form.AllowAdditions =False
    '不允许子窗体修改数据
    Me.frmChild.Form.AllowEdits =False
    '不允许子窗体删除数据
    Me.frmChild.Form.AllowDeletions =False
End Sub
```

VBA 数据库编程

通过前面的学习,大家已经知道,Access 是一个数据库管理系统,该管理系统本身提供了很多数据库对象处理数据。实际上,最快速的、最有效的管理数据的方法是开发操作方便、更有实用价值的数据库管理应用程序。本模块介绍 VBA 数据库编程的有关知识。

主要学习内容

- 数据库编程的基础知识;
- DAO 数据对象及编程;
- ActiveX 数据对象;
- 数据库编程实例。

单元 1　数据库编程的基础知识

要学会数据库编程,首先要认识在数据库编程过程中经常使用的一些操作与主要的事件,也要认识数据库引擎与数据库接口的有关知识以及 VBA 访问数据库的方法。

知识 1　常用操作

在 VBA 数据库编程过程中经常会使用到一些操作,如窗体或报表的打开与关闭,程序运行过程中数据的输入与输出。在 VBA 中,这些操作是通过相应的操作命令来实现的。

1. 打开和关闭操作

(1) 打开窗体操作

在一个数据库中往往包含很多窗体,这些窗体或窗体控件在程序中与代码互相关联形成一个有机的统一体。在 Access 数据库中,窗体操作属于 VBA 非常重要的操作。打开窗体的命令为:

```
DoCmd.OpenForm formname[,view][,filtername][,wherecondition][,datamode]
[,windowmode]
```

参数说明如下。

① formname：必选项，指定打开窗体的名称。

② view：可选项，用于指定打开窗体的模式。窗体打开模式分为视图模式、设计模式与预览模式。指定窗体打开模式既可用常量表示，也可用一个数值表示。常量分别用 acNormal、acDesign、acPreview 表示窗体视图打开、设计视图打开与预览视图打开，数值 1、2、3 分别与 acNormal、acDesign、acPreview 对应。View 缺省时表示用窗体视图模式打开窗体。

③ filtername：可选项，用于指定过滤的数据库查询的有效名称。

④ wherecondition：可选项，字符串表达式，用于指定过滤条件，用于对窗体的数据源进行过滤和筛选。

⑤ datamode：可选项，用于设定窗体打开后数据的输入模式。该选项同样可用常量设定，也可用数值设定。常量 acFormADD、acFormEdit 与 acFormReadOnly 分别表示可以追加但不能编辑、可以追加和编辑与只读，这三个常量对应的数值分别为 0、1 与 2。

⑥ windowmode：可选项，用于指定打开窗体所采用的模式。模式指定同样可用常量 acWindowsNormal、acHiden、acIcon 与 acDialog 来分别表示正常窗口模式、隐藏窗口模式、最小化窗口模式与对话框模式。这 4 个常量对应的数值分别为 0、1、2 与 3。

例 8-1 以对话框形式打开《小型销售企业费用报销管理系统》的系统登录窗体 SysFrmLogin 窗体。

命令格式为：

```
DoCmd.OpenForm "SysFrmLogin", acNormal, "", "", , acDialog
```

注意：参数可以省略，取缺省值，但参数之间分隔符"，"不能省略。

（2）打开报表操作

打开报表命令的格式为：

```
Docmd.OpenReport reportname[,view][,filtername][,wherecondition]
```

参数说明如下。

① reportname：必选项，用于指定打开报表的名称。

② view：可选项，用于指定打开报表的模式。打开报表模式可以用常量指定，也可指定一个数值。常量分别用 acViewNormal、acViewDesign 与 acViewPreview 表示打印模式、设计模式与预览模式，数值用 0、1、2 分别与之对应。此项缺省时为打印模式。

③ filtername：可选项，用于指定过滤的数据库查询的有效名称。

④ wherecondition：可选项，字符串表达式，用于指定过滤条件，用于对报表的数据源数据进行过滤和筛选。

例 8-2 以打印模式打开名为 bxmxInfo_Report 的报表。

命令格式为：

```
DoCmd.OpenReport "bxmxInfo_Report", acViewPreview, "", "", acNormal
```

（3）关闭操作

命令格式为：

```
Docmd.Close[,objecttype][,objectname][,save]
```

关闭命令的有关参数说明如下。

① objecttype 是可选项，用于指定关闭对象的类型。常量、数值与对象对照表如表 8-1 所示。

表 8-1 常量、数值与对象对照表

常　量	值	说　明
acTable	0	表
acQuery	1	查询
acForm	2	窗体
acReport	3	报表
acMacro	4	宏
acModule	5	模块

② objectname 是对象的名称，即在对象属性表中"名称"属性的值。

③ save 参数告诉 Access 是否要保存在窗体上的更改，默认设置为提示是否保存。使用 acSaveYes 或 acSaveNo 可确定关闭对象时是否要保存。

例 8-3　关闭名为 SysFrmLogin 的窗体。

命令格式为：

```
DoCmd.Close acForm," SysFrmLogin ",acSaveNo
```

如果 SysFrmLogin 窗体就是当前窗体，也可以使用命令 DoCmd. Close 来关闭该窗体。

2. 数据输入函数

在 VBA 编程中，程序通过输入函数（InputBox）完成数据的输入。

函数格式：

```
InputBox(prompt[,title][,default][,xpos][,ypos])
```

作用：用于接收用户从键盘输入的数据，该函数的返回值是键盘输入的数据，数据类型为字符型。

参数说明如下。

（1）prompt：必选项，显示在对话框中用于提示用户输入的信息。

（2）title：可选项，指定对话框标题栏上显示的内容。

（3）default：可选项，显示文本框中的字符串表达式，在没有其他输入时作为默认输入。

（4）xpos：可选项，指定对话框距屏幕左边的点距。如果缺省，对话框会水平居中。

（5）ypos：可选项，指定对话框距屏幕上边的点距。如果缺省，对话框会放置在屏幕垂直方向距下边大约三分之一处。

例如,调用语句 strName＝InputBox("请输入姓名：","Msg"),将显示如图 8.1 所示的对话框。

3. 消息提示命令

在 VBA 编程中,程序执行的操作提示或消息反馈是通过 MsgBox 命令来实现的,如图 8.2 所示为消息框。

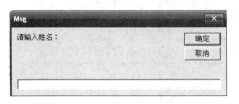

图 8.1 InputBox 对话框

图 8.2 MsgBox 消息框

格式：

```
MsgBox (prompt[,buttons][,title])
```

作用：用于显示消息,等待用户单击按钮,如果以函数 MsgBox（prompt[,buttons][,title]）出现并返回一个整型值。

参数说明如下。

（1）prompt：必选项,用于指定消息框中的提示信息。

（2）buttons：可选项,用于设定消息框内按钮与图标的种类的数目,由"按钮类型"与"图标类型"所构成的字符表达式或值之和来表示。如果省略,则缺省值为 0。具体取值或组合如表 8-2 所示。

表 8-2 常用按钮、图标的常量与值对照表

常　　量	值	说　　明
VbOKOnly	0	显示 OK 按钮
VbOKOnlyCancel	1	显示 OK 按钮与 Cancel 按钮
VbAbortRetryIgnore	2	显示 Abort、Retry 与 Ignore 按钮
VbYesNoCancel	3	显示 Yes、No 与 Cancel 按钮
VbYesNo	4	显示 Yes 与 No 按钮
VbRetryCancel	5	显示 Retry 与 Cancel 按钮
VbCritical	16	显示危险图标
VbQuestion	32	显示疑问图标
VbExclamation	48	显示惊叹图标
VbInformation	64	显示消息图标

（3）title：用于设置消息框的标题。

例如,如果对话框显示 Yes 与 No 按钮,显示消息图标,可以将 Buttons 设为 VbYesNo＋ VbInformation,也可以设为 64＋4 或 68。

根据用户对对话框做出的反应动作,该函数的返回值如表 8-3 所示。

表 8-3　函数返回值与按下按钮对照表

常　　量	值	说　　明
VbOK	1	按下 OK 按钮
VbCancel	2	按下 Cancel 按钮
VbAbort	3	按下 Abort 按钮
VbRetry	4	按下 Retryl 按钮
VbIgnore	5	按下 Ignore 按钮
VbYes	6	按下 Yes 按钮
VbNo	7	按下 No 按钮

例如,调用语句"MsgBox "数据验证合格!",vbInformation,"通告","显示的消息框如图 8.3 所示。

例 8-4　已知如图 8.4 所示的数据验证窗体,编写程序完成对文本框输入数据的验证。验证要求该文本框中只能接受 12~25 的数值数据。

图 8.3　MsgBox 对话框

图 8.4　数据验证窗体

提示:在控件中的数据被改变之前或记录数据被更新之前会发生 BeforeUpdate 事件。通过创建窗体或控件的 BeforeUpdate 事件过程,可以实现对输入到窗体控件中的数据进行各种验证。

为文本框的 BeforeUpdatc 事件输入如下代码:

```
Private Sub TextAge_BeforeUpdate(Cancel As Integer)
If Me!TextAge="" Or IsNull(Me!TextAge) Then        'me 代表这个窗体
    MsgBox "年龄不能为空!", vbCritical, "警告"      '数据为空时的验证
    Cancel=True                                     '取消更新操作
ElseIf IsNumeric(Me!TextAge)=False Then
    MsgBox "年龄必须输入数值数据!", vbCritical, "警告"  '非数值型数据的验证
    Cancel=True
ElseIf Me!TextAge <12 Or Me!TextAge>25 Then         '范围数据的验证
    MsgBox "年龄为 12~25 范围数据!", vbCritical, "警告"
    Cancel=True
Else
    MsgBox "数据验证合格!", vbInformation, "通告"
End If
```

知识 2   计时事件

前面已经介绍了很多的事件,如键盘事件、鼠标事件以及窗体事件,在此重点介绍计时事件。在 VB 中提供 Timer 时间控件可以实现"计时"功能。但 VBA 并没有直接提供 Timer 时间控件,而是通过设置窗体的"计时器间隔(TimerInterval)"属性与添加"计时器触发(Timer)"事件来完成类似"定时"功能。

其处理过程是:Timer 事件每隔 TimerInterval 时间间隔就会被激发一次,并运行 Timer 事件过程来响应。这样不断重复,就实现"计时"功能。

例 8-5   有如图 8.5 所示的时间窗体,编程实现该窗体的功能。

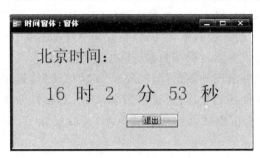

图 8.5   时间窗口

首先,为窗体的"计时器间隔"属性设置为 1000(1s＝1000ms)。然后,打开窗体的"计时触发过程"编写如下代码:

```
Option Compare Database
Public hh As Integer          '定义保存小时数据的全局变量
Public mm As Integer          '定义保存分钟数据的全局变量
Public ss As Integer          '定义保存秒钟数据的全局变量
Private Sub Command1_Click()
    DoCmd.Close               '关闭窗体
End Sub
Private Sub Form_Timer()
'窗体时间触发事件,每隔 1000ms 被触发一次
    hh=Hour(Time())
    mm=Minute(Time())
    ss=second(Time())
    Label1.Caption=hh
    Label3.Caption=mm
    Label5.Caption=ss
End Sub
```

保存该窗体后运行该窗体就会看到如图 8.5 所示的效果。

知识 3　数据库引擎及其接口

Microsoft Office VBA 通过 Microsoft Jet 数据库引擎工具来支持对数据库的访问。数据库引擎实际上是一组动态链接库(Dynamic Link Library,DLL),当程序运行时连接到 VBA 程序实现对数据库数据的访问。数据库引擎是应用程序与物理数据库之间的桥梁与纽带,它以一种通用接口的方式,确保各种类型物理数据库对用户而言都具有统一的形式和相同的数据访问与处理方法。

在 Microsoft Office VBA 中提供了三种主要数据库访问接口,它们分别是开放数据库互连应用编程接口(Open Database Connectivity API,ODBC API)、数据访问对象(Data Access Object,DAO)和 ActiveX 数据对象(ActiveX Data Objects,ADO)。数据访问对象是 VBA 语言提供的一种数据访问接口,它包含了数据库创建、表和查询的定义等工具,借助 VBA 代码可以灵活地控制数据访问的各种操作。

ADO 是继 DAO 之后出现的数据控件和 ADO 对象模型,为用户提供数据库访问的接口技术,使用 ADO 控件在建立连接、选择数据表时,不需要创建连接对象和记录集对象,ADO 控件几乎封装了相应代码的所有功能,只需设置好与之相关的属性、方法和事件,操作简单。

ADO 控件虽然操作简单,但灵活性较差,不利于对大型数据库的访问,一个 ADO 控件只能在同一数据源上打开一个记录集,在一个应用中若涉及多个记录集,则需要建立多个 ADO 控件。而使用 ADO 对象模型,便于实现对象重用、封装等技术,也利于事件处理,提高数据操作效率,特别是对海量数据的处理。在开发应用程序时,应根据数据库应用程序的特点来选择具体的访问方式。本章介绍的数据库编程 DAO 与 ADO 的编程方法,所访问的数据库为 JET 数据库(Microsoft Access)。

单元 2　DAO 数据对象及编程

数据访问对象是 VBA 提供的一种数据访问接口,它包含数据库创建、表和查询的定义等工具。借助 VBA 代码可以灵活地控制数据访问的各种操作。需要指出的是,在 Access 模块设计时要想使用 DAO 的访问对象,就要增加一个对 DAO 库的引用。Access 2010 的 DAO 引用库为 DAO3.6,其引用设置方法是进入 VBA 编程环境-VBE,打开"工具"菜单并单击选择"引用"菜单项弹出"引用"对话框,如图 8.6 所示,从"可使用的引用"列表框选项中选择 Microsoft DAO 3.6 Object Library(有前置的√),并单击"确定"按钮完成引用的设置。

知识 1　DAO 对象模型

为了让大家更好地使用 DAO,在此对 DAO 对象的模型进行简单介绍。DAO 提供的

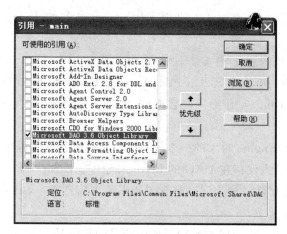

图 8.6 "引用"对话框

主要对象模型是通过 Jet 引擎来访问数据的,如图 8.7 所示。在此介绍 DAO 模型的主要对象,其他对象请参阅相关书籍。

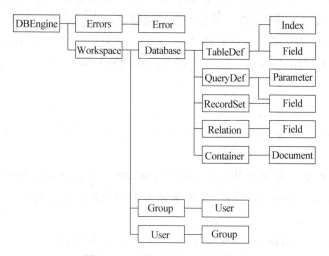

图 8.7　Jet 的 DAO 的对象模型

1. DBEngine 对象

DBEngine 对象是唯一的,不能创建,也不能声明。在 VBA 中通常用 DBEngine 对象的属性来设置数据库访问的安全性,即设置访问数据库缺省用户名和缺省口令,如:

```
Dim DbEn AS DAO.DBEngine=New DAO.DBEngine()    '定义 DBEngine 对象 DbEn
DbEn.DefaultUser="chenjiu"                      '为 DbEn 对象设置缺省用户名
DbEn.DefaultPassword="aaa"                      '为 DbEn 对象设置缺省口令
```

由于 Jet 数据库引擎允许用户定义一个工作组,对于工作组中的每一个用户可以设置不同的数据库访问权限。必须把存储这个工作组有关信息的文件告诉 DAO,方法就是设置 DBEngine 对象的 SystemDB 属性,如:

```
DbEn.SystemDB= "C:\"&"System.mdw"
```

当使用 Jet 数据库引擎时，必须把 DBEngine 对象的 DefaultType 属性设置为 dbUseJet。

DBEngine 对象还提供了很多方法来操作工作区（Workspace）和数据库，如 Creat Workspace 方法创建一个工作区、Creatdatabase 创建一个数据库、OpenDatabase 打开一个数据库、CompactDatabase 压缩一个数据库、RepairDatabase 修复一个数据库等。

2. Error 对象

Error 对象是 DBEngine 对象的一个子对象。在对数据库编程中，当发生数据库操作错误时，可以把错误信息保存在 DAO 的 Error 对象中。Error 对象包含的属性如下。

（1）Description 属性。这个属性包含了错误警告信息文本，如果没有进行错误处理，这个文本将出现在屏幕上。

（2）Number 属性。这个属性包含了产生错误的错误号。

（3）Source 属性。这个属性包含了产生错误的对象名。

3. Workspace 对象

在 Access 中，一个 Workspace 对象定义一个数据库会话（Session），会话描述出由 Microsoft Jet 完成的一系列功能，所有在会话期间的操作形成了一个事务范围，并服从于由用户名和密码决定的权限。所有的 Workspace 对象组合在一起形成一个 Workspace 集合。在 VBA 中，用 DBEngine 对象的 CreateWorkspace 方法创建一个新的工作区。如：

```
Dim ws As DAO.Workspace=dben.Workspace(0)
Ws=dben.CreateWorkspace("Customers","Admin","pswrd","dbUseJet")
Dben.Workspace.Append(ws)
```

注意：当创建了一个新的 Workspace 对象时，它并不会自动添加到 Workspace 集合中，必须用 Append 方法把 Workspace 对象添加到 Workspace 集合中。

4. Database 对象

用户一旦用 CreateDatabase 创建了一个数据库或用 OpenDatabase 打开了一个数据库，就生成了一个 Database 对象。所有的 Database 对象都自动添加到 Database 集合中。下面的这段代码就是使用 Database 集合列出了所有的数据库的路径名：

```
db= ws.OpenDatabase(txtMDBFile.text)
```

Database 对象有 5 个子集合，分别是 Recordsets 集合、QueryDefs 集合、TableDefs 集合、Relation 集合和 Containers 集合，这些集合分别是 Recordset 对象、QueryDef 对象、TableDef 对象、Relation 对象和 Container 对象的集合。Database 对象提供一些方法来操纵数据库和创建这些对象。

（1）Execute 方法。执行一个 SQL 语句，这个 SQL 语句不仅可以操作数据库中的数据，还可以是 DLL，用来修改数据库的结构。

（2）OpenRecordset 方法。在数据库中执行一个查询，查询可能涉及到表的连接，查询的结果作为一个 Recordset 对象返回。

（3）CreateQuery 方法。在数据库中创建一个存储过程并创建一个 QueryDef 对象。

（4）CreateRelation 方法。创建一个 Relation 对象，定义两个 TableDef 或 QueryDef 之间的关系。

（5）CreatTableDef 方法。在数据库中创建一个数据表，并返回一个 TableDef 对象。

5．Recordset 对象

Recordset 对象是使用最频繁的一个对象，它代表了数据库中一个表或一个查询结果的记录等，也可以使用相应的方法在 Recordset 中任意移动当前记录的位置，使用的方法有 MoveNext、MovePrevious、MoveFirst 和 MoveLast 等。

Recordset 对象中还包含另一个对象 Field 对象，这个对象代表了数据表的一个字段，用这个对象可以访问数据表中的任何一个字段，例如，下面的语句把表中当前记录的 Name 字段值赋给变量 sName：

```
Dim db As DAO.Database=ws.OpenDatabase("user","aaa")
SName=CStr(db.recordsets(0).Fields("name").value)
```

Source 参数可以是一个表名，也可以是一个查询的名字，还可以是一个用来创建 Recordset 对象的 SQL 语句。这个参数是必需的，而其他的三个参数是可选的。

Type 参数是指 Recordset 的类型，这里有必要说明一下 Dynaset（动态集）和 Snapshot（快照）之间的区别。Dynaset 这种 Recordset 对象的功能强大，使用灵活，当 Recordset 被创建时，只有每个记录的主键被取到且被缓存在本地，由于主键的大小总是小于整条记录的大小，所以 Dynaset 创建的速度很快。在 Dynaset 创建以后，如果要查询记录，则用缓存的主键来进行查询。相反，Snapshot 则是把整条记录都取出来存在本地，因此速度很慢，而且，如果别的用户修改了数据库，本用户将无法看到这种改变。

知识 2　利用 DAO 访问数据库

使用 DAO 编程访问数据库的方法是创建对象变量，使用对象变量的方法与属性来实现对数据库的操作。在此给出对数据库编程操作的语句和步骤。

```
'定义对象变量
Dim ws As Workspace
Dim db As Database
Dim rs As RecordSet
'通过 Set 语句设置各个对象变量的值
Set ws=DBEngine.Workspace(0)
Set db=ws.OpenDatabase(<数据库文件名>)
Set rs=db.OpenRecordSet(<表名、查询名或 SQL 语句>)
Do While Not rs.EOF
...
    Rs.MoveNext
```

```
Loop
rs.close
db.close
Set rs=Nothing
Set db=Nothing
…
```

知识 3　DAO 编程实例

已知有"员工情况"数据库,数据库中已建立了"员工情况"表,表的字段如图 8.8 所示。请用 ADO 编程实现如下窗体的功能录入功能。

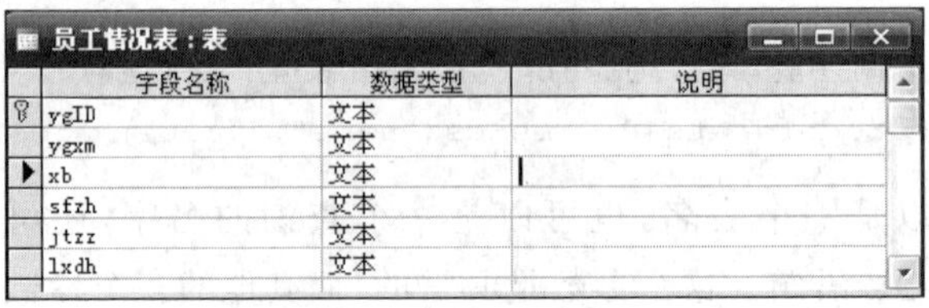

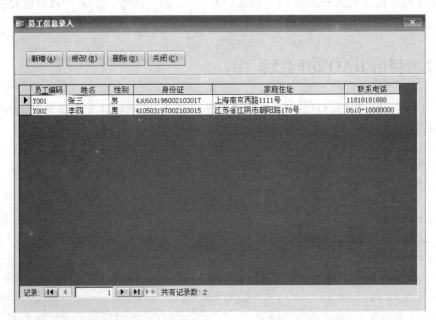

图 8.8　员工信息表结构

在数据库中已建立了如图 8.9、图 8.10 与图 8.11 所示的三个窗体。其中图 8.10 所示的窗体为如图 8.9 的子窗体,图 8.11 所示的窗体为单击如图 8.9 窗体中的"新增"按钮后弹出的窗体。

图 8.9　"员工信息录入"的主\子窗体

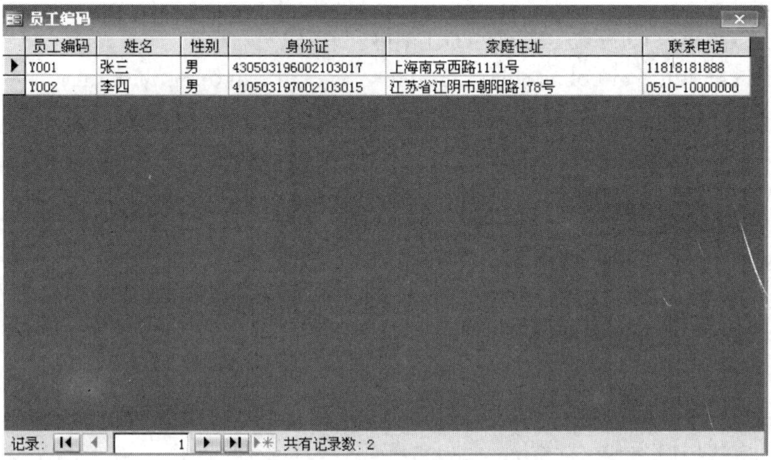

图 8.10 "员工编码"子窗体

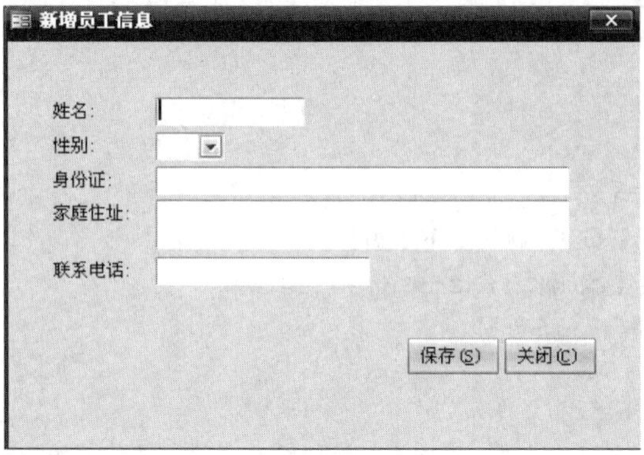

图 8.11 "新增员工信息"窗体

用 DAO 操作编程实现的方法如下。

为图 8.11 中的"保存"与"关闭"按钮编写单击事件代码：

```
Private Sub cmdSave_Click()
    Dim rst As DAO.Recordset
    Dim strSQL As String
    If IsNull(Me.ygxm) Then
        MsgBox "请输入员工姓名!", vbInformation, "提示"
        Me.ygxm.SetFocus
        '没填写姓名就退出,不再执行后面的程序
        Exit Sub
    End If
    If IsNull(Me.xb) Then
        MsgBox "请输入员工姓别!", vbInformation, "提示"
        Me.xb.SetFocus
        Exit Sub
```

```
        End If
        strSQL="select * from tbl 员工编码"
        Set rst=CurrentDb.OpenRecordset(strSQL, dbOpenDynaset)
        rst.AddNew
        rst!ygID=AccHelp_AutoID("Y", 3, "tbl 员工编码", "ygID")
        rst!ygxm=Me.ygxm
        rst!xb=Me.xb
        '如果身份证号填写了,就保存
        If Not IsNull(sfzh) Then
            rst!sfzh=Me.sfzh
        End If
        If Not IsNull(jtzz) Then
            rst!jtzz=Me.jtzz
        End If
        If Not IsNull(lxdh) Then
            rst!lxdh=Me.lxdh
        End If
        rst.Update
        rst.Close
        Set rst=Nothing
        '表中已添加了新员工,刷新一下子窗体
        Forms(frm 员工编码).frmChild.Requery
        '清空,方便新增下一条数据
        Me.ygxm=Null
        Me.xb=Null
        Me.sfzh=Null
        Me.jtzz=Null
        Me.lxdh=Null
        Me.ygxm.SetFocus
End Sub
Private Sub cmdClose_Click()
DoCmd.Close
End Sub
```

为"员工信息录入"窗体的"新增"按钮、"删除"按钮、"修改"按钮编写如下代码:

```
Private Sub cmdAdd_Click()
'打开一个名叫 "frm 员工编码_child_Add"的窗体
    DoCmd.OpenForm "frm 员工编码_child_Add"
End Sub
Private Sub cmdClose_Click()
DoCmd.Close
End Sub
Private Sub cmdDel_Click()
```

```
          '允许子窗体删除数据
     Me.frmChild.Form.AllowDeletions=True
End Sub
Private Sub cmdEdit_Click()
          '允许子窗体修改数据
     Me.frmChild.Form.AllowEdits=True
End Sub
```

为子窗体的装载事件编写如下代码：

```
Private Sub Form_Load()
          '不允许子窗体新增数据
     Me.frmChild.Form.AllowAdditions=False
          '不允许子窗体修改数据
     Me.frmChild.Form.AllowEdits=False
          '不允许子窗体删除数据
     Me.frmChild.Form.AllowDeletions=False
End Sub
```

同时为数据库建立一个标准模块，模块内容为生成自动编号的一个函数：

```
Function AccHelp_AutoID(prefixion As String, IDlength As Integer, tblName
As String, fldName As String) As String
'功能：获得某表某字段的下一个编号，在最后一个编号上加 1
'说明：
'prefixion 编码前缀，如果不需要前缀，可用""代替，如 AccHelp_AutoID("",3,"表名
称","字段名称")
'IDlength 编码位数
'tblName 表名称
'fldName 自增序号的字段名称
On Error GoTo Err_AccHelp_AutoID:
Dim i As Long                              '最后的一个编号
Dim ForMatString As String                 '格式化字符串
ForMatString=String(IDlength, "0")
If DCount(fldName, tblName)=0 Then          '如果没有开始编号，则为 1
   AccHelp_AutoID=prefixion & Format(1, ForMatString)
Else
   i=Val(Right(DMax(fldName, tblName), IDlength))+1
   AccHelp_AutoID=prefixion & Format(i, ForMatString)
End If
Exit_AccHelp_AutoID:
    Exit Function
Err_AccHelp_AutoID:
    AccHelp_AutoID="#"
End Function
```

单元 3 ActiveX 数据对象

使用 ADO 对象模型,用户可通过定义对象、编写代码来实现数据库的访问。

知识 1 ADO 主要功能与特性

ADO 是基于 OLE DB 技术而设计,是 Microsoft 提供的一种面向对象、与编程语言无关的、基于应用程序层的数据访问接口。ADO 访问数据是通过 OLE DB 来实现的,OLE DB 不仅能够以 SQL Server、Oracle、Access 等数据库文件为访问对象,还可对 Excel 表格、文本文件、图形文件、电子邮件等各种各样的数据通过统一的接口进行存取。ADO 与 OLE DB 的关系如图 8.12 所示。ADO 的主要特性是易用于使用、可以访问多种数据源、访问速度快且效率高、易于 Web 应用、技术编程接口丰富、低内存支出和占用磁盘空间较少。

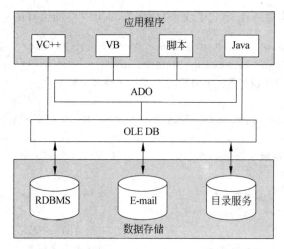

图 8.12 ADO 与 OLE DB 的关系

知识 2 ADO 对象模型

ADO 集中了 DAO 的优点,且不像 DAO 那样依赖于对象层次。ADO 对象模型定义了一个可编程的分层对象集合,ADO 主要由对象 Connection(连接)、Command(命令)、Recordset(记录集)、Record(记录)、Field(字段)、Error(错误)、Property(属性)、Parameter(参数)等组成。其中,Connection、Command 与 Recordset 是最为常用的三个对象,在诸多情况下用户使用这三个对象即可完成数据的读取和操作。

基本的 ADO 编程过程如下。

(1)连接到数据源。同时,可确定对数据源的所有更改是否已成功或没有发生。

（2）指定访问数据源的命令，同时可带变量参数，或优化执行。

（3）执行命令。如果这个命令使数据按表中的行的形式返回，则将这些行存储在易于检查、操作或更改的缓存中。

（4）使用缓存行的更改内容来更新数据源。

（5）提供常规方法检测错误（通常由建立连接或执行命令造成）。

1. ADO 主要对象

ADO 的主要对象如图 8.13 所示。对象的作用、属性与方法如下。

（1）Connection 对象

Connection 是一个数据连接对象，是在应用程序和数据库中建立了一条数据传输连线，该对象代表了与数据源进行的唯一会话。如果是 C/S 数据库系统，该对象可等价于到服务器的实际网络连接。通过此连接，用户可以对被连接到的数据源进行访问和操作。如果需要多次访问某个数据库，用户应当使用 Connection 对象来建立一个连接。

使用 Connection 对象的集合、方法和属性可执行下列操作。

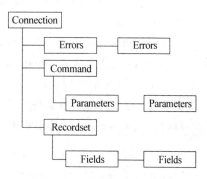

图 8.13　ADO 主要对象关系

① 在打开连接前使用 ConnectionString、ConnectionTimeout 和 Mode 属性对连接进行配置。

② 使用 DefaultDatabase 属性设置连接的默认数据库。

③ 使用 Provider 属性指定 OLE DB 提供者。

④ 使用 Open 方法建立到数据源的物理连接。

使用 Open 方法前必须定义 ADODB 的连接对象，命令与命令格式如下。

```
Dim cnn As New ADODB.Connection          '定义 ADODB 的连接对象
Cnn.Open [ConnectionString][,UserId][,PassWord][,Opentions]
                                         '打开 ADODB 的连接对象
```

（a）ConnectionString：可选项，包含连接的数据库信息。其中，最重要的就是要体现 OLE DB。

（b）UserID：可选项，数据库登录用户名。

（c）Password：可选项，数据库登录密码。

（d）Opentions：可选项，如果设置为 adConnectionAsync，则表示异步连接。

⑤ 使用 Close 方法将其断开。

⑥ 使用 Execute 方法执行对连接的命令，并使用 CommandTimeout 属性对执行进行配置。

⑦ 使用 Errors 集合检查数据源返回的错误。

⑧ 通过 Version 属性读取使用中的 ADO 执行版本。

⑨ 使用 OpenSchema 方法获取数据库模式信息。

例 8-6 为 e:/mian 数据库创建 Connection 对象并建立连接。

代码如下：

```
Set Conn=Server.Createobject("ADODB.Connection")
Conn.Provider="Microsoft.Jet.OLEDB.4.0"
Conn.Open "C:/main.accdb"
```

连接建立后，如果想关闭连接可采用 Connection 对象的 Close 方法。假如连接为 conn，由可用 conn.Close 关闭该连接。

关于 Connection 对象的更多属性和方法，请参阅帮助中心的 ADO 程序员参考在线。

Connection 对象在 C/S、B/S 开发过程中是必备的 ADO 对象，但是在 Access 开发中，用户既可以自己定义 Connection 对象，也可以直接使用 VBA 中 CurrentProject 对象的 Connection 属性来实现连接。

例 8-7 为 e:/mian 数据库自定义 Connection 对象并实现连接。

自行定义 Connection 对象实现连接，代码以下：

```
Dim Cnn as New ADODB.Connection
Dim Rst As New ADODB.Recordset '定义对象变量
Cnn.Open "Provider=Microsoft.Jet.OLEDB.4.0; Data Source=E:/main.accdb"
Set Rst.Activeconnection=Cnn
```

例 8-8 使用 Access VBA 中 CurrentProject 对象的 Connection 属性实现连接。

代码如下：

```
Set rst=New ADODB.Recordset
   rst.ActiveConnection=CurrentProject.Connection
```

例 8-9 为"高校教师教师信息管理"数据库建立连接。

使用的命令及顺序如下：

```
Dim cn As New ADODB.Connection   '定义 cn 为数据库的连接对象
Set Cn="C:\DB\高校教师信息管理.accdb"
Set Cn.Provider="Microsoft.Jet.OLEDB.4.0"
Cn.Open "test" , "test1"         '使用的登录 ID 为"Test"，密码为"test1"打开连接
```

（2）Command 对象

Command 对象用于执行面向数据库的一次简单查询。此查询可以是创建、添加、取回、删除或更新记录等动作。如果该查询命令用于取回数据，则此数据将以 Recordset 对象返回。这意味着被取回的数据能够利用 Recordset 对象的属性、集合、方法或事件进行操作。在 VBA 中，可以使用 Command 对象的集合、方法、属性进行下列操作。

① 使用 CommandText 属性定义命令（例如 SQL 语句）的可执行文本。

② 通过 Parameter 对象和 Parameters 集合定义参数化查询或存储过程参数。

③ 可使用 Execute 方法执行命令并在适当的时候返回 Recordset 对象。

④ 执行前应使用 CommandType 属性指定命令类型以优化性能。

⑤ 使用 CommandTimeout 属性设置提供者等待命令执行的秒数。

⑥ 通过设置 ActiveConnection 属性使打开的连接与 Command 对象关联。

⑦ 设置 Name 属性将 Command 标识为与 Connection 对象关联的方法。

⑧ 将 Command 对象传送给 Recordset 的 Source 属性以便获取数据

在 Access 开发中，用户定义使用 Command 对象，可以直接使用更简单的 Recordset 对象的 Open 方法，来直接打开查询字符串，如下所示：

```
Set rs=as New ADODB.Recordset    '建立数据库对象
rs.activeconnection=CurrentProject.Connection    '建立连接
rs.cursortype=adopendynamic    '允许用户查看其他用户所做的添加、更改和删除
rs.locktype= adlockoptimistic    '设定为这种类型的锁定制式将被称为批量更新模式
的 Recordset
rs.Open sql    '按照设置的 SQL 查询方法，打开数据库对象
```

Command 对象是对数据库执行命令的对象，在定义查询参数或执行存储过程时非常有用。Command 的主要方法 Execute 的语句格式如下：

```
Dim cmm As new ADODB.Command
Dim rs As new ADODB.RecordSet
…
Set rs=cmm.Execute(SQL)
```

例如：

```
sql="select * from admin where username='xiaozhu'"
set rs=command.execute(sql)
```

该语句等同于下面语句

```
sql="select * from admin where username='xiaozhu'"
set rs=conn.execute(sql)                        'conn 为数据库的连接对象
```

（3）Recordset 对象

在 ADO 中，Recordset 对象是最重要且最常用于对数据库的数据进行操作的对象。Recordset 对象用于容纳来自数据库表的记录集。在 VBA 中任何涉及数据的查询、修改、创建与删除操作，都需要创建该对象，并在该数据集中进行操作。

当用户首次打开一个 Recordset 对象时，当前记录指针将指向第一个记录，同时 BOF 和 EOF 属性为 False。如果没有记录，BOF 和 EOF 属性为 True。

在 Recordset 对象中，用户需要通过 CursorType 属性来设置游标的类型。在 ADO 中定义了 4 种不同的游标类型。

① 动态游标 AdOpenDynamic：允许用户查看其他用户所做的添加、更改和删除。

② 键集游标 AdOpenKeyset：类似于动态游标，不同的是用户无法查看其他用户所做的添加，并且它会防止用户访问其他用户已删除的记录。其他用户所做的数据更改仍然是可见的。

③ 静态游标 AdOpenStatic：提供记录集的静态副本，可用来查找数据或生成报告。

此外,由其他用户所做的添加、更改和删除将是不可见的。当打开一个客户端 Recordset 对象时,这是唯一被允许的游标类型。

④ 仅向前游标 AdOpenForwardOnly:只允许在 Recordset 中向前滚动。此外,由其他用户所做的添加、更改和删除将是不可见的。

注意:一旦打开 Recordset,就无法改变 CursorType(游标类型)属性。但是,如果首先关闭 Recordset,改变 CursorType 属性,然后重新打开 Recordset,那么仍可以有效地改变游标的类型。

在 Recordset 对象中,还有一个重要的属性是 LockType。在任何可能被多用户同时修改的数据库中,开发者必须预见到可能发生多个用户同时对同一条记录进行操作时的情况。当这种情况出现时,数据的完整性就不能得到保证。为了处理这种情况,ADO 允许用户在对 Recordset 对象进行更新时决定事件控制的类型,当一个用户编辑时,如何由他对记录进行锁定,这就是由 LockType 属性所决定的。LockType 属性有如下 4 个值。

① adLockReadonly:默认值,只读,无法更改数据。这是 Recordset 的默认值,如果用户把锁定方式设为该值,那么用户将不能更新 Recordset。

② adLockPessimistic:保守式记录锁定。提供者执行必要的操作确保成功编辑记录,通常采用编辑时立即锁定数据源的记录的方式。如果设置为此类锁定,记录被锁定,且只有在编辑开始到将记录更新的提交给数据提供者这段时间内进行编辑的用户才可以访问。

③ adlockoptimistic:开放式记录锁定(逐条)。提供者使用开放式锁定,只在调用 Update 方法时锁定记录。只有在将数据提交给数据提供者的那一瞬间才把记录锁定。

④ adlockBatchOptimistic:开放式批更新。设定为这种类型的锁定制式将被称为批量更新模式的 Recordset。可以加快更新 Recordset 修改数据的速度,但因为同时更新多个记录,它也会恶化与并发访问相关的问题。

在介绍了 Recordset 对象的几个重要属性后,Access 中对 Recordset 对象的使用举例如下所示。

```
Dim sql As String
Dim rs As New ADODB.Recordset                     '定义数据对象
sql="SELECT * FROM 客户表                          '给 SQL 字符串赋值
rs.activeconnection=CurrentProject.Connection      '建立连接
rs.cursortype=adopendynamic                        '设置指针类型
rs.locktype=adlockoptimistic                       '设置锁定方式
rs.Open sql '按照设置的 SQL 查询方法,打开数据库对象
If rs.EOF Then
DoCmd.Beep
MsgBox ("用户名或密码错误,请重新输入!")
```

该对象的属性如表 8-4 所示,该对象的方法如表 8-5 所示。

表 8-4　Recordest 对象的属性说明

属　　　性	说　　　明
AbsolutePage	设置当前记录所在位置是第几页
AbsolutePosition	设置记录集对象所在位置是第几条记录
ActiveConnection	设置记录集属于哪一个 Connection 对象
BOF	检验当前记录集对象所指位置是否在第一条记录之前,若成立,则返回 True,否则返回 False
EOF	检验当前记录集对象所指位置是否在最后一条记录之后,若成立,则返回 True,否则返回 False
CacheSize	设置记录集对象在内存中缓存的记录数
Cousor	设置记录集对象的光标类型,共分为 4 种,分别为 Dynamic、Static、Forward-only、Keyset
EditMode	指定当前是否处于编辑模式
LockType	在记录集的当前位置锁定记录
PageSize	设置记录集对象一页所容纳的记录数
PageCount	显示记录集当前的页面总数

表 8-5　Recordset 对象的方法

方　　　法	说　　　明
AddNew	添加一条空白记录
CancelBatch	取消一个批处理更新操作
CancelUpdate	取消已存在的和新的记录所做的任何改变
Close	关闭打开的记录集
GetRows	取得记录集的多条记录
Movefirst	将 RS 记录集对象的指针移至记录集对象中最顶端的记录
Moveprevious	将 RS 记录集对象的指针向上移动一条
Movenext	将 RS 记录集对象的指针向下移动一条
Movelast	将 RS 记录集对象的指针移至记录集对象中最底端的记录
Open	打开一个记录集
Requery	重新执行查询
Update	向数据库提交对一条记录的改变或添加
Fields. count	显示该记录集对象内所含有的字段数

（4）Fields 对象

Fields 对象对应于数据库表的字段或 SQL 查询语句 Select 关键字之后跟随着的域, 宽限包含记录集中数据的某单个列的信息,它属于 Recordset 对象的字段数据集合,其可以在 VBA 程序中取得字段的信息。常用属性如表 8-6 所示。

表 8-6　Fields 的常用属性

属　　性	功　能　简　述
Count	取得当前 Recordset 对象记录集合中的字段数量
Name	取得当前 Recordset 对象记录集合中的字段名称
Value	取得当前 Recordset 对象记录集合中的字段内容
Type	取得当前 Recordset 对象记录集合中字段的数据类型

如果需要取得当前 Recordset 对象记录集合中的字段数量,可以采用如下的程序代码取得:

```
FieldCount=Rs.Fields.Count
```

在上述程序代码执行之后,将会取得当前 Recordset 对象记录集合中的字段数量。在取得字段数量之后,即可根据索引取得字段的名称、数据类型、长度等信息。程序代码如下所示:

```
Rs.Fields (I).Name
Rs.Fields (I).Value
Rs.Fields (I).Type
Rs.Fields (I).Attributes
Rs.Field s(I).DefinedSize
```

上述程序的索引变量 I 是从 0 开始,增量为 1,持续累加直到 I 为"FieldCount-1"为止,依次取得字段的相关信息。

(5) Errors 与 Error 对象

Connection 对象中有一个搜集错误信息的组件,那就是 Error 对象。数据库程序运行时,一个错误就是一个 Error 对象,所有的 Error 对象就组成了 Errors 集合,也称错误集合。Errors 对象方法与属性如表 8-7 所示。

表 8-7　Errors 的常用属性与方法

属性或方法	功　能　简　述
Count 属性	只读,用于返回 Errors 中 Error 对象的数目
Item 方法	用来获取 Errors 中的某个 Error 对象,括号中的参数用 Error 对象的索引
Clear 方法	将 Errors 中的 Error 对象清除

Error 对象的常用属性如表 8-8 所示。

表 8-8　Error 对象的常用属性

属　　性	功　能　简　述
Number	只读,错误编号
Description	只读,错误描述
Source	只读,发生错误的原因
HelpContext	只读,错误的帮助提示文字

（6）Parameter 对象

Parameter 对象用于管理基于参数化查询或存储过程的 Command 对象相关联的某个参数或自变量的信息，这类 Command 对象有一个包含其所有 Parameter 对象的 Parameters 集合。Parameter 对象的主要属性有如下两个。

① Name 属性：可设置或返回参数名称。

② Value 属性：可设置或返回参数值。

（7）Property 对象

Property 对象代表由提供者定义的 ADO 对象的动态特征。ADO 对象有内置和动态两种类型的属性。内置属性是在 ADO 中实现并立即可用于任何新对象的属性，此时使用 MyObject.Property 语法。它们不会作为 Property 对象出现在对象的 Properties 集合中，因此，虽然可以更改它们的值，但无法更改它们的特性。动态属性由基本的数据提供者定义，并出现在相应的 ADO 对象的 Properties 集合中。例如，指定给提供者的属性可能会指示 Recordset 对象是否支持事务或更新。这些附加的属性将作为 Property 对象出现在该 Recordset 对象的 Properties 集合中。动态属性只能通过集合使用 MyObject.Properties(0) 或 MyObject.Properties("Name") 语法来引用，两种属性都无法删除。动态 Property 对象有 4 个自己的内置属性。

① Name 属性：标识属性的字符串。

② Type 属性：用于指定属性数据类型的整数。

③ Value 属性：包含属性设置的变体型。

④ Attributes 属性：指示特定于提供者的属性特征的长整型值。

在这些对象中，掌握其中的 Command、Connection、Recordset 对象就可以实现基本的数据库操作。

知识 3　ADO 编程访问数据库过程

为了能够在程序中使用 ADO 对象编程，在连接数据库前，需要在 Access 模块设计时增加一个对 ADO 库的引用。Access 2010 的 ADO 引用库为 DAO2.8，其引用设置方法是进入 VBA 编程环境，打开"工具"菜单并单击选择"引用"菜单项，弹出"引用"对话框，从"可使用的引用"列表框选项中选择 Microsoft ActiveX Data Objects 2.8 Library 组件。运用 ADO 对象模型的主要元素 Connection（连接）中的 ConnectionString 属性进行连接，ConnectionString 为可读写 string 类型，指定一个连接字符串，告诉 ADO 如何连接数据库。

注意：ADO 类型库引用必须加 ADODB 名词前缀。

使用 ADO 访问数据库的一般过程和步骤如下。

第 1 步：使用 Dim 定义和创建 ADO 对象实例变量。

第 2 步：使用连接对象的 Open 方法设置连接参数并打开连接。

第 3 步：使用 Command 对象的执行方法设置命令参数并执行命令。

第 4 步：使用记录对象的 Open 方法设置查询参数并打开记录集。

第 5 步：操作记录集。

第 6 步：关闭、回收有关对象。

具体可参见如下程序段分析：

程序段 1：在 Connection 对象上打开 RecordSet。

```
...
'创建对象引用
Dim cn As new ADODB.Connection          '创建一连接对象
Dim rs As new ADODB.RecordSet           '创建一记录集对象
Cn.Open <连接串等参数>                   '打开一个连接
rs.Open <查询串参数>                     '打开一个记录集
Do While Not rs.EOF                     '利用循环结构遍历所有记录
...                                     '各种数据操作语句
    Rs.MoveNext                         '记录指针移至下一条
Loop
rs.close                                '关闭记录集
db.close                                '关闭连接
Set rs=Nothing                          '回收记录集对象变量的内存占用
Set cn=Nothing                          '回收连接对象变量的内存占用
...
```

程序段 2：在 Command 对象上打开 RecordSet。

```
...
'创建对象引用
Dim cm As new ADODB.Command             '创建一命令对象
Dim rs As new ADODB.RecordSet           '创建一记录集对象
With cm
    .ActiveConnection=<连接串>
    .CommandType=<命令类型参数>
    .CommandText=<查询命令串>
End With
rs.Open cm,<其他参数>                    '设定 rs 的 ActiveConnection 属性
Do While Not rs.EOF                     '利用循环结构遍历所有记录
...                                     '各种数据操作语句
    Rs.MoveNext                         '记录指针移至下一条
Loop
rs.close                                '关闭记录集
Set rs=Nothing                          '回收记录集对象变量的内存占用
...
```

ActiveX 数据对象(ADO)是基于组件的数据库编程接口，它是一个和编程语言无关的 COM 组件系统，可以对来自多种数据提供者的数据进行读取和写入操作。

知识 4 ADO 数据库编程实例

综合分析 Access 环境下的数据库编程，大致可划分为以下情况：

（1）利用 VBA＋ADO 操作当前数据库。

（2）利用 VBA＋ADO 操作本地数据库（Access 数据库或其他）。

（3）利用 VBA＋ADO 操作远端数据库（Access 数据库或其他）。

对于这些数据库编程设计,完全可以使用前面叙述的一般 ADO 操作技术进行分析和加以解决。操作本地数据库和远端数据库,最大的不同就是连接字符串的设计。对于本地数据库的操作,连接参数只需要给出目标数据库的盘符路径即可;对于远端数据库的操作,连接参数还必须考虑远端服务器的名称或 IP 地址。在此介绍基于 ADO 的编程方法。

1. 用户登录窗体代码实现

在"小型销售企业费用报销系统"中系统登录窗体如图 8.14 所示。用户在该窗体中输入正确的用户名与密码,单击"确定"按钮就能打开系统功能窗体 SysFrmFunction。如果输入不正确就要求用户重新输入或注册。如果单击"取消"按钮,就关闭该窗体。

图 8.14　系统登录窗体

代码如下:

```
Private Sub btnOK_Click()   '确定按钮的代码
    Dim logname As String
    Dim pass As String
    Dim str As String
    Dim cn As New ADODB.Connection
    Dim rs As New ADODB.Recordset
    Dim fd As ADODB.Field
    Set cn=CurrentProject.Connection
    logname=Trim(Me!txtUserName)
    pass=Trim(Me!txtPassword)
    If Nz(logname)="" Then
        MsgBox "请输入用户名"
    ElseIf Nz(pass)="" Then
        MsgBox "请输入密码"
    Else
        str="select * from UserInfo where userName='" & logname & "'and
Password='" & pass & "'"
```

```
        rs.Open str, cn, adOpenDynamic, adLockOptimistic, adCmdText
        If rs.EOF Then
            MsgBox "没有这个用户名或密码输入错误,请重新输入或注册"
            Me.txtUserName=" "
            Me.txtPassword=" "
            Me.txtUserName.SetFocus
        Else
            DoCmd.Close
            DoCmd.OpenForm "SysFrmFunction"
        End If
       End If
    End Sub
Private Sub btnCancel_Click()          '取消按钮的代码
   DoCmd.Close
End Sub
Private Sub btnregister_Click()        '注册按钮的代码
   DoCmd.Close
   DoCmd.OpenForm "register_Frm"
End Sub
```

2. 注册窗体代码实现

在"小型销售企业费用报销系统"中系统登录窗体中,单击"注册"按钮将打开如图 8.15 所示的系统注册窗体。

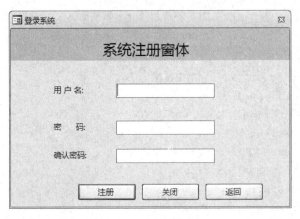

图 8.15　系统注册窗体

在该窗体中输入用户名、密码与确认密码后,单击"注册"按钮检查用户是否已经存在,如果不存在就在 UserInfo 表中添加一个用户,该窗体按钮的代码如下:

```
Private Sub btnOK_Click()    '注册按钮的代码
    Dim logname As String
    Dim Logpass1 As String
    Dim Logpass2 As String
    Dim str As String, str2 As String
```

```
    Dim rs As New ADODB.Recordset
    Dim fd As ADODB.Field
    Dim cn As ADODB.Connection
    Set cn=CurrentProject.Connection
    logname=Trim(Me!txtUserName)
    Logpass1=Trim(Me!txtPassword1)
    Logpass2=Trim(Me!txtPassword2)
    If Nz(logname)=""Or Nz(Logpass1)=""Then
        MsgBox "请先按要求输入注册的用户名与密码!!"
        Me.txtUserName.SetFocus
    End If
    If Logpass1<>Logpass2 Then
        MsgBox "两次输入的密码不一致,请重新输入!"
        Me.txtPassword1.SetFocus
    Else
        str="select * from UserInfo where userName='" &logname & "'"
        rs.Open str, cn, adOpenDynamic, adLockOptimistic, adCmdText
        If rs.EOF Then
            str2="insert into UserInfo(userName,password) " & "values('" &
            logname & "','" & Logpass1 & "')"
            DoCmd.RunSQL str2
        Else
            MsgBox "该用户名已经注册! 请重新输入!"
            Me!txtUserName=""
            Me!txtPassword1=""
            Me!txtPassword2=""
            Me.txtUserName.SetFocus
        End If
    End If
End Sub
Private Sub btnCancel_Click()            '关闭按钮的代码
    DoCmd.Close
End Sub
Private Sub return_register_Click()      '返回按钮的代码
    DoCmd.Close
    DoCmd.OpenForm "SysFrmLogin"
End Sub
```

3. 数据录入窗体代码实现

在"小型销售企业费用报销系统"中系统员工信息录入窗体如图 8.16 所示。为"保存"、"取消"与"关闭"命令按钮编写代码如下:

注意: main 数据库已创建 tblcodeyg(员工信息)表,表的字段如图 8.17 所示。用 ADO 编程实现窗体的录入功能。

请为"保存"、"取消"与"关闭"按钮编写单击事件代码。

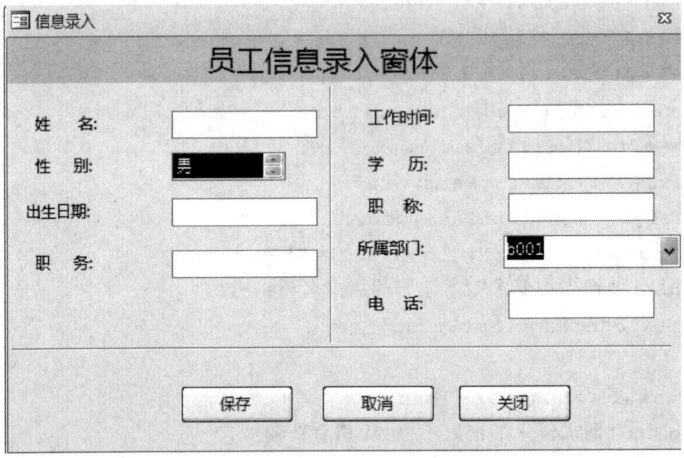

图 8.16　员工信息录入窗体

tblcodeyg

字段名称	数据类型	说明
ygID	文本	员工编号，格式：y001
ygxm	文本	姓名
ygxb	文本	性别
ygcsrq	日期/时间	出生日期
ygzw	文本	职务
yggzsj	日期/时间	参加工作时间
ygxl	文本	学历
ygzc	文本	职称
Ygbm	文本	所在部门，通过查询tblCodeBm表获得数据
ygdh	文本	联系电话

图 8.17　员工信息表结构

"保存"按钮的事件代码如下：

```
Private Sub Bton_saveygInfo_Click()
    Dim rst As ADODB.Recordset
    Dim strSQL As String
    If IsNull(Me.Textygxm) And IsNull(Me.Textcsrq) And IsNull(Me.Textzw)
And IsNull(Me.Textdh) Then
    MsgBox "请输入员工所要求的信息!", vbInformation, "提示"
    Me.Textygxm.SetFocus
    Exit Sub
    End If
    strSQL="select * from tblcodeyg"
    Set rst=New ADODB.Recordset
    rst.CursorLocation=adUseClient
    rst.Open strSQL, CurrentProject.Connection, 2, 3
    rst.AddNew
    rst!ygID=AccHelp_AutoID("Y", 4, "tblcodeyg", "ygID")  '编号自动生成函数
    rst!ygxm=Me.Textygxm
```

```
        rst!ygxb=Me.Listgyxb.Value
        rst!ygcsrq=Me.Textcsrq
        rst!ygzw=Me.Textzw
        rst!yggzsj=Me.Textgzsj
        rst!ygxl=Me.Textxl
        rst!ygzc=Me.Textzc
        rst!ygbm=Me.Combobm.Value
        rst!ygdh=Me.Textdh
        rst.Update
        rst.Close
        Set rst=Nothing
        Me.Textygxm=Null
        Me.Textcsrq=Null
        Me.Textzw=Null
        Me.Textgzsj=Null
        Me.Textxl=Null
        Me.Textzc=Null
        Me.Textdh=Null
        Me.Textygxm.SetFocus
    End SubPrivate Sub cmdClose_Click()
DoCmd.Close
End Sub
```

"取消"按钮的事件代码如下:

```
Private Sub ygInfo_cancel_buton_Click()
    Me.Textygxm=Null
    Me.Textcsrq=Null
    Me.Textzw=Null
    Me.Textgzsj=Null
    Me.Textxl=Null
    Me.Textzc=Null
    Me.Textdh=Null
    Me.Textygxm.SetFocus
End Sub
```

"关闭"按钮的事件代码如下:

```
Private Sub YgInfo_close_Button_Click()
  DoCmd.Close
End Sub
```

同时为数据库建立一个标准模块,模块内容为生成自动编号的一个函数;

```
Function AccHelp_AutoID(prefixion As String, IDlength As Integer, tblName
As String, fldName As String) As String
'功能:获得某表某字段的下一个编号,在最后一个编号上加 1
'说明:
```

```
'prefixion 编码前缀,如果不需要前缀,可用""代替,如 AccHelp_AutoID("",3,"表名
称","字段名称")
'IDlength 编码位数
'tblName 表名称
'fldName 自增序号的字段名称
On Error GoTo Err_AccHelp_AutoID:
Dim i As Long                                    '最后的一个编号
Dim ForMatString As String                       '格式化字符串
ForMatString=String(IDlength, "0")
If DCount(fldName, tblName)=0 Then                '如果没有开始编号,则为 1
  AccHelp_AutoID=prefixion & Format(1, ForMatString)
Else
  i=Val(Right(DMax(fldName, tblName), IDlength))+1
  AccHelp_AutoID=prefixion & Format(i, ForMatString)
End If
Exit_AccHelp_AutoID:
    Exit Function
Err_AccHelp_AutoID:
    AccHelp_AutoID="#"
End Function
```

4. 数据导入窗体代码实现

已知有"导入生产明细数据库.accdb",该数据库有一个空表 tblProduct 和一个如
图 8.18 所示的窗体,用 ADO 操作为"导入数据"按钮编写代码,单击"导入数据"按钮后
能从另一个数据库"数据.accdb"的表中导入数据到该数据库的表中。

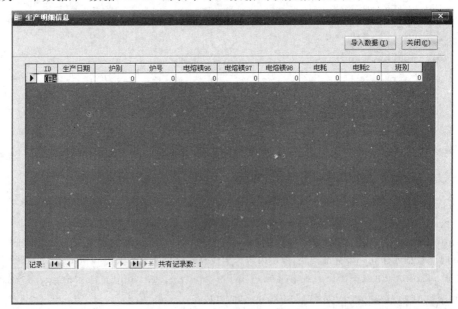

图 8.18 生产明细导入窗体

说明：本窗体不属于"小型销售企业费用报销系统"，为了让学习者加深对 ADO 的编程与应用，在此引入该窗体的编程。

为"导入数据"按钮的单击事件编写如下代码，代码的思路是首先获得要导入数据的文件，然后通过 ADO 代码来分别打开两个数据库的表，从而将数据一行一行地写入到表中。

```
Private Sub cmdDataIn_Click()
'导入数据
'选择要导入的数据库
Dim dlgOpen As FileDialog
Dim vrtSelectedItem As Variant
Dim strPathFile As String
Dim rst As New ADODB.Recordset
Dim rst2 As New ADODB.Recordset
Dim conn As String
Dim strsql As String
Dim x As Long
Dim i As Long
'-----------
Set dlgOpen=CurrentProject.Application.FileDialog
(msoFileDialogFilePicker)
With dlgOpen
    .AllowMultiSelect=False
    If .Show=True Then
        For Each vrtSelectedItem In .SelectedItems
        strPathFile=vrtSelectedItem
        Next  vrtSelectedItem
    End If
End With
Set fd=Nothing
'------------以上代码获得要导入的 mdb 文件名称，即 strPathFile
If MsgBox("您确认要从下面的文件导入数据吗？" & vbNewLine & strPathFile, vbYesNo
+vbInformation, "提示")=vbYes Then
'-------------------打开 data.mdb 中的生产明细表
conn="Provider=Microsoft.Jet.OLEDB.4.0; Data Source=" & strPathFile & ";
jet oledb:database password=Null;"
strsql="select * from 生产明细"
Set rst=New ADODB.Recordset
rst.CursorLocation=adUseClient
rst.Open strsql, conn, adOpenDynamic, adLockOptimistic
rst.MoveFirst    '指标移动到第一条记录
i=1
```

```
x=rst.RecordCount        '获得要导入的记录行数
'-------------------
'打开 tblProduct 表
Set rst2=New ADODB.Recordset
rst2.Open "tblProduct", CurrentProject.Connection,
adOpenKeyset, adLockOptimistic
Do Until rst.EOF
    rst2.AddNew
    rst2!ProdDate=rst!ProdDate
    rst2!FurnaceID=rst!FurnaceID
    rst2!HeatsNO=rst!HeatsNO
    rst2!Weight96=rst!Weight96
    rst2!Weight97=rst!Weight97
    rst2!Weight98=rst!Weight98
    rst2!dh=rst!dh
    rst2!Elec2=rst!Elec2
    rst2!ClassID=rst!ClassID
    rst2.Update
Do Events
Me.Caption="正在导入数据...导入"& i &"行,共"& x &"行"& Round(100 * i/x,1)&"%"
DoEvents
rst.MoveNext
i=i+1
Loop
rst2.Close
Set rst2=Nothing
rst.Close
Set rst=Nothing
Me.Caption="生产明细信息"
Me.Refresh
End If
End Sub
```

为"关闭"按钮的单击事件编写如下代码:

```
Private Sub cmdClose_Click()
'关闭窗体
    DoCmd.Close
End Sub
```

必须说明的是,DAO 和 ADO 中各个对象都具有自己的属性和方法。由于本书篇幅所限,没有做详细的介绍,希望能通过查阅相关编程书籍获得 ADO 与 DAO 中对象的属性与方法的使用方法,进一步掌握 VBA 的编程技术。

知识小结

- 打开窗体的操作命令为 DoCmd. OpenForm formname。
- 打开报表的操作命令为 DoCmd. OpenReport reportname。
- 窗体与报表的关闭操作为 DoCmd. Close。
- 在 VBA 编程中,程序可以通过输入函数(InputBox)完成数据的输入。
- 消息框用于显示用户操作提示或反馈消息,以提示用户做出反应。
- 鼠标操作的事件主要有 MouseDown、MouseMove 和 MouseUp。
- 键盘操作的事件主要有 KeyDown、KeyPress 和 KeyUp。
- VBA 中提供 Timer 时间控件可以实现"定时"功能。
- Microsoft Office VBA 中主要提供了开放数据库互连应用编程接口、数据访问对象和 ActiveX 数据对象三种数据库访问接口。
- DAO 是 VBA 提供的一种数据访问接口,ADO 是基于组件的数据库编程接口,它是一个和编程语言无关的 COM 组件系统。

任务 1 习题

一、选择题

(1) 现有一个已经建好的窗体,窗体中有一命令按钮,单击此按钮,将打开 tEmployee 表,如果采用 VBA 代码完成,下列语句中正确的是_____。

    A. Docmd. Openform "tEmployee"

    B. Docmd. Openview "tEmployee"

    C. Docmd. Opentable "tEmployee"

    D. Docmd. Openreport "tEmployee"

(2) 在"窗体"视图中打开"学生"窗体,并只显示"姓名"字段为"张丽"的记录。可以编辑显示的记录,也可以添加新记录的语句是_____。

    A. DoCmd. OpenForm "学生",,,,"姓名 = '张丽'"

    B. DoCmd. OpenForm "学生"

    C. DoCmd. OpenForm "学生","姓名 = '张丽'"

    D. DoCmd. Open "学生","姓名 = '张丽'"

(3) 以打印预览方式打印"学生"报表,如果采用 VBA 代码完成,下列语句正确的是_____。

    A. Docmd. Openform "学生"

    B. Docmd. Openreport "学生"

    C. Docmd. Openreport "学生",acViewPreview

    D. Docmd. Openreport "学生",1

(4) VBA"定时"操作中,需要设置窗体的"计时器间隔(TimerInterval)"属性值,其计量单位是_____。

    A. 微秒   B. 毫秒   C. 秒   D. 分钟

(5) DAO 模型层次中处在最顶层的对象是_____。

    A. DBEngine   B. Workspace   C. Database   D. RecordSet

(6) ADO 的含义是_____。

    A. 开放数据库互连应用编程接口   B. 数据库访问对象

    C. 动态链接库   D. Active 数据对象

(7) InputBox 函数返回值的类型为_____。

    A. 数值   B. 字符串

    C. 变体   D. 数值或字符串(视输入的数据而定)

(8) 在 MsgBox(prompt,buttons,title,helpfile,context)函数调用形式中必须提供的参数是_____。

    A. prompt   B. buttons   C. title   D. context

(9) 记录集的属性中,_____用来判定记录指针是否在首记录之前。

    A. Eof 的属性   B. Nomatch 属性

    C. Bof 属性   D. AbsolutePosition 属性

(10) 执行语句:MsgBox "BBBB",vbOKCancel + vbQuestion,"AAAA"之后,弹出的信息框外观样式是_____。

A. 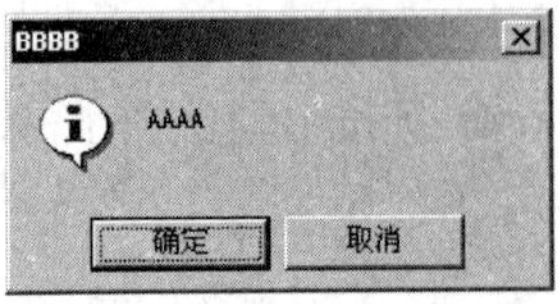   B.

C. 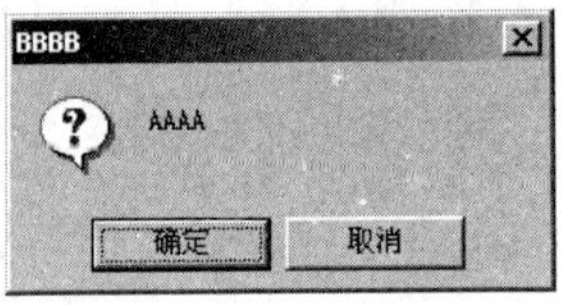   D.

二、填空题

(1) 建立了一个窗体,窗体中有一命令按钮,单击此按钮,将打开一个查询,查询名为 qT,如果采用 VBA 代码完成,应使用的语句是_____。

(2) 要实现如图 8.19 所示效果的消息框提示,VBA 代码语句为_____。

(3) 退出 Access 应用程序的 VBA 代码是_____。

(4) VBA 中主要提供了三种数据库访问接口:ODBC API、_____和_____。

(5) DAO 对象模型采用分层结构,其中位于最高层的对象是_____。

图 8.19 示例效果

（6）Access 的 VBA 编程操作本地数据库时，提供一种 DAO 数据库打开的快捷方式是_____，而相应也提供一种 ADO 的默认连接对象是_____。

（7）ADO 对象模型主要有 _____、_____、_____、_____ 和 Error5 个对象。

（8）设计一个计时的 Access 应用程序。该程序界面如图 8.20 所示，由一个文本框（名为 Text1）、一个标签及两个命令按钮（一个标题为 Start，命名为 Command1；另一个标题为 Stop，命名为 Commmand2）组成。程序功能为：打开窗体运行后，单击 Start 按钮，则开始计时，文本框中显示秒数；单击 Stop 按钮，则计时停止；双击 Stop 按钮，则退出。填空补充完整如下代码。

(a) 界面打开时

(b) 单击Start后

(c) 单击Stop后

图 8.20　计时应用程序

```
Dim i
Private Sub Command1_Click()
i=0
Me.TimerInterval=1000
End Sub
    Private Sub Command2_Click()
    _____
    End Sub
     Private Sub Command2 _ DblClick
(Cancel As Integer)
    DoCmd._____
    End Sub
    Private Sub Form_Load()
    Me.TimerInterval=0
    Me!Text1=0
    End Sub
Private Sub Form_Timer()
    i=i+1
    Me!Text1= _____
    End Sub
```

（9）已知一个名为"学生"的 Access 数据库，库中的表 stud 存储学生的基本情况信息，包括学号、姓名、性别和籍贯。

下面程序的功能是：通过窗体向 stud 表中添加学生记录。对应"学号"、"姓名"、"性别"和"籍贯"的 4 个文本框的名称分别为 tNo、tName、tSex 和 tRes。单击窗体上的"增加"命令按钮（名称为 Command1）时，首先判断学号是否重复，如果不重复则向 stud 表中添加学生记录；如果学号重复，则给出提示信息。单击窗体上的"退出"命令按钮（名称为 Command2）时，关闭当前窗体。

依据功能要求，将以下程序补充完整。

```
Private Sub Form_Load()
    '打开窗口时，连接 Access 数据库
```

```
            Set ADOcn=CurrentProject.Connection
End Sub
Dim ADOcn As New ADODB.Connection
Private Sub Command1_Click()
    '增加学生记录
    Dim strSQL As String
    Dim ADOrs As New ADO.Recordset
    Set ADOrs.ActiveConnection=ADOcn
    ADOrs.Open "Select 学号 From Stud Where 学号='"+tNo+"'"
    If Not ADOrs._____ Then
        MsgBox "你输入的学号已存在,不能新增加!"
    Else
        StrSQL="Insert Into stud(学号,姓名,性别,籍贯)"
        StrSQL=strSQL+"Values('"+tNo+"','"+tName+"','"+tSex+"','"+tRes+"')"
        ADOrs.Execute _____
        MsgBox "添加成功,请继续!"
    End If
    ADOrs.Close
    Set ADOrs=Nothing
End Sub
```

(10) 已经设计出一个表格式表单窗体,可以输出"老师"表的相关字段信息。按照以下功能要求补充设计:

改变当前记录,消息框弹出提示"是否删除该记录:",单击"是",则直接删除该当前记录;单击"否",则什么都不做。其效果如图8.21所示。

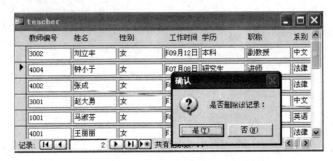

图 8.21　表格式表单窗体

```
    '单击"退出"按钮,关闭窗体
    Private Sub btnCancel_Click()
        DoCmd.Close
    End Sub
    '表格式表单窗体当前记录变化时触发
    Private Sub _____()
        If MsgBox("是否删除该记录:",vbQuestion+ vbYesNo,"确认")=_____ Then
            _____
```

```
        End If
   End Sub
```

任务 2 实验

一、实验目的

掌握数据库的编程方法,能采用 ADO 方法编程,对程序进行编辑、调试与运行。

二、实验要求

按照内容与提示要求,编辑、调试与运行程序。

三、实验学时

4 课时

四、实验内容与提示

(1) 打开 module8 文件夹中 resource 文件夹中的 main.accdb 数据库,参照 8.3.4 节为 main 数据库的各个相应窗体命令按钮控件编辑与调试程序代码。

(2) 打开 module8 文件夹中 resource 文件夹中的 ADO.accdb 数据库,仔细阅读 frm 员工编码窗体上命令按钮控件新增、修改、删除与关闭的代码,进行一步了解 ADO 编程的方法。

<table>
<tr><td>模块 9</td><td># Web 数据库与 Access 数据库安全</td></tr>
</table>

模块 **9**　# Web 数据库与 Access 数据库安全

与早期的 Access 2003 相比,Access 2010 提供了许多新功能与改进功能,其中,通过 Access Services 改进与 SharePoint Server 2010 的集成允许用户将 Access 2010 数据库发布到 SharePoint,这就实现多个用户可以从任何符合标准的 Web 浏览器与数据库应用程序交互。在 Access 2010 中,这样的数据库称为 Web 数据库。另外,Access 2010 也提供了一些对数据库进行安全管理的保护措施,保证数据库系统安全管理与保护。本模块介绍 Access 2010 Web 数据库与数据库安全的有关知识。

主要学习内容
(1) Web 数据库;
(2) Access 数据库安全。

单元 1　Web 数据库

知识 1　Web 数据库的概念

Web 是 World Wide Web(WWW、万维网、全球信息网)的简称,它是 Internet 提供的一种服务,互联网上的用户通过它访问在 Internet 主机上的连接文档,这些连接文档通常被称为网页。网页是一种超文本(Hypertext)信息,这些网页在互联网上通过超链接(Hyperlink)连接在一起。Web 是一种基于客户机/服务器(Client/Server)的体系结构,由于这种体系结构使用浏览器作客户端,因此,这种体系也被称为浏览器/服务器(Browser/Server)结构。

通常的 Web 架构采用三层结构,该结构的架构与工作过程如图 9.1 所示。

客户机浏览器　　　　Web服务器 ← 查询结果 − 数据库服务器

图 9.1　Web 三层结构及工作过程

Web 的工作过程是：客户端通过浏览器向 Web 服务器发送请求，Web 获得请求后，运行脚本程序，向数据库服务器发送 SQL 查询，把查询的结果嵌入到 Web 页中发送给客户端。

Web 数据库就是指放在 Web 后台数据库服务器上的网络数据库。Web 数据库把数据库技术引入到 Internet 的 Web 系统中，借助于 Web 技术将存储于数据库中的大量信息发布出去，而 Web 站点则借助于成熟的数据库技术对网站的各种数据进行有效的管理，并实现用户与网络中的数据库进行实时地动态数据交互。

知识 2　Access Servers 与 SharePoint

Access 2010 可以通过 Access Servers 和 SharePoint 实现在 Internet 上的数据库共享，如通过 Web 浏览器和 Access 使用数据库，可以将表格存储在 SharePoint 中心位置。要实现这些功能，在 Internet 上必须有 Access Servers 服务器，Access 用户只要把创建的 Web 服务器发布到 Access Servers 服务器上就能达到这样的目的。在此简单介绍 Access Servers 与 SharePoint 安装与配置。

准备好 SharePoint Server 2010 安装光盘，放入光驱，执行 splash. hta，系统就会弹出如图 9.2 所示的安装对话框。

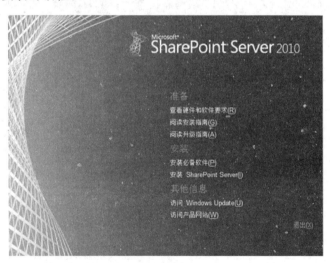

图 9.2　SharePoint Server 2010 安装界面

（1）在 SharePoint Server 2010 安装菜单中单击"安装必备软件"，启动 SharePoint Server 2010 产品准备工具安装程序，完成必备软件的安装。

（2）在 SharePoint Server 2010 安装菜单中单击"安装 SharePoint Server"，启动 SharePoint 安装程序，完成 SharePoint Server 2010 的安装与配置。

注意：在此安装过程中，在弹出如图 9.3 所示的"选择所需的安装"对话框时，如果安装的是单一的 SharePoint 服务器，则选择"独立"；如果是多 SharePoint 服务器，则选择"服务器场"。

图 9.3 "选择所需的安装"对话框

（3）配置默认 SharePoint Web 应用程序。SharePoint 2010 安装完毕后会自动创建端口为 80 的默认 Web 应用程序和网站集，安装完毕后直接在本机浏览器中输入 http://localhost/ 就可以访问默认 Web 应用程序的主页，如图 9.4 所示。为了使该服务能在 Internet 上访问，需为该机配置 IP 与域名。这样，SharePoint Server 2010 的安装就完成了。如果用户把 Access 2010 中创建的 Web 数据库发布到这台服务器上，用户可通过 Web 浏览器来访问该数据库。

图 9.4 默认 Web 应用程序的主页

知识 3 创建 Web 数据库

在 Access 2010 中创建 Web 数据库的过程如下。

启动 Access 2010，单击"文件"选项卡中的"新建"，在 Backstage 视图"可用模板"下，单击"空白 Web 数据库"，在右侧的"空白 Web 数据库"下的"文件名"框中输入数据库文件的名称，或使用提供的名称。单击"创建"将在 Access 中创建一个包含名为 Table1 的

———— Access 数据库技术与应用（第 3 版）

表的数据库的本地副本,如图 9.5 所示。与桌面数据库一样,在 Web 数据库中可创建 Web 表、Web 查询与 Web 窗体等对象。但与桌面数据库相比在设计过程中还是存在一定的差异,说明如下。

图 9.5　创建 Web 数据库界面

1. Web 表的数据类型

在 Web 表中,并非所有字段数据类型都与 Web 兼容。Web 表支持的数据类型是文本、备注、数字、货币是\否、日期\时间、计算字段、附件、超链接与查阅。

2. 查阅字段数据类型

在 Web 数据库中,创建查阅字段的 Web 表必须具有一个长整型数据类型的主键,查阅的源字段与目标字段都必须是长整型数据类型。并非所有列数据类型都与 Web 查阅兼容。查阅字段必须是单行文本、日期/时间、数字、返回单行文本的计算字段之一。

3. 控件事件

Web 窗体(报表)并不支持所有控件事件,其支持的控件事件是 AfterUpdate、OnApplyFilt、OnChange、OnClick、OnCurrent、OnDbClick 与 OnLoad 等。

另外,在 Web 数据库中设计与修改窗体或报表时只能使用布局视图。

知识 4　数据库发布

一个本地 Web 数据库创建完成后,必须将数据库发布到 SharePoint Server 2010 后才能通过浏览器访问。将数据库发布到 SharePoint Server 2010 的方法与过程如下。

(1)打开 Web 数据库,选择功能区中的"文件"选项卡以显示 Backstage 视图。单击

"信息",此时在视图的右侧显示有关 Web 数据库的信息,如图 9.6 所示。

图 9.6　Backstage"信息"视图

（2）单击"发布到 Access Services"按钮。将显示"Access Services 概述"窗格,其中提供了一些选项,可用于检查数据库的 Web 兼容性以及将数据库发布到 Access Services。利用兼容性检查器,可以测试数据库以确认没有任何会导致与 Access Services 不兼容的项或设置。

（3）在"发布到 Access Services"部分,指定要将数据库发布到的 SharePoint 网站的 URL,指定网站名称,然后单击"发布到 Access Services",如图 9.7 所示。

（4）SharePoint 会提示用户输入连接凭据。如输入有权在 SharePoint Server 上创建新网站的用户的用户名和密码,然后单击"确定"。Access 会处理数据库中的对象并将数据库发布到 SharePoint,这将同步其数据存储在服务器上的数据库的本地副本。在发布数据库时,Access 会显示一条"发布成功"消息,其中包含指向新的 Web 数据库应用程序的链接。

（5）单击新网站的链接以在 Web 浏览器中打开 Web 应用程序。

通过上述 5 个步骤将本地 Web 数据库发布到 SharePoint Server 2010。Web 数据库发布到 SharePoint,目的是使数据的管理、分析和共享变得更容易。通过使用 Access 2010 和 Access Services,用户将 Access 数据库解决方案发布到 SharePoint Server 2010, 用户就能从任何可运行符合标准的 Web 浏览器的设备与解决方案进行交互。已发布到 SharePoint Server 的 Access Web 数据库可使用标准对象,例如表、查询、窗体、宏和报表。Access Services 将这些对象存储在 SharePoint 中并显示 Web 应用程序。

图 9.7 "发布到 Access Services"界面

单元 2　Access 数据库安全

知识 1　Access 2010 中新增安全功能

Access 的新增安全功能中的许多功能从 Access 2007 就开始有了，但 Access 2010 提供了新的加密技术，此加密技术比 Office 2007 提供的加密技术更加强大。同时支持第三方加密产品，在 Access 2010 中，用户可以根据自己的意愿使用第三方加密技术。自Access 2007 就开始新增的安全功能如下。

（1）在用户不启用数据库内容时也能查看数据的功能。

在 Microsoft Office Access 2003 中，如果将安全级别设置为"高"，则必须先对数据库进行代码签名并信任数据库，然后才能查看数据。现在用户可以查看数据，而无须决定是否信任数据库。

（2）更高的易用性。

如果将数据库文件放在受信任的位置，那么这些文件将直接打开并运行，而不会显示警告消息或要求用户启用任何禁用的内容。此外，如果在 Access 2010 中打开由早期版本的 Access 创建的数据库（例如 .mdb 或 .mde 文件），并且这些数据库已进行了数字签名，而且用户已选择信任发布者，那么系统将运行这些文件而不需要用户决定是否信任它们。但签名数据库中的 VBA 代码只有在用户信任发布者后才能运行,并且,如果数字签名无效,代码也不会运行。如果签名者以外的其他人篡改了数据库内容,签名就会变得无效。

如果用户不确定是否信任证书,《如何判断数字签名是否可信》一文中提供了关于检查证书中的日期和其他项目以确保其有效的一般信息。

（3）信任中心。

信任中心是一个对话框,它为设置和更改 Access 的安全设置提供了一个集中的位置。使用信任中心可以为 Access 创建或更改受信任位置并设置安全选项。在 Access 中打开新的和现有的数据库时,这些设置将影响它们的行为。信任中心包含的逻辑还可以评估数据库中的组件,确定打开数据库是否安全,或者信任中心是否应禁用数据库,并让用户判断是否启用它。

（4）更少的警告消息。

早期版本的 Access 强制用户处理各种警报消息,宏安全性和沙盒模式就是其中的两个例子。默认情况下,如果打开一个非信任的 .accdb 文件,用户将看到一个称为"消息栏"的工具,如图 9.8 所示。

图 9.8　非信任数据库消息框

当打开的数据库中包含一个或多个禁用的数据库内容（例如操作查询、宏、ActiveX控件、表达式以及 VBA 代码）时,若要信任该数据库,可以使用消息栏来启用这样的数据库内容。

（5）提供了用于签名和分发数据库文件的新方法。

在 Access 2007 之前的 Access 版本中,使用 Visual Basic 编辑器将安全证书应用于各个数据库组件。现在用户可以将数据库打包,然后签名并分发该包。如果将数据库从签名的包中解压缩到受信任位置,则数据库将打开而不会显示消息栏。如果将数据库从签名的包中解压缩到不受信任位置,但用户信任包证书并且签名有效,则数据库将打开而不会显示消息栏。

（6）使用更强的算法来加密 accdb 文件格式的数据库。

加密数据库将打乱表中的数据,有助于防止不请自来的用户读取数据。当使用密码对数据库进行加密时,加密的数据库将使用页面级锁定,而不管用户的应用程序设置如何。

知识 2　Access 安全系统

Access 数据库由一组对象组成,这些对象通常必须相互配合才能发挥功用。例如,当用户创建数据输入窗体时,如果不将窗体中的控件绑定（链接）到表,就无法用该窗体输入或存储数据。在 Access 数据库中的动作查询、宏、一些表达式以及 VBA 代码能造成安全风险,因此不受信任的数据库中将禁用这些组件。Access 2010 安全系统包括安全检查、禁用模式与用户级安全等。

1. 安全检查

为了帮助确保用户的数据更加安全,每当用户打开数据库时,Access 和信任中心都将执行一组安全检查,过程如下。

(1) 在打开 .accdb 或 .accde 文件时,Access 会将数据库的位置提交到信任中心。如果信任中心确定该位置受信任,则数据库将以完整功能运行。如果打开具有早期版本的文件格式的数据库,则 Access 会将文件位置和有关文件的数字签名的详细信息提交到信任中心。

(2) 信任中心将审核"证据",评估该数据库是否值得信任,然后通知 Access 如何打开数据库。Access 或者禁用数据库,或者打开具有完整功能的数据库。

注意:用户或系统管理员在信任中心选择的设置将控制 Access 在打开数据库时做出的信任决定。

如果信任中心禁用数据库内容,则在打开数据库时将出现消息栏。

2. 禁用模式

如果信任中心将数据库评估为不受信任,则 Access 将在禁用模式(即关闭所有可执行内容)下打开该数据库,而不管数据库文件格式如何。在禁用模式下,Access 会禁用下列组件。

(1) VBA 代码和 VBA 代码中的任何引用,以及任何不安全的表达式。

(2) 所有宏中的不安全操作。"不安全"操作是指可能允许用户修改数据库或对数据库以外的资源获得访问权限的任何操作。但是,Access 禁用的操作有时可以被视为是"安全"的。例如,如果用户是信任数据库的创建者,则可以信任任何不安全的宏操作。

(3) 操作查询、数据定义语言查询与 SQL 传递查询。

(4) ActiveX 控件。

3. 用户级安全

对于以文件格式.accdb 和.accde 创建的数据库,Access 不提供用户级安全。如果在 Access 2010 中打开由早期版本的 Access 创建的数据库,并且该数据库应用了用户级安全,那么这些设置仍然有效。

知识 3　使用受信任的数据库

在 Access 2010 中,将数据库放在受信任位置时,数据库所有的 VBA 代码、宏和安全表达式都会在数据库打开时运行。使用受信任位置的数据库的过程分为三个步骤,第一步是使用信任中心查找或创建受信任位置;第二步是将 Access 数据库保存、移动或复制到受信任位置;第三步是打开并使用数据库。

在此介绍如何查找或创建受信任位置,然后将数据库添加到该位置操作。

1. 创建受信任位置

单击"文件"选项卡上的"选项",此时系统将打开如图 9.9 所示的"Access 选项"对话框。单击对话框左下方的"信任中心",然后在"Microsoft Office Access 信任中心"下,单击"信任中心设置"。

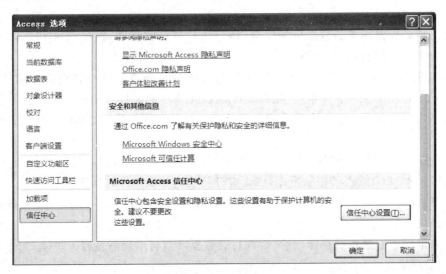

图 9.9　"Access 选项"对话框

在打开的对话框中单击"受信任位置",打开如图 9.10 所示的对话框,在该对话框中可以添加、删除与修改位置。

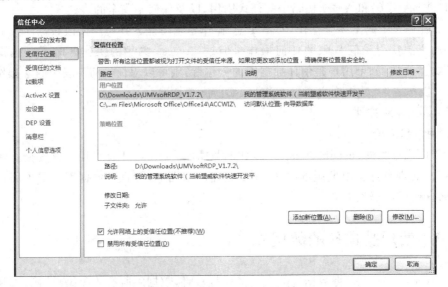

图 9.10　信任位置设置对话框

2. 将数据库放在受信任位置

创建了受信任位置后,用户可以将数据库文件移动或复制到受信任位置。例如,可以使用 Windows 资源管理器复制或移动文件,也可以在 Access 中打开文件,然后将它保存到受信任位置。

3. 在受信任位置打开数据库

在受信任位置打开数据库的方法很多,可以在 Windows 资源管理器中双击数据库文件,也可以在 Access 运行时单击"文件"选项卡上的"打开"以找到并打开数据库文件。

知识 4　数据库打包、签名与分发

使用 Access 2010 可以轻松而快速地对数据库进行签名和分发。在 Access 2010 中创建 .accdb 文件或 .accde 文件后,用户就可以将该文件打包,对该包应用数字签名,然后将签名包分发给其他用户。Access 2010 的"打包并签署"工具会将该数据库放置在 Access 部署 (.accdc) 文件中,对其进行签名,然后将签名包放在用户确定的位置。随后,其他用户可以从该包中提取数据库,并直接在该数据库中工作。

在打包、签名和分发数据库时需注意如下几点。

(1) 将数据库打包并对包进行签名是一种传达信任的方式。在对数据库打包并签名后,数字签名会确认在创建该包之后数据库未进行过更改。

(2) 从包中提取数据库后,签名包与提取的数据库之间将不再有关系。

(3) 仅可以在以 .accdb、.accdc 或 .accde 文件格式保存的数据库中使用"打包并签署"工具。Access 还提供了用于对以早期版本的文件格式创建的数据库进行签名和分发的工具,所使用的数字签名工具必须适合于所使用的数据库文件格式。

(4) 一个包中只能添加一个数据库。

(5) 该过程将对包含整个数据库的包(而不仅仅是宏或模块)进行签名。

(6) 该过程将压缩包文件,以便缩短下载时间。

(7) 可以从位于 Windows SharePoint Services 3.0 服务器上的包文件中提取数据库。

在此介绍创建签名包文件以及如何从签名包文件中提取和使用数据库的操作。

1. 创建签名包

(1) 打开要打包和签名的数据库。

(2) 在"文件"选项卡上,单击"保存并发布"命令,此时出现如图 9.11 所示的"数据库另存为"对话框,然后在"高级"下单击"打包并签署",系统将弹出"选择证书"对话框。

(3) 选择"数字证书"然后单击"确定",出现"创建 Microsoft Office Access 签名包"对话框。在"保存位置"列表中,为签名的数据库包选择一个位置;在"文件名"框中为签名包输入名称,然后单击"创建"。Access 将创建 .accdc 文件并将其放置在用户选择的位置。

通过上述操作就创建了一个签名包。

注意:通过如图 9.11 所示的"数据库另存为"对话框中的功能,可实现数据库低版本向高版本或高版本向低版本的转换,也可以对数据库进行编译生成 accde 文件,还可以对数据进行备份。

2. 提取并使用签名包

提取并使用签名包方法与过程如下。

(1) 在"文件"选项卡上,单击"打开",系统将弹出如图 9.12 所示的"打开"对话框。在"文件类型"列表中选择"Microsoft Office Access 签名包"(*.accdc)作为文件类型。

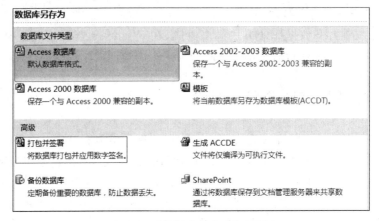

图 9.11　"数据库另存为"对话框

图 9.12　"打开"对话框

（2）如果选择了信任用于对部署包进行签名的安全证书，则会出现"将数据库提取到"对话框。

（3）如果尚未选择信任安全证书，则会弹出如图 9.13 所示的"安全声明"对话框。

　　如果用户信任该数据库，则单击"打开"按钮。如果用户信任来自提供者的任何证书，则单击"信任来自发布者的所有内容"按钮。此时，将出现"将数据库提取到"对话框。

　　注意：如果使用自签名证书对数据库包进行签名，然后在打开该包时单击了"信任来自发布者的所有内容"，则将始终信任使用自签名证书进行

图 9.13　"安全声明"对话框

签名的包。

　　用户还可以在"保存位置"列表中为提取的数据库选择一个位置,然后在"文件名"框中为提取的数据库输入其他名称。

　　提示:如果将数据库提取到一个受信任位置,则每当打开该数据库时其内容都会自动启用。但如果选择了一个不受信任的位置,则默认情况下该数据库的某些内容将被禁用。

　　(4) 单击"确定"按钮就完成了提取并使用签名包。

知识5　启用数据库禁用的内容

　　在默认情况下,如果用户不信任数据库且没有将数据库放在受信任位置,Access 将禁用数据库中的所有可执行内容。打开数据库时,Access 将禁用该内容,并显示如图 9.8 所示的显示消息栏。此外,与 Access 2003 不同,在默认情况下,当打开数据库时,Access 不再显示一组"模式"对话框(需要用户先做出选择然后才能执行其他操作的对话框)。如果用户愿意显示一组"模式"对话框,则可以添加注册表项并显示旧的模式对话框。

1. 信任数据库

　　不管 Access 在打开数据库时的行为如何,如果数据库来自可靠的发布者,用户就可以选择启用文件中的可执行组件以信任数据库。启用方法是在消息栏中单击"启用内容"按钮。

　　注意:单击"启用内容"时,Access 将启用所有禁用的内容(包括潜在的恶意代码)。如果恶意代码损坏了数据或计算机,Access 无法弥补该损失。

2. 隐藏消息栏

　　单击"消息栏"右上角的"关闭"按钮,"消息栏"即会关闭。除非将数据库移到受信任位置,否则在下次打开数据库时仍会重新显示消息栏。

3. 添加注册表项以显示模式对话框

　　添加注册表项以显示模式对话框的方法如下。

　　(1) 在 Microsoft Windows 中,单击"开始"按钮,然后单击"运行",在"打开"框中,输入 regedit,然后按 Enter 键,即会启动注册表编辑器。

　　(2) 展开 HKEY_CURRENT_USER 文件夹,导航到如下注册表项:

```
Software\Microsoft\Office\14.0\Access\Security
```

　　(3) 在注册表编辑器的右窗格中,右击空白区域,指向"新建",并单击"DWORD 值"。此时会出现一个新的空白 DWORD 值,为该值输入 ModalTrustDecisionOnly。

　　(4) 双击这个新值,系统弹出"编辑 DWORD 值"对话框。在"数值数据"字段中,将"0"值更改为"1",然后单击"确定"。

　　(5) 关闭注册表编辑器。

　　完成上述操作后,当用户打开包含不安全内容的数据库时,将看到一系列对话框而不是消息栏。若要恢复到原来的行为,需重复上述步骤,将值"1"更改为"0"即可。

知识6　数据库加密

Access 中的加密工具合并了编码和数据库密码两个工具,并加以改进。使用数据库密码来加密数据库时,所有其他工具都无法读取数据,并强制用户必须输入密码才能使用数据库。在 Access 2010 中应用的加密所使用的算法比早期版本的 Access 使用的算法更强。

注意：如果在 Access 2007 中使用了数据库密码来加密数据库,则需要切换到新的加密技术。切换的方法是删除当前的数据库密码,然后重新添加此密码。

使用数据库密码进行加密的过程如下。

(1) 以独占方式打开要加密的数据库,然后单击"文件"选项卡上的"信息",再单击右边的"用密码进行加密"。此时系统弹出如图 9.14 所示的"设置数据库密码"对话框。

(2) 在"密码"框中输入密码,然后在"验证"字段中再次输入该密码,单击"确定"按钮即可。

注意：密码应使用由大写字母、小写字母、数字和符号组合而成的强密码。例如,Y6dh!et5 是强密码；House27 是弱密码。密码长度应大于或等于 8 个字符,最好使用包括 14 个或更多个字符的密码。

解密并打开数据库的方法与打开普通数据库的方法相同,只是打开加密数据库时会出现"要求输入密码"对话框。用户在"输入数据库密码"框中输入密码,然后单击"确定"就能解密并打开数据库。

如果用户想去掉数据库的密码,单击"文件"选项卡上的"信息",再单击"解密数据库",系统将出现如图 9.15 所示的"撤销数据库密码"对话框。

图 9.14　"设置数据库密码"对话框

图 9.15　"撤销数据库密码"对话框

用户在"密码"框中输入密码,然后单击"确定"即可去掉数据库的密码。

知识小结

- Web 数据库就是指放在 Web 后台数据库服务器上的网络数据库。
- 将 Web 数据库发布到 SharePoint,能实现多个用户从浏览器与数据库应用程序交互。
- 创建 Web 时要注意控件对象的 Web 兼容性。
- Access 2010 安全系统包括安全检查、禁用模式与用户级安全等。

Access 数据库技术与应用(第 3 版)

• 密码应使用由大写字母、小写字母、数字和符号组合而成的强密码。

任务 1　习题

一、选择题

(1) 通过客户端浏览器访问的数据库是_____。

　　A. 桌面数据库　　　B. Web 数据库　　　C. Access 数据库　　D. Access 表

(2) Access 2010 可以通过 Access Servers 和_____实现在 Internet 上的数据库共享。

　　A. Web 数据库　　　B. Internet 网络　　　C. SharePoint　　　　D. 网络数据库

(3) 为了多用户能够访问 Web 数据库,该数据库必须_____。

　　A. 发布到 SharePoint Server 2010　　　　B. 是本地 Web 数据库

　　C. 压缩与加密　　　　　　　　　　　　　D. 编译生成 accde 文件

(4) Access 2010 安全系统不包括_____。

　　A. 安全检查　　　　B. 禁用模式　　　　C. 用户级安全　　　D. 网络安全

(5) 在对数据库加密时,密码_____是一个强密码。

　　A. 123456　　　　　B. acdfe　　　　　　C. abc123　　　　　　D. a1s3&＃$

二、简答题

(1) 什么是 Web 数据库?

(2) Web 表的视图有哪些? 在该视图中如何创建 Web 表?

(3) 在 Access 2010 中创建 Web 数据库时要注意哪些问题?

(4) 简述数据库加密与解密过程。

(5) 张同学从网上下载了一个 Access 2003 版本的数据库,它想把该数据库升级为 Access 2010 的数据库,请告诉他该如何做?

参 考 文 献

[1] 教育部考试中心. 全国计算机等级考试二级教程：Access 数据库程序设计. 北京：高等教育出版社，2013.

[2] 叶恺，张思. Access 2010 数据库案例教程. 北京：化学工业出版社，2012.

[3] 科教工作室. Access 2010 数据库应用. 2 版. 北京：清华大学出版社，2011.

[4] 陈树平，菅典兵. Access 数据库教程. 上海：上海交通大学出版社，2009.

[5] http://office.microsoft.com/zh-cn/access-help/.

[6] http://www.accessoft.com/.